全国环境影响评价工程师职业资格考试系列参考资料

环境影响评价技术方法

基础过关 800 题

（2025 年版）

雷　芬　主编

中国环境出版集团·北京

图书在版编目（CIP）数据

环境影响评价技术方法基础过关800题 : 2025年版 / 雷芬主编. -- 18版. -- 北京 : 中国环境出版集团, 2025. 3. --（全国环境影响评价工程师职业资格考试系列参考资料）. -- ISBN 978-7-5111-6190-1

Ⅰ. X820.3-44

中国国家版本馆CIP数据核字第20250H6C24号

策划编辑　黄晓燕
责任编辑　陈雪云
封面制作　宋　瑞

出版发行　**中国环境出版集团**
　　　　　（100062　北京市东城区广渠门内大街 16 号）
　　　　　网　　　址：http://www.cesp.com.cn
　　　　　电子邮箱：bjgl@cesp.com.cn
　　　　　联系电话：010-67112765（编辑管理部）
　　　　　　　　　　010-67112735（第一分社）
　　　　　发行热线：010-67125803，010-67113405（传真）
印　　刷　玖龙（天津）印刷有限公司
经　　销　各地新华书店
版　　次　2007 年 1 月第 1 版　2025 年 3 月第 18 版
印　　次　2025 年 3 月第 1 次印刷
开　　本　787×960　1/16
印　　张　18.75
字　　数　350 千字
定　　价　58.00 元

本书编委会

主　　编　雷　芬

副 主 编　王　杰　吴　菲

参编人员　李宁宁　刘宏伟　张智锋

　　　　　　贾　佳　孟　宁　王晓云

前　言

　　环境影响评价是我国环境管理制度之一，是从源头上预防环境污染的主要手段。环境影响评价工程师职业资格考试制度是提高环境影响评价水平的一种有效举措，自 2005 年实施以来，对于整体提高我国环境影响评价从业人员的专业素质起到了很大的推进作用。考试科目设环境影响评价相关法律法规、环境影响评价技术导则与标准、环境影响评价技术方法、环境影响评价案例分析四科，其中前三个科目的考试全部采用客观题，包括单项选择题和不定项选择题。

　　为帮助广大考生省时高效地复习应考，我们在总结多年来考试试题的基础上，以最新的法律、法规、技术导则、标准和方法为依据，严格按照本年度考试大纲要求，精心编写本书。本书的全部试题完全按照历年考试试题的形式和考试要求编写，题目涵盖了大纲所有的考点，知识点突出、覆盖面广、仿真性强，部分练习在答案中附有详细解析，方便考生使用。

　　本书的编写原则是强调实战，急考生之所急，有的放矢，在短时间内帮助考生快速提高应考能力，因为在复习过程中，做练习是检验复习效果的有效方法，也是提高考试成绩的理想途径。

　　本书可作为环境影响评价工程师考试的辅导材料，并可供高等院校环境科学、环境工程等相关专业教学时参考。

　　本书在编写的过程中得到了陕西中圣生态环境咨询服务有限公司领导和同事给予的协助和大力支持，在此表示衷心的感谢。同时感谢中国环境出版集团的编辑们为本书出版付出的劳动。本书在编写过程中还参阅了部分国内相关文献和书籍，在此对这些文献和书籍的作者一并表示感谢。

　　尽管我们为本书的编写付出了大量的精力，但由于编者水平有限，本书的内容仍然可能存在疏漏，不足之处在所难免，敬请同行和读者批评指正。编者联系方式：zhifzhang@qq.com。

编　者

2025 年 2 月

目　录

第一章　工程分析

一、单项选择题（每题的备选选项中，只有一个最符合题意）

1. 分析污染型生产工艺过程中水污染物产生量时，应绘制生产工艺流程图、物料平衡图，以及（　　）。
   - A. 废水处理工艺流程图
   - B. 项目总平面图
   - C. 水环境功能区划图
   - D. 水平衡图

2. 在工程分析方法中，类比法是指（　　）。
   - A. 利用同类工程已有的环境影响报告书或可行性研究报告等资料进行工程分析的方法
   - B. 在分析过程中把一个工程项目的设计资料和另外一个不同类型的工程项目的设计资料加以对比的方法
   - C. 在生产过程中投入系统的物料总量必须等于产出的产品量和物料流失量之和的方法
   - D. 利用与拟建项目类型相同的现有项目的设计资料或实测数据进行工程分析的常用方法

3. 关于工艺流程及产污环节分析，说法不正确的有（　　）。
   - A. 环境影响评价工艺流程图和工程设计工艺流程图类似
   - B. 环境影响评价关心的是工艺过程中产生污染物的具体部位、污染物的种类和数量
   - C. 产生污染物的装置和工艺过程均要体现，并在总平面布置图上标出污染物的位置
   - D. 产污环节分析中包括主体工程、公用工程、辅助工程、储运等项目组成的内容

4. 用排污系数法进行工程分析时，此法属于（　　）。
   - A. 物料衡算法　　B. 类比法　　C. 数学模式法　　D. 资料复用法

5. 属于工程分析项目影响源识别工作内容的是（　　）。
   - A. 环境污染识别
   - B. 工程行为识别
   - C. 社会环境影响识别
   - D. 生态影响识别

6. 确定扩建项目现有工程污染源源强，首选的方法是（　　）。

　　A. 实测法　　　　　B. 物料衡算法　　　　　C. 系数法　　　　D. 类比法

7. 下图为某厂 A、B、C 三个车间的物料关系，下列物料衡量系统表达正确的是（　　）。

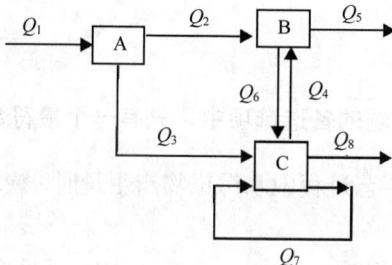

　　A. $Q_1=Q_5+Q_8$
　　B. $Q_3+Q_4=Q_6+Q_8$

　　C. $Q_2+Q_3=Q_5+Q_7$
　　D. $Q_2+Q_3+Q_4=Q_5+Q_6+Q_8$

8. 技改扩建项目工程分析中应按（　　）统计技改扩建完成后污染物排放量。

　　A. 技改扩建前排放量+技改扩建项目排放量

　　B. 现有装置排放量+扩建项目设计排放量

　　C. 技改扩建前排放量−"以新带老"削减量+技改扩建新增排放量

　　D. 技改后产生量−技改后排放量

9. 无组织排放源反推法是通过对同类工厂正常生产时，无组织监控点进行现场监测，利用（　　）反推，以此确定工厂无组织排放量。

　　A. 物料平衡　　　　　　　　　　B. 点源扩散模式

　　C. 实测值　　　　　　　　　　　D. 面源扩散模式

10. 污染型项目工程分析中常用的物料衡算不包括（　　）。

　　A. 总物料平衡　　　　　　　　　B. 有毒有害物料衡算

　　C. 无毒无害物料衡算　　　　　　D. 有毒有害元素物料衡算

11. 技改扩建项目工程分析中，污染物排放量统计无须考虑的是（　　）。

　　A. 现有工程排放量　　　　　　　B. 拟建工程排放量

　　C. 区域污染源削减量　　　　　　D. "以新带老"削减量

12. 火力发电厂排放的主要温室气体是（　　）。

　　A. 二氧化硫　　　　　B. 甲烷　　　　　C. 二氧化碳　　　D. 氧化亚氮

13. 某炼油企业常减压装置加热炉废气排气筒，按其运行时间频率和总图位置关系，该源属于（　　）。

　　A. 连续排放固定源　　　　　　　B. 间断排放固定源

　　C. 连续排放移动源　　　　　　　D. 间断排放移动源

14. 下列关于储油库针对油气挥发的措施中不符合清洁生产理念的是（　　）。

    A. 浮顶罐　　　　B. 气相平衡系统　　　　C. 油气回收　　　　D. 催化燃烧

15. 下列不属于在工程分析时非正常工况排污的应重点分析内容的是（　　）。

    A. 非正常工况对环境的影响　　　　B. 非正常工况的原因

    C. 非正常工况的频率　　　　D. 非正常工况的处置措施

16. 在火电行业建设项目环评中，分析温室气体捕集后的利用去向时，以下（　　）不属于常见利用途径。

    A. 驱油提高石油采收率　　　　B. 生产甲醇等化工原料

    C. 直接排放至大气　　　　D. 注入地下咸水层封存

17. 某改扩建项目，其现有工程污染源源强核算时，下列属于其优先采用的数据是（　　）。

    A. 物料衡算所得数据　　　　B. 产排污系数法所得数据

    C. 自动监测数据　　　　D. 手工监测数据

18. 某企业年工作时间 7 200 h，在生产工程中 HCl 废气产生速率为 0.8 kg/h，废气收集系统可将90%的废气收集至洗涤塔处理，处理效率为85%，处理后废气通过 30 m 高排气筒排放，则该企业 HCl 的无组织排放量约为（　　）t/a。

    A. 0.58　　　　B. 0.78　　　　C. 0.86　　　　D. 1.35

19. 某项目生产工艺过程中 HCl 使用量 100 kg/h，其中90%进入产品、8%进入废液、2%进入废气。若废气处理设施 HCl 的去除率为99%，则废气中 HCl 的排放速率是（　　）kg/h。

    A. 0.01　　　　B. 0.02　　　　C. 0.08　　　　D. 0.10

20. 某燃煤火电厂脱硫系统入口 SO_2 浓度为 3 500 mg/Nm^3，脱硫系统出口 SO_2 浓度要达到超低排放限值 35 mg/Nm^3，其脱硫系统的脱硫效率至少是（　　）。

    A. 99.86%　　　　B. 99.72%　　　　C. 99.00%　　　　D. 97.15%

21. 某企业年烧柴油 200 t，重油 300 t，柴油燃烧排放系数 1.2 万 m^3/t，重油燃烧排放系数 1.5 万 m^3/t，废气年排放量为（　　）万 m^3。

    A. 690　　　　B. 6 900　　　　C. 660　　　　D. 6 600

22. 某粉料装车释放气收集处理系统，收集单元对废气的收集效率为90%，处理单元对颗粒物的处理效率为99%，则该收集处理系统的颗粒物去除效率为（　　）。

    A. 99%　　　　B. 94.5%　　　　C. 90%　　　　D. 89.1%

▲（23～25 题根据以下内容回答）某电厂监测烟气流量为 200 m^3/h，烟尘进治理设施前浓度为 1 200 mg/m^3，排放浓度为 200 mg/m^3，未监测二氧化硫排放浓度，年运转 300 d，每天 20 h；年用煤量为 300 t，煤含硫率为1.2%，无脱硫设施。

23. 该电厂每年烟尘去除量是（　　）kg。

　　A. 1 200 000　　　　B. 1 200　　　　　C. 1 440　　　　D. 1 200 000 000

24. 该电厂每年烟尘排放量是（　　）kg。

　　A. 240　　　　　　　B. 24 000 000　　　C. 2 400　　　　D. 24 000

25. 该电厂 SO_2 排放量是（　　）mg/s。

　　A. 26 666　　　　　　B. 5 760　　　　　C. 266.7　　　　D. 57.6

26. 某项目粉尘产生量为 100 kg/h，集气罩收集效率为 90%，除尘口风机风量为 20 000 Nm^3/h，除尘口粉尘浓度为 22.5 mg/Nm^3，则除尘效率为（　　）。

　　A. 99.5%　　　　　　B. 98.5%　　　　　C. 97.5%　　　　D. 96.5%

27. 某企业进行锅炉技术改造并增容，现有 SO_2 排放量为 200 t/a（未加脱硫设施），改造后，SO_2 产生总量为 240 t/a，安装了脱硫设施后 SO_2 最终排放量为 80 t/a，则"以新带老"削减量为（　　）t/a。

　　A. 80　　　　　　　　B. 133.4　　　　　C. 40　　　　　　D. 13.6

28. 某企业建一台 20 t/h 蒸发量的燃煤蒸汽锅炉，最大耗煤量 2 000 kg/h，引风机风量 30 000 m^3/h，全年用煤量 5 000 t，煤的含硫量 1.5%，排入气相 80%，SO_2 的排放标准 900 mg/m^3，该企业 SO_2 最大产生浓度是（　　）mg/m^3。

　　A. 2 000　　　　　　B. 1 500　　　　　C. 1 000　　　　D. 1 600

29. 某 50 t/h 燃油蒸汽锅炉气中 SO_2 实测浓度为 35 mg/m^3，氧浓度为 5%，该排气筒 SO_2 折算基准含氧量（3.5%）的排放浓度为（　　）mg/m^3。

　　A. 32.8　　　　　　B. 35　　　　　　　C. 38.3　　　　　D. 39.4

30. 某拟建项目设计排气筒高度为 7.5 m，二甲苯排放浓度为 40 mg/m^3，排放速率为 0.2 kg/h。排放标准规定二甲苯最高允许排放浓度为 70 mg/m^3，15 m 排气筒的最高允许排放速率为 1.0 kg/h。该排气筒二甲苯的（　　）。

　　A. 排放浓度超标，排放速率超标

　　B. 排放浓度超标，排放速率达标

　　C. 排放浓度达标，排放速率超标

　　D. 排放浓度达标，排放速率达标

31. 采用催化焚烧设施处理非甲烷总烃浓度为 15 000 mg/m^3 的有机废气，焚烧后气体体积增加一倍，非甲烷总烃的排放浓度为 90 mg/m^3，该处理设施对有机废气的处理效率是（　　）。

　　A. 99.4%　　　　　　B. 98.8%　　　　　C. 98.2%　　　　D. 97.6%

32. 某汽车制造企业，使用"沸石转轮吸附浓缩+蓄热式热力焚烧炉（RTO）"工艺处理喷涂过程中产生的 VOCs 废气，其中沸石转轮的吸附效率为 95%，RTO 的处理效率为 99%，则该套工艺处理 VOCs 废气的总效率为（　　）。

　　A. 94.05%　　　　　B. 95.95%　　　　　C. 99%　　　　　D. 99.95%

33. 某油品专用汽车储罐，容积 100 m³，用底部装车方式装入相对密度为 0.75 的油品 60 t，假设罐内气体非甲烷总烃浓度 9 g/m³ 不变，则该次装车非甲烷总烃排出量为（　　）g。

  A. 900　　　　　　B. 720　　　　　　C. 675　　　　　　D. 540

34. 某项目采用甲苯作溶剂，废气中甲苯产生量为 100 kg/h，废气采用两级净化，活性炭吸附去除率为 90%，水洗塔去除率为 5%，废气中甲苯最终排放量为（　　）kg/h。

  A. 5.0　　　　　　B. 9.5　　　　　　C. 10.0　　　　　　D. 95.0

35. 某污水接触氧化处理设施的有效容积为 2 000 m³，进水流量为 300 m³/h，进水 COD 浓度为 150 mg/L，出水 COD 浓度为 70 mg/L。该设施的 COD 有效容积去除负荷是（　　）kg/（m³·d）。

  A. 0.288　　　　　B. 0.540　　　　　C. 1.080　　　　　D. 1.440

36. 某项目设计的循环水量为 25 000 m³/d，循环补水量为 400 m³/d，其他新鲜用水量为 2 600 m³/d，该项目的水重复利用率为（　　）。

  A. 81.4%　　　　　B. 89.3%　　　　　C. 90.2%　　　　　D. 98.6%

37. 某企业年操作时间 300 d，工艺废水产生量为 1 000 t/d，COD 浓度为 1 000 mg/L，生活污水产生量为 100 t/d，COD 浓度为 300 mg/L。两种废水混合后送厂污水处理站处理，COD 去除率为 90%，处理后 40% 外排。该企业污水中 COD 的排放总量为（　　）t/a。

  A. 12.36　　　　　B. 18.54　　　　　C. 27.81　　　　　D. 30.90

38. 某电镀企业每年用铬酸酐（CrO_3）4 t，其中约 15% 的铬沉淀在镀件上，约有 25% 的铬以铬酸雾的形式排入大气，约 50% 的铬从废水中流失，其余的损耗在镀槽上，则全年随废水排放的六价铬是（　　）t。（Cr 元素原子量为 52）

  A. 2　　　　　　B. 1.04　　　　　　C. 2.08　　　　　　D. 无法计算

39. 某电镀企业使用 $ZnCl_2$ 做原料，已知年耗 $ZnCl_2$ 100 t（折纯）；98.0% 的锌进入电镀产品，1.90% 的锌进入固体废物，剩余的锌全部进入废水中；废水排放量为 15 000 m³/a，废水中总锌的质量浓度为（　　）mg/L。（Zn 原子量：65.4，Cl 原子量：35.5）

  A. 0.8　　　　　　B. 1.6　　　　　　C. 3.2　　　　　　D. 4.8

40. 某化工企业年产 400 t 柠檬黄，另外每年从废水中可回收 4 t 产品，产品的化学成分和所占比例为：铬酸铅（$PbCrO_4$）占 54.5%，硫酸铅（$PbSO_4$）占 37.5%，氢氧化铝 [$Al(OH)_3$] 占 8%。排放的主要污染物有六价铬及其化合物、铅及其化合物、氮氧化物。已知单位产品消耗的原料量为：铅（Pb）621 kg/t，重铬酸钠（$Na_2Cr_2O_7$）260 kg/t，硝酸（HNO_3）440 kg/t。则该厂全年六价铬的排放量为（　　）t。（各元素

的原子量：Cr 为 52，Pb 为 207，Na 为 23，O 为 16)

　　A. 0.351　　　　　　B. 6.2　　　　　　C. 5.85　　　　　　D. 无法计算

　　41. 某企业年投入物料中的某污染物总量 9 000 t，进入回收产品中的某污染物总量为 2 000 t，经净化处理掉的某污染物总量为 500 t，生产过程中被分解、转化的某污染物总量为 100 t，某污染物的排放量为 5 000 t，则进入产品中的某污染物总量为（　　）t。

　　A. 14 000　　　　　　B. 5 400　　　　　C. 6 400　　　　　　D. 1 400

　　42. 某企业年工作时间 250 d，废水日产生量为 1 000 m³，经厂内预处理 COD 由 2 000 mg/L 削减至 400 mg/L 后接管排入开发区污水处理厂。开发区污水处理厂外排尾水 COD 为 50 mg/L。该企业的 COD 排放总量是（　　）t/a。（注：开发区污水处理厂 COD 排放限值为 60 mg/L)

　　A. 12.5　　　　　　B. 15　　　　　　C. 100　　　　　　D. 500

　　43. 某工程用新鲜水 4 000 m³/d，其中，生产工艺用新鲜水 3 200 m³/d，生活用新鲜水 260 m³/d，空压站用新鲜水 100 m³/d，自备电站用新鲜水 440 m³/d。项目循环水量 49 200 m³/d，该工程水重复利用率为（　　）。

　　A. 81.2%　　　　　　B. 92.5%　　　　C. C. 94%　　　　　　D. 98%

　　44. 某建设项目工业新鲜水取水量为 530 m³/h，总循环水量为 112 290 m³/h，循环水系统的补水为脱盐水。污水处理站回用水处理系统的脱盐水制备规模为 182 m³/h，其中 60 m³/h 脱盐水用于补充循环水系统，其余 122 m³/h 脱盐水回用于工艺装置，则该项目水重复利用率是（　　）。

　　A. 0.47%　　　　　　B. 34.34%　　　　C. 49.18%　　　　　D. 99.53%

　　45. 某企业循环水系统用水量为 1 000 m³/h，新鲜水补水量为用水量的 5%。循环水系统排水量为 30 m³/h，循环水利用率为（　　）。

　　A. 95.0%　　　　　　B. 95.2%　　　　C. 97.0%　　　　　　D. 98.0%

　　46. 某造纸厂日产凸版纸 3 000 t，吨纸耗水量 450 t，经工艺改革后，生产工艺中采用了逆流漂洗和白水回收重复利用，吨纸耗水降至 220 t。该厂每日的重复水利用率为（　　）。

　　A. 47.8%　　　　　　B. 95.6%　　　　C. 48.9%　　　　　　D. 51.1%

　　47. 某污水处理厂产生的污泥原始含水率为 96%，欲将污泥量降为原来的 10%，应将污泥含水量降低到（　　）。

　　A. 40%　　　　　　B. 50%　　　　　C. 60%　　　　　　D. 70%

　　48. 某企业给水系统示意图如下（单位：m³/d），该厂的用水重复利用率是（　　）。

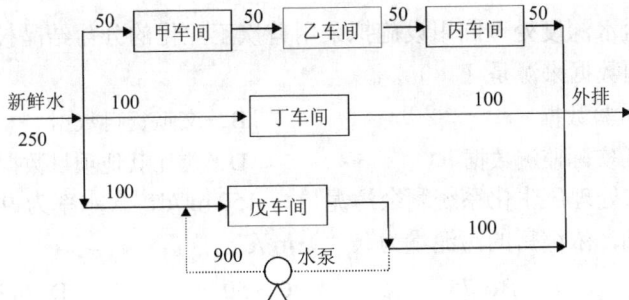

A．78.3%　　　　　B．80%　　　　　　C．50.5%　　　　　D．84%

49．某项目污水处理站进水 COD 浓度为 900 mg/L，采用生化—絮凝处理工艺，其 COD 去除率分别为 80%和 50%，则该污水处理站出水 COD 浓度为（　　）mg/L。

A．90　　　　　　B．100　　　　　C．180　　　　　D．360

▲某建设项目水平衡图如下（单位：m^3/d），请回答问题50～53：

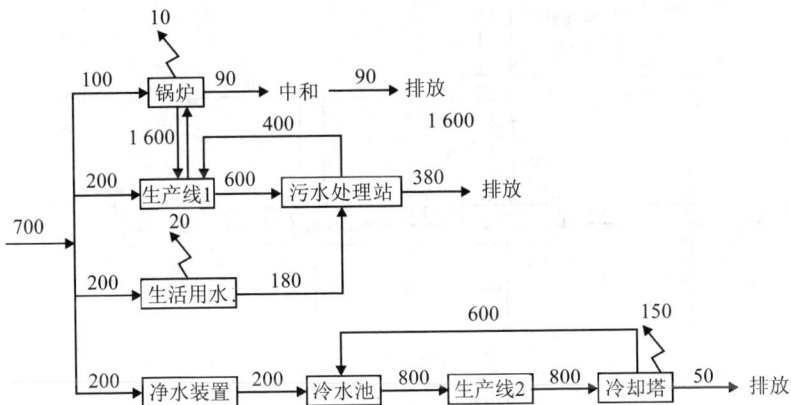

50．项目的工艺水回用率为（　　）。

A．71.4%　　　　B．75.9%　　　　　C．78.8%　　　　D．81.5%

51．项目的工业用水重复利用率为（　　）。

A．75.9%　　　　B．78.8%　　　　　C．81.5%　　　　D．83.9%

52．项目的间接冷却水循环率为（　　）。

A．75.0%　　　　B．78.8%　　　　　C．81.5%　　　　D．83.9%

53．项目的污水回用率为（　　）。

A．43.5%　　　　B．46.0%　　　　　C．51.3%　　　　D．65.8%

54．某企业工业取水量为 10 000 m^3/a，生产原料中带入的水量为 1 000 m^3/a，污水回用量为 1 000 m^3/a，排水量为 2 500 m^3/a，漏水量为 100 m^3/a，则该企业的工业用水重复率为（　　）。

A．8.0%　　　　　B．9.1%　　　　　C．10%　　　　　D．28.6%

55．某浓盐水深度处理回用设施拟采用首次工业化的分盐结晶技术，其措施有效性分析的基础数据来源是（　　）。

A．中试试验数据　　　　　　　　　　B．文献资料数据

C．建成后实际监测数据　　　　　　　D．类比其他项目数据

56．某污水处理厂生化系统剩余污泥量为 150 m³/d，含水率为 99%，经浓缩后含水率降至 97%，浓缩后的污泥量为（　　）m³/d。

A．100　　　　　　B．75　　　　　　C．50　　　　　　D．45

57．某污水处理站采用"物化+生化"处理工艺。已知废水进水 COD 浓度为 800 mg/L、出口 COD 浓度不高于 80 mg/L，如"物化"处理单元 COD 去除率是 60%，则"生化"处理单元 COD 去除率至少应达到（　　）。

A．70%　　　　　　B．75%　　　　　C．80%　　　　　D．83.3%

58．某厂用水情况如下图所示，该厂的用水重复利用率是（　　）。

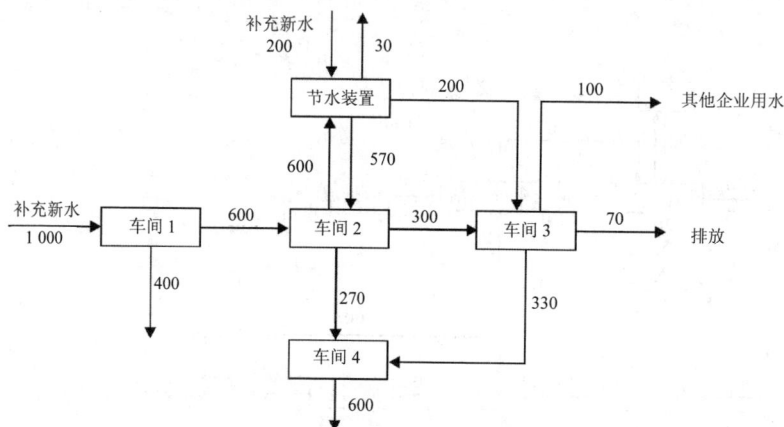

补充新水 200　　30
节水装置　　200　　100　其他企业用水
600　　570
补充新水 1 000　　车间 1　　600　　车间 2　　300　　车间 3　　70　排放
400　　270　　330
车间 4　　600

A．32.2%　　　　　B．57%　　　　　C．67.4%　　　　D．63.3%

59．某液氨管道出现 10 min 的液氨泄漏，其后果计算应采用的模式是（　　）。

A．估算模式　　　　　　　　　　　B．多烟团模式

C．分段烟羽模式　　　　　　　　　D．高斯烟羽模式

60．某煤油输送管道设计能力为 12 t/h，运行温度为 25℃，管道完全破裂环境风险事故后果分析时，假定 5 min 内输煤油管道上下游阀门自动切断，则煤油泄漏事故的源强估算为（　　）t。

A．60　　　　　　B．24　　　　　　C．12　　　　　　　D．1

61．下列关于建设项目废气排放口的说法，错误的是（　　）。

A．主要排放口管控许可排放浓度和许可排放量

B．一般排放口管控许可排放浓度

C．特殊排放口暂不管控许可排放浓度和许可排放量

D．特殊排放口管控许可排放浓度和许可排放量

62．某制氢项目对比研究了煤、石油焦、渣油、天然气为原料的生产方案，对制氢装置而言，最符合清洁生产理念的原料路线是（　　）。

A．石油焦制氢　　　　　　　　B．水煤浆气化制氢

C．天然气制氢　　　　　　　　D．油渣制氢

63．山区小型引水式电站建设对生态环境产生的影响，主要来源于（　　）。

A．土地淹没　　B．厂房占地　　C．移民安置　　D．河流减脱水

64．水利水电工程工程勘察设计期工程分析的重点内容不包括（　　）。

A．电站运行方案设计合理性　　　B．相关流域规划的合理性

C．工程安全监测的环境合理性　　D．坝体选址选型的合理性

65．某水库项目在进行生态影响评价因子筛选时，下列生态影响中，属于间接生态影响的是（　　）。

A．水库蓄水淹没库区植被

B．大坝阻隔鱼类洄游通道

C．工程施工噪声干扰工区边缘动物栖息

D．库岸浸没导致地下水水位上升，使周边区域植物群落发生变化

66．在生态影响型项目环境影响评价中，不属于工程分析对象的是（　　）。

A．总投资　　　　　　　　　　B．施工组织设计

C．项目组成和建设地点　　　　D．国民经济评价和财务评价

67．某管道项目中，下列管道的作业方式中对土地的影响最小的是（　　）。

A．大开挖方式　　　　　　　　B．悬架穿越方式

C．定向钻穿越方式　　　　　　D．隧道穿越方式

68．采用定向钻方法进行穿越河流的天然气管线施工，需关注的主要环境问题是（　　）。

A．施工对河流底栖生物的影响　　　B．泥浆产生的环境影响

C．施工爆破产生的震动影响　　　　D．施工产生的噪声影响

二、不定项选择题（每题的备选项中至少有一个符合题意）

1．污染影响型项目工程分析从环保角度要分析其（　　）。

A．技术经济先进性　　　　　　B．总图布置合理性

C．污染治理措施的可行性　　　D．项目实施的有效性

2．陆地石油天然气开发建设项目的施工期大气环境影响评价重点为（　　）。

A．扬尘　　　　　　　　　　　B．测试放喷废气

    C. 车辆尾气　　　　　　　　　　　D. 发电机废气

3. 工程分析中应给出环境影响预测的污染源参数有（　　）。

    A. 产污节点　　　　　　　　　　　B. 污染源坐标和源强

    C. 污染物年排放时间　　　　　　　D. 污染物年排放总量

4. 与拟建污染影响型项目环境影响程度有关的因素包括（　　）。

    A. 选址　　　　B. 生产工艺　　　　C. 生产规模　　　　D. 原辅材料

5. 对于污染影响型项目，一般从其厂区总平面布置图中可以获取的信息有（　　）。

    A. 采用的工艺流程　　　　　　　　B. 建（构）筑物位置

    C. 主要环保设施位置　　　　　　　D. 评价范围内的环境敏感目标位置

6. 某项目总排水量大于新鲜水用量，增加的水量可能来源于（　　）。

    A. 物料带入水量　　　　　　　　　B. 重复用水量

    C. 循环用水量　　　　　　　　　　D. 反应生成水量

7. 炼油企业产品升级改造项目环境影响评价中，清洁生产分析的指标有（　　）。

    A. 单位产品运行成本　　　　　　　B. 单位产品新用水量

    C. 汽油产品指标　　　　　　　　　D. 环境管理要求

8. 关于建设项目碳排放量核算方法说法正确的是（　　）。

    A. 温室气体（GHG）排放=活动数据（AD）×排放因子（EF），其中 AD 为导致温室气体排放的生产或消费活动的活动量，如每种化石燃料的消耗量、石灰石原料的消耗量、净购入的电量、净购入的蒸汽量等；EF 是与活动水平数据对应的系数，包括单位热值含碳量或元素碳含量、氧化率等

    B. 二氧化碳排放=（原料投入量×原料含碳量−产品产出量×产品含碳量−废物输出量×废物含碳量）×44/12

    C. 实测法

    D. 反推法

9. 估算废气无组织排放源排放量的方法有（　　）。

    A. 物料衡算法　　　B. A-P 值法　　　　C. 类比法　　　　D. 反推法

10. 采用类比法确定某污水处理厂污泥产生量，类比对象应具有的条件有（　　）。

    A. 处理规模相似　　　　　　　　　B. 处理工艺路线相似

    C. 接纳污水水质特征相似　　　　　D. 污水收集范围大小相似

11. 技改或扩建项目在统计污染物排放量时，应算清新老污染源"三本账"，具体包括（　　）。

    A. 技改或扩建项目污染物排放量　　B. 技改或扩建前污染物削减量

    C. 技改或扩建前污染物排放量　　　D. 技改或扩建完成后污染物排放量

12. 某创新科技成果进行产业转化，拟建一条生产线，可采用的工程分析方法

有（　）。

　　A．现场实测　　　　　　　　　　B．物料衡算

　　C．实验法　　　　　　　　　　　D．同行专家咨询法

13．对于用装置流程图的方式说明生产过程的建设项目，同时应在工艺流程中标明污染物的（　）。

　　A．产生位置　　　B．产生量　　　C．处理方式　　　D．种类

14．石化项目可能的挥发性有机物无组织排放源有（　）。

　　A．物料输送管道连接点　　　　　B．空分装置排气口

　　C．含油污水处理场　　　　　　　D．油品装卸站

15．无组织排放源的源强确定方法有（　）。

　　A．反推法　　　B．物料衡算法　　　C．类比法　　　D．产污系数法

16．以苯和氯气为原料，在催化剂作用下生产单氯苯建设项目，其反应过程存在两个副反应，产生邻二氯苯和对二氯苯。该项目的生产废水中有机特征污染物因子有（　）。

　　A．苯　　　　　　　　　　　　　B．单氯苯

　　C．对二氯苯　　　　　　　　　　D．邻二氯苯

17．环境影响评价中，在（　）的情况下，需进行非正常工况分析。

　　A．正常开车、停车　　　　　　　B．工艺设备达不到设计规定要求

　　C．部分设备检修　　　　　　　　D．环保设施达不到设计规定要求

18．污染型建设项目工程分析应包括的内容有物料平衡、水平衡、热平衡，以及（　）。

　　A．产品方案　　　　　　　　　　B．污染物种类

　　C．污染物源强核算　　　　　　　D．事故的环境危害分析

19．下列属于工程分析中污染源源强核算内容的是（　）。

　　A．物料平衡与水平衡　　　　　　B．工艺流程及污染物产生环节

　　C．无组织排放源强统计及分析　　D．非正常排放源强统计及分析

20．工业建设项目对附近景观和文物的影响方式主要有（　）。

　　A．废气影响　　　B．振动影响　　　C．腐蚀影响　　　D．游人污损

21．属于废气污染源排放口统计的参数的是（　）。

　　A．排放口坐标　　　B．排放规律　　　C．污染物种类　　　D．排放口温度

22．某技改项目拟依托原有公辅工程，其治理措施可行性分析应考虑的因素有（　）。

　　A．能力匹配性　　　　　　　　　B．工艺可行性

　　C．经济合理性　　　　　　　　　D．与现行环保政策的相符性

23. 根据机场工程特点和区域生态环境特征，分析机场运营对生态的影响因素、影响方式和影响程度，重点关注（　　）。

　　A. 航空器飞行航线对重要物种中的候鸟迁徙的影响

　　B. 飞机噪声对周围居民的影响

　　C. 航空器噪声、灯光等对栖息地内重要物种的影响

　　D. 飞机尾气对植被的影响

24. 某铁路项目山区路段附近有自然保护区，该保护区的主要保护对象对声音极为敏感。工程分析中应给出（　　）。

　　A. 弃渣场数量及位置　　　　　　B. 保护对象的生活习性

　　C. 桥梁数量及位置　　　　　　　D. 爆破工艺

25. 某高速公路建设项目工程分析应包括的时段有（　　）。

　　A. 施工准备期　　　　　　　　　B. 施工期

　　C. 运营期　　　　　　　　　　　D. 退役期

26. 某石灰石矿山原矿区已开采完毕，将外延扩建新矿区，工程分析时应考虑（　　）。

　　A. 新矿区征用的土地量　　　　　B. 原矿山的渣场

　　C. 新矿区办公楼的建筑面积　　　D. 原矿山采矿机械设备

27. 下列工程建设产生的生态影响中，属于强影响程度等级的有（　　）。

　　A. 导致某种植物种群数量损失 80%

　　B. 破坏部分季节性冻土区植被导致生态修复难度较大

　　C. 施工粉尘附着于周边野生植物叶片影响其光合作用

　　D. 在当地洄游鱼类的通道上拦河筑坝影响水系连通性

28. 公路项目某桥梁拟跨越敏感水体，水环境影响评价的工程分析应考虑（　　）。

　　A. 施工方案　　　B. 桥梁结构设计　　　C. 事故风险　　　D. 桥面径流

29. 高速公路建设项目工程分析中，勘察期应重点关注（　　）。

　　A. 项目与沿线自然保护区的位置关系　　B. 施工方式和施工时间

　　C. 与城镇规划的关系　　　　　　　　　D. 交通噪声的影响

30. 对高速公路弃土场进行工程分析时，应明确弃土场的（　　）。

　　A. 弃土数量　　　B. 占地类型　　　C. 弃土方式　　　D. 生态恢复措施

31. 对煤矿采选项目进行工程分析时，生态影响应明确（　　）。

　　A. 土地占压　　　B. 开采沉陷　　　C. 地表挖损　　　D. 工业场地占用

32. 下列属于水库建设项目工程分析内容的有（　　）。

　　A. 坝址方案比选　　B. 施工方式　　C. 水库淹没占地　　D. 鱼类调查计划

33. 高速公路建设项目工程分析中，勘察期应重点关注（　　）。

A. 项目与沿线自然保护区的位置关系　　B. 施工方式和施工时间

C. 与城镇规划的关系　　　　　　　　D. 交通噪声影响

34. 具有日调节性能的水电站，运行期对坝址下游河道水生态产生的影响因素有（　）。

A. 水量波动　　　B. 水位涨落　　　C. 水温分层　　　D. 气候变化

35. 陆地油田开发过程中，钻井泥浆处置不当可能会造成（　）。

A. 土壤污染　　　B. 辐射污染　　　C. 地表水污染　　　D. 地下水污染

36. 对水温稳定分层的年调节水库，下泄低温水影响应重点关注的保护对象有（　）。

A. 水生生物　　　　　　　　　　　B. 陆生动物

C. 农灌作物　　　　　　　　　　　D. 城镇生活供水取水设施

参考答案

一、单项选择题

1. D　【解析】水平衡图能反映生产各个环节用水量、排水量及水的去向。

2. D　【解析】类比法是用与拟建项目类型相同的现有项目的设计资料或实测数据进行工程分析的一种常用方法。采用此法时，为提高类比数据的准确性，应充分注意分析对象与类比对象之间的相似性和可比性。A项，描述的是资料复原法；B项，类比法是在分析过程中把一个工程项目的设计资料和另外相似类型的工程项目的设计资料加以对比；C项，描述的是物料衡算法。

3. A　【解析】环境影响评价工艺流程图有别于工程设计工艺流程图，环评关心的是工艺过程中产生污染物的具体部位，污染物的种类、数量；工艺流程图应包括涉及产生污染物的装置和工艺过程，不产生污染物的过程和装置可以简化，有化学反应发生的工序要列出主要化学反应式和副反应式，在总平面布置图上标出污染源的准确位置。

4. B

5. D　【解析】生态影响型建设项目除了主要产生生态影响外，同样会有不同程度的污染影响，其影响源识别主要从工程自身的影响特点出发，识别可能带来生态影响或污染影响的来源，包括工程行为和污染源。影响源分析时，应尽可能给出定量或半定量数据。

6. A　【解析】污染源源强核算有物料衡算法、类比法、实测法、产物系数法、排污系数法、实验法。现有工程就是已经存在的项目，优选的当然是实测法，实测的数据更准确，更真实。

7. A 【解析】物料流 Q 是一种概括性表达，可以设想为水、气、渣、原材料等的加工流程，是一种物质平衡体系。系统有下列平衡关系：

把全厂看作一个衡算系统，平衡关系为：$Q_1=Q_5+Q_8$

把 A 车间作为一个衡算系统，平衡关系为：$Q_1=Q_2+Q_3$

把 B 车间作为一个衡算系统，平衡关系为：$Q_2+Q_4=Q_5+Q_6$

把 C 车间作为一个衡算系统，平衡关系为：$Q_3+Q_6=Q_4+Q_8$

把 B、C 车间作为一个衡算系统，平衡关系为：$Q_2+Q_3=Q_5+Q_8$。注意：Q_4 和 Q_6 作为 B、C 两车间之间的交换不参与系统的衡算。循环量 Q_7 会互相消去。

8. C　9. D

10. C 【解析】工程分析中常用的物料衡算包括：①总物料衡算；②有毒有害物料衡算；③有毒有害元素物料核算。

11. C 【解析】技改扩建项目工程分析中，在统计污染物排放量时，应算清新老污染源"三本账"，即技改扩建前污染物排放量、技改扩建项目污染物排放量、技改扩建完成后（包括"以新带老"削减量）污染物排放量，其相互的关系可表示为：技改扩建前排放量−"以新带老"削减量＋技改扩建项目排放量=技改扩建完成后排放量。

12. C

13. A 【解析】常减压装置是常压蒸馏和减压蒸馏两个装置的总称，因为两个装置通常在一起，故称为常减压装置。常减压装置加热炉连续排放废气。

14. D 【解析】A、B 属于源头控制，C 项属于废物利用。

15. A 【解析】其他非正常工况排污是指工艺设备或环保设施达不到设计规定指标运行时的可控排污，因为这种排污不代表长期运行的排污水平，所以列入非正常排放评价中。此类异常排污分析都应重点说明其发生的原因、发生频率和处置措施。

16. C 【解析】直接排放违背减排目标，其他选项均为典型利用或封存方式。

17. C 【解析】对排污单位自行监测技术指南及排污许可证等未要求采用自动监测的污染因子，核算源强时优先采用自动监测数据，其次采用手工监测数据。

18. A 【解析】无组织排放是对应于有组织排放而言的，主要针对废气排放，表现为生产工艺过程中产生的污染物没有进入收集和排气系统，而通过厂房天窗排放或直接弥散到环境中。工程分析中将没有排气筒或排气筒高度低于 15 m 排放源定为无组织排放源。由于题中排气筒高度 30 m＞15 m，所以不属于无组织排放，故该企业 HCl 的无组织排放量为 7 200×0.8×（1−90%）=576 kg ≈ 0.58 t。

19. B 【解析】排放速率=产生量×（1−去除率），本题中进入废气的量为

100×2%=2 kg/h，废气经净化处理后，HCl 排放速率为 2×（1-99%）=0.02 kg/h，故选 B。

20. C 【解析】脱硫系统入口浓度为 3 500 mg/Nm³，要求出口浓度低于 35 mg/Nm³，那么经过脱硫系统脱掉的量至少为 3 500-35=3 465 mg/Nm³，因此脱硫效率至少为 3 465/3 500×100%=99.00%，故本题选 C。

21. A 【解析】废气年排放量 = 200×1.2 + 300×1.5 = 690（万 m³）。

22. D 【解析】一般废气的治理先通过收集，再经处理设施处理，收集单元有收集效率，治理设施有治理效率，两者共同作用得出废气的去除效率，因此去除效率为 99%×90%=89.1%。注意剩余的 10%未被收集，是收集的 90%颗粒物被处理。

23. B 【解析】烟尘去除量 = 200×（1 200 - 200）×300×20×10⁻⁶ = 1 200 kg。

24. A 【解析】烟尘排放量 = 200×200×300×20×10⁻⁶ = 240 kg。

25. C 【解析】用物料衡算法计算二氧化硫排放量（二氧化硫源强公式①）。二氧化硫排放量 =（300×10⁹×2×0.8×1.2%）/（300×20×3 600）= 266.7 mg/s。注意单位转换。

26. A

27. B 【解析】第一本账（改扩建前排放量）：200 t/a；第二本账（扩建项目最终排放量）：技改后增加部分为 240-200 = 40 t/a，处理效率为（240-80)/240×100%= 66.7%，技改新增部分排放量为 40×（1-66.7%）= 13.32 t/a；"以新带老"削减量为 200×66.7% = 133.4 t/a；第三本账（技改工程完成后排放量）：80 t/a。

注：此题因处理效率不是整数，算出来的结果与三本账的平衡公式有点出入。

28. D 【解析】SO₂ 最大排放量=2 000×1.5%×2×80%=48 kg/h。注意如果题中给的单位是 t，注意单位换算。SO₂ 最大排放浓度=（48×10⁶）/30 000= 1 600 mg/m³。

29. C 【解析】采用燃油锅炉基准含氧量折算公式，35×（21-3.5）/（21-5）= 38.3 mg/m³。

30. C 【解析】排放浓度小于 70 mg/m³，故排放浓度达标。根据《大气污染物综合排放标准》（GB 16297—1996）7.4，若新污染源的排气筒必须低于 15 m 时，其排放速率标准值按外推法计算结果再严格 50%执行。

31. B 【解析】考查处理效率计算方法。假设焚烧前烟气量为 V，则焚烧后烟气量为 2V；处理效率为（15 000V-90×2V）/15 000V×100%=98.8%。

32. A 【解析】本项目 VOCs 处理工艺的总效率=95%×99%=94.05%，本题焚烧工艺处理的是经沸石转轮吸附的废气。

33. B 【解析】油品的体积=60/0.75=80 m³，装车非甲烷总烃的排出体积即

---

① 此公式虽然在参考教材中没有列出，但在实务中经常用到。

为装入油品的体积，即排出量=80×9=720 g。

34. B　【解析】废气排放量=100×（1−90%）×（1−5%）=9.5 kg/h。

35. A　【解析】该设施的 COD 有效容积去除负荷=300×10³×24×（150−70）×10⁻⁶/2 000=0.288［kg/（m³·d）］。

36. B　【解析】工业用水重复利用率=重复利用水量/（重复利用水量+取用新鲜水量），本题中重复利用水量为 25 000 m³/d，取用新鲜水量包括循环补水量和其他新鲜用水量，即 400+2 600=3 000 m³/d，水的重复利用率=25 000/（25 000+3 000）×100%=89.3%。

37. A　【解析】本题需要注意单位的换算。COD 排放总量=（1 000×1 000+100×300）×300×10⁻⁶×（1−90%）×40%=12.36 t/a。

38. B　【解析】本题属化学原材料的物料衡算。

首先要从分子式中算铬的换算值，铬的换算值=$\dfrac{52}{52+16\times3}\times100\%=52\%$。

据物料衡算和题中提供的信息，从废水流失的六价铬只有 50%，则全年随废水排放的铬=4×50%×52%=1.04（t）。

39. C　【解析】

（1）锌在原料中的质量分数=$\dfrac{65.4}{65.4+35.5\times2}\times100\%=\dfrac{65.4}{136.4}\times100\%=47.95\%$。

（2）每吨原料所含有锌质量=1×10³×47.95%=479.5（kg/t）。

（3）进入废水中锌的质量=100×（1−98%−1.9%）×479.5=47.95（kg）。

（4）废水中总锌的质量浓度=（47.95×10⁶）/（15 000×10³）≈3.2（mg/L）。

40. C　【解析】本题比较复杂，这种题可能会放在案例中考试。

（1）产品（铬酸铅）中铬的质量分数=$\dfrac{52}{207+52+16\times4}\times100\%$

$$=\dfrac{52}{323}\times100\%=16.1\%；$$

原料（重铬酸钠）中铬的质量分数$=\dfrac{2\times52}{23\times2+52\times2+16\times7}\times100\%$

$$=\dfrac{104}{262}\times100\%=39.69\%。$$

（2）每吨产品所消耗的重铬酸钠原料中的六价铬质量=260×39.69%=103.2（kg/t）；

每吨产品中含有六价铬质量（铬酸铅占 54.5%）=1 000×54.5%×16.1%=87.7（kg/t）。

（3）生产每吨产品六价铬的损失量=103.2–87.7=15.5（kg/t）。

（4）全年六价铬的损失量=15.5×400 =6 200（kg）=6.2（t）。

（5）回收产品中六价铬的重量=4 000 ×54.5%×16.1%=351（kg）=0.351（t）。

（6）全年六价铬的实际排放量=6.2–0.351=5.849（t）≈5.85（t）。

按照上述方法还可计算其他污染物的排放量。

41. D　【解析】利用公式 $\Sigma G_{排放}=\Sigma G_{投入}-\Sigma G_{回收}-\Sigma G_{处理}-\Sigma G_{转化}-\Sigma G_{产品}$ 变换可求得 $\Sigma G_{产品}$。

42. A　【解析】废水排放分直接排放（排放到外环境）与间接排放（排放到公用处理设施）。本题的核心点在于排放总量核算浓度：

①排进污水处理厂前，由于不是直接排入环境，尚未经过处理，故不能作为总量核算浓度。

②经过污水处理厂处理后的浓度。由于是直接排入环境，故以开发区污水处理厂外排尾水的浓度作为总量核算浓度。

③COD 排放总量=250×1 000×50=12.5 t/a。

④250×1 000×400/10^6=100 t/a 是接管考核量，用于开发区污水厂对企业的管理，不是排放总量核算。

43. B　【解析】因为该题问的是"该工程水重复利用率"，新鲜水应为 4 000 m^3/d，而不是生产工艺用新鲜水 3 200 m^3/d。49 200/（49 200+4 000）×100%=92.5%。

44. D　【解析】该项目水重复利用率=重复利用水量/（重复利用水量+取用新水量）×100%=（112 290+182）/（112 290+182+530）×100%≈99.53%。

45. A　【解析】水的重复利用率=重复利用水量/（重复利用水量+新鲜水用量），新鲜水用量为 1 000×5%=50 m^3/h，用水量=新鲜水量+重复利用水量=1 000 m^3/h，故重复利用水量为 950 m^3/h，水的重复利用率为 950/（50+950）×100%=95%。

46. D　【解析】此题是一个文字描述题，在实际中应用较广。工艺改革前的造纸日用新鲜水量为：3 000×450=1 350 000（t/d）；工艺改革后的日用新鲜水量为：3 000 × 220=660 000（t/d）；该厂的重复用水量为：1 350 000–660 000=690 000（t/d）；该厂的重复用水率：（690 000/1 350 000）×100%=51.1%。当然，此题有很简捷的计算方法。

47. C　【解析】本题考查物料平衡法。污泥浓缩或脱水后，污泥量（含水）减少，但干污泥质量（即含固量）和体积不变。假设污泥含水量降低为 x，则（1–96%）=0.1（1–x），x=60%。

48. B　【解析】本题重复利用水量既有串级重复使用（2 次），也有循环重复使用。重复利用水量为：（50+50+900）=1 000 m^3/d，取用新水量为 250 m^3/d。用水重复利用率 = 1 000/（1 000 + 250）×100%=80%。

从上述计算和实例中可知，重复用水量的实质是节约用水量。因为水被重复使用了，也就相当于节省了新鲜水的用量。

49．A　【解析】进水 COD 浓度为 900 mg/L，经过生化处理后，COD 排放浓度为 $900\times(1-80\%)=180$ mgL，再经絮凝处理后排放浓度为 $180\times(1-50\%)=90$ mg/L，故选 A。

50．A　【解析】2005 年考试出了这类题（8 分，每空 2 分）[①]，考查水平衡与清洁生产有关指标的知识。注意：该图的画法与前面的图有些不同，有的环节不是串级重复用水，仅表示一个过程。根据工艺水回用率的公式：工艺水回用率＝工艺水回用量/（工艺水回用量 + 工艺水取水量），工艺水回用量为（400+600）m^3/d，工艺水取水量为（200+200）m^3/d。

51．B　【解析】根据工业用水重复利用率的公式：工业用水重复利用率＝重复利用水量/（重复利用水量 + 取用新水量），重复利用水量为（1 600+400+600）m^3/d，取用新水量为（100+200+200+200）m^3/d。

52．A　【解析】根据间接冷却水循环率的公式：间接冷却水循环率＝间接冷却水循环量/（间接冷却水循环量 + 间接冷却水系统取水量），间接冷却水循环量为 600 m^3/d，间接冷却水系统取水量为 200 m^3/d。

53．B　【解析】根据污水回用率的公式：污水回用率＝污水回用量/（污水回用量 + 直接排入环境的污水量），污水回用量为 400 m^3/d，直接排入环境的污水量为（90 + 380）m^3/d，冷却塔排放的为清净下水，不计入污水量。

54．B　【解析】水的重复利用率＝重复利用水量/（重复利用水量+取用新鲜水量），其中重复利用水量＝污水回用量；取用新鲜水量＝工业取水量，故水的重复利用率为 1 000/（10 000+1 000）×100%=9.1%。

55．A　【解析】污染源源强核算有物料衡算法、类比法、实测法、产物系数法、排污系数法、实验法。

"首次"说明属于创新技术，无文献资料数据及类比其他项目数据。有效性分析在前，不能等建成后再实测。中试就是产品正式投产前的各项试验，是产品在大规模量产前的较小规模试验，在此阶段进行有效性分析最合适，便于在投产前修正相关措施。故选 A。

56．C　【解析】污泥浓缩前后，固体成分不变。浓缩后污泥量=150×（1−99%）/（1−97%）=50 m^3/d。

57．B　【解析】排放浓度=进水浓度×（1−去除率）。

58．D　【解析】本题稍复杂，关键是要从图中找出新鲜水量和重复用水量。各车

---

① 因仅凭编者回忆，数字不是原试题的数字。

间的串级使用属于重复用水。计算公式和详细图解如下：

$$重复用水率 = \frac{600+570+300+270+330}{\underbrace{(1\,000+200)}_{新鲜水}+\underbrace{(600+570+300+270+330)}_{重复用水}} \times 100\%$$

$$= \frac{2\,070}{3\,270} \times 100\% = 63.3\%。$$

59. B

60. D　【解析】源强是指单位时间（1 h）内污染源排放污染物的质量，煤油泄漏事故的源强估算为 12×5/60=1 t。

61. D　【解析】根据行业排污许可证管理的要求，建设项目废气排放口通常可划分为主要排放口、一般排放口和特殊排放口。主要排放口管控许可排放浓度和许可排放量，一般排放口管控许可排放浓度，特殊排放口暂不管控许可排放浓度和许可排放量。

62. C　【解析】天然气是清洁能源，主要产物是水和二氧化碳，可直接排放。故选 C。

63. D　【解析】引水式电站主要通过引水发电、下游主要通过形成减脱水段，显著改变水文情势（水量减少、流速变缓等）影响水生生态环境。根据技术方法教材生态影响型项目工程分析中工程分析技术要点的相关内容，对于引水式电站，厂址间段会出现不同程度的脱水河段，其水生生态、用水设施和景观影响较大。

64. C　【解析】安全监测不是拟建项目的工程内容，与环评无关。运行方式、流域规划、选址选型都是水利水电工程需要重点分析的内容，ABD 正确。

65. D　【解析】直接生态影响：临时、永久占地导致生境直接破坏或丧失；工程施工、运行导致个体直接死亡；物种迁徙（或洄游）、扩散、种群交流受到阻隔；施工活动以及运行期噪声、振动、灯光等对野生动物行为产生干扰；工程建设改变河流、湖泊等水体天然状态等。间接生态影响：水文情势变化导致生境条件、水生生态系统发生变化；地下水水位、土壤理化特性变化导致动植物群落发生变化；生境面积和质量下降导致个体死亡、种群数量下降或种群生存能力降低；资源减少及分布变化导致种群结构或种群动态发生变化；因阻隔影响造成种群间基因交流减少，导致小种群灭绝风险增加；滞后效应等。ABC 三项属于直接生态影响。

66. D

67. B　【解析】悬架穿越方式对土地几乎没有影响。

68. B　【解析】根据定向钻施工工艺，定向钻是河底施工，在河流底部下面穿越，不会对底泥进行搅动，故不会对河流底栖生物产生影响，故 A 错；定向钻会产生泥浆，存在施工期钻井泥浆处理处置问题，故 B 正确。定向钻施工不需要爆破，

C 错。定向钻施工在地下，噪声影响较小，D 错。定向钻是机械钻井，在河流底部，没有爆破，噪声也不大，主要废物是泥浆，需关注的主要环境问题为泥浆产生的环境影响。

二、不定项选择题

1. ABC　【解析】污染影响型项目分析从项目建设性质、产品结构、生产规律、原料路线、工艺技术、设备选型、能源结构、技术经济指标、总图布置方案等基础资料入手，确定工程建设和运行过程中的产污环节、核算污染源强、计算排放总量。从环境保护角度分析技术的先进性、污染治理措施的可行性、总图布置的合理性、达标排放的可靠性。

2. ABD　【解析】《环境影响评价技术导则 陆地石油天然气开发建设项目》（HJ 349—2023）6.1.7，大气环境影响评价重点为施工期扬尘、测试放喷废气、发电机废气等废气，以及运营期站场、油气处理工程等有组织和无组织废气对大气环境的影响。

3. AB　【解析】工程分析专题是环境影响评价的基础，工程分析给出的产污节点、污染源坐标、源强、污染物排放方式和排放去向等技术参数是大气环境、水环境、土壤环境、噪声环境影响预测计算的依据。

4. ABCD　【解析】以污染影响为主的建设项目应明确项目组成、建设地点、原辅料、生产工艺、主要生产设施、产品（包括主产品和副产品）方案、平面布置、建设周期、总投资及环境保护投资等。

5. BC　【解析】厂区总平面布置图中能标明临近的环境敏感目标位置，教材中也要求总图布置要标识保护目标与建设项目的关系，但要把"评价范围内"的环境敏感目标位置在平面布置图中都标明，不符合实际，还需要用其他图件另外标明。

6. AD　【解析】重复用水量和循环用水量均属于项目内部多次使用水，不会使排水量大于新鲜水用量；物料带入水量和反应生成水量不属于新鲜水用量的范畴，它们会使项目总排水量大于新鲜水用量。

7. BCD　【解析】清洁生产分析指标分类包括生产工艺与装备要求、资源能源利用指标（包括物耗指标、能耗指标、新水用量指标）、产品指标、污染物产生指标、废物回收利用指标、环境管理要求。

8. ABC　【解析】建设项目碳排放量核算方法包括排放因子法、质量平衡法、实测法，不包括 D 选项。A 选项为排放因子法；B 选项为质量平衡法。

9. ACD　【解析】无组织排放的确定方法主要有：① 物料衡算法，通过全厂物料的投入产出分析，核算无组织排放量；② 类比法，与工艺相同、使用原料相似的同类工厂进行类比，在此基础上，核算本厂无组织排放量；③反推法，通过对同类工厂正常生产时无组织监控点进行现场监测，利用面源扩散模式反推，以此确定工厂无组织排放量。

10. ABC 【解析】污染源源强核算有物料衡算法、类比法、实测法、产污系数法、排污系数法、实验法。AB选项中规模、工艺决定了污染物特性及产生量，C项接纳污水水质特征相似为"原辅料相似"，即相似特征污染源。D项污水收集范围大小与工程特性、污染物排放特征及收水规模并无逻辑关系。

11. ACD

12. BC 【解析】污染源源强核算有物料衡算法、类比法、实测法、产污系数法、排污系数法、实验法。题干中的"创新科技成果"说明为历史上没有类似项目，懂的人也不多，不能咨询同行业专家；拟建生产线，说明该项目为新建，没有现成环境可以现场实测，因此AD错误。故选BC。

13. AD

14. ACD 【解析】输送管道连接点泄漏可造成无组织挥发，含油污水处理场、油品装卸站为敞开式的，其中均有挥发性有机物无组织排放。

15. ABCD 【解析】无组织排放源确定方法主要有3种：①物料衡算法；②类比法；③反推法。产污系数法属于类比法。

16. ABCD 【解析】氯苯是染料、医药工业生产中的一种重要原料。在一定条件下，苯与氯气在氯化铁催化下连续反应，生成以氯苯、氯化氢为主要产物，邻二氯苯、对二氯苯为次要产物的粗氯代苯混合物。

17. ABCD 【解析】非正常工况包括正常开停车、设备检修、工艺设备或环保设施达不到设计规定指标，但不包括事故状态下停车。

18. ABC 【解析】根据《建设项目环境影响评价技术导则 总纲》(HJ 2.1—2016) 4.1建设项目概况，以污染影响为主的建设项目应明确项目组成、建设地点、原辅料、生产工艺、主要生产设备、产品（包括主产品和副产品）方案、平面布置、建设周期、总投资及环境保护投资等。产品方案属于工程概况内容，污染物种类属于工艺流程及产污环节，污染物源强核算属于工程分析内容。事故的环境危害分析属于风险评价的内容。

19. ACD 【解析】污染源源强分析与核算的内容包括：①污染源分布及污染物源强核算；②物料平衡与水平衡；③无组织排放源强统计及分析；④非正常排放源强统计及分析；⑤污染物排放总量建议指标。

20. AB 【解析】项目建设过程会产生废气、废水、噪声、振动等影响，对附近景观和文物产生废气、振动影响。

21. ABCD 【解析】废气污染源排放口参数包括排放口坐标、高度、温度、压力、流量、内径、污染物排放速率、状态、排放规律（连续排放、间断排放、排放频次），无组织排放源的位置及范围等。

22. ABCD　【解析】技术经济条件和国家相关法规政策符合性均要考虑。

23. AC　【解析】见《环境影响评价技术导则　民用机场建设工程》（HJ 87—2023）6.1.3.2 生态影响因素分析，根据机场工程特点和区域生态环境特征，分析机场运营对生态的影响因素、影响方式和影响程度，重点关注航空器飞行航线对重要物种中的候鸟迁徙的影响，及航空器噪声、灯光等对栖息地内重要物种的影响。

24. ACD　【解析】根据技术方法教材生态影响型项目工程分析（工程分析内容），工程行为分析时，应给出土地征用量、临时用地量、地表植被破坏面积、取土量、弃渣量、库区淹没面积和移民数量等。铁路项目弃渣场数量及位置属于工程行为分析的内容；保护对象的生活习性属于现状调查的内容；桥梁数量及位置属于施工方案的内容；保护对象对声音极为敏感，爆破会产生噪声影响，需进行工程分析。

25. BC　【解析】公路项目工程分析应涉及勘察设计期、施工期和运营期，以施工期和运营期为主。按环境生态、声环境、水环境、环境空气、固体废弃物和社会环境等要素识别影响源和影响方式，并估算影响源源强。

26. ABCD　【解析】根据技术方法教材生态影响型项目工程分析（影响源识别），工程分析时，应明确给出土地征用量、临时用地量、地表植被破坏面积、取土量、弃渣量、库区淹没面积和移民数量等。污染源分析时，原则上按污染型建设项目要求进行，从废水、废气、固体废物、噪声与振动、电磁等方面分别考虑，明确污染源位置、属性、产生量、处理处置和最终排放量。对于改扩建项目，还应分析原有工程存在的环保问题，识别原有工程影响源和源强。

27. ABD　【解析】种群数量损失 80%，属于显著下降，影响等级"强"，A 正确。修复难度较大，影响等级"强"，B 正确。施工期为暂时性影响，干扰消失后可修复，属于"弱"，C 不选。拦河筑坝，有洄游鱼类，水系连通性受显著影响，D 正确。

28. ABCD　【解析】公路以桥梁形式跨越敏感水体对水环境的影响是需要特别关注的。不同的施工方案对水环境的影响是不同的，如水中墩施工时是否设置围堰或设置什么形式的围堰；桥梁结构设计也是要考虑的，如是否设置防撞栏，是否设置导排水设施（这与桥面径流有关）等。对水环境有影响的运输危险品事故风险也要考虑。

29. AC　【解析】根据技术方法教材生态影响型项目工程分析（工程分析技术要点），公路项目工程分析应涉及勘察设计期、施工期和运营期，以施工期和运营期为主。勘察设计期工程分析的重点是选址选线和移民安置，详细说明工程与各类保护区、区域路网规划、各类建设规划和环境敏感区的相对位置关系及可能存在的影响。

30. ABCD

31. ABC　【解析】根据《环境影响评价技术导则　煤炭采选工程》（HJ 619—2011）6.1.2.3 环境影响因素分析的主要内容，a）生态影响因素分析：简述建设期、运行期主要生态影响因素，主要包括土地占压、开采沉陷与地表挖损。

32. ABC　【解析】D 属于现状调查与评价阶段的工作。

33. AC　【解析】首先明确高速公路勘察期的主要内容，高速公路勘察期主要进行路线的选址选线。选址选线过程应关注与保护区的位置关系及与城镇规划的关系，因此 A、C 正确，B 选线施工方式和施工时间为施工期关注问题，D 交通噪声影响为运营期关注问题。

34. AB　【解析】对于日调节水电站，下泄流量、下游河段河水流速和水位在日内变化较大，对下游河道的航运和用水设施影响明显。

35. ACD　【解析】钻井泥浆处置不当可能会流入地表水体对地表水造成污染；渗入土壤进入地下水，对土壤和地下水造成污染。

36. AC　【解析】年调节水库下泄低温水影响下游河道水生生物（鱼类）繁殖、产卵，影响农灌作物产量。因此选择 AC。下泄低温水对陆生动物和取水设施影响不大，因此 BD 不选。

第二章　环境现状调查与评价

一、单项选择题（每题的备选选项中，只有一个最符合题意）

1. 现状调查中，在进行环境保护目标调查时，应调查评价范围内的环境功能区划和（　　）。

　　A. 主要的环境敏感区　　B. 地理位置　　C. 地表水　　D. 保护对象

2. 不属于大气二级评价项目现状调查内容的是（　　）。

　　A. 调查评价范围内有环境质量标准的评价因子的环境质量监测数据

　　B. 调查项目所在区域环境质量达标情况

　　C. 计算环境空气保护目标和网格点的环境质量现状浓度

　　D. 对评价范围内有环境质量标准的评价因子进行补充监测

3. 某项目评价范围涉及自然保护区，其基本污染物数据来源说法正确的是（　　）。

　　A. 各污染物环境质量现状浓度可取符合 HJ 664 规定，并且与评价范围地理位置邻近，地形、气候条件相似的环境空气质量城市点或背景点监测数据

　　B. 各污染物环境质量现状浓度可取符合 HJ 664 规定，并且与评价范围地理位置邻近，地形、气候条件相似的环境空气质量区域点或背景点监测数据

　　C. 各污染物环境质量现状浓度可取符合 HJ 664 规定，并且与评价范围地理位置邻近，地形、气候条件相似的环境空气质量区域点或城市点监测数据

　　D. 对一类区基本污染物进行至少 7 天的补充监测

4. 国家或地方生态环境主管部门公开发布的城市环境空气质量数据中包含的基本污染物为（　　）。

　　A. SO_2　　　　B. Pb　　　　C. TSP　　　　D. NO_x

5. 区域空气质量现状评价不包括（　　）。

　　A. 年评价指标　　　　　　　　B. 现状浓度范围

　　C. 标准值　　　　　　　　　　D. 占标率及达标情况

6. 关于年评价指标相关说法，不正确的有（　　）。

　　A. SO_2年平均、24 h 平均第 98 百分位数浓度

　　B. $PM_{2.5}$年平均、24 h 平均第 98 百分位数浓度

C．CO 24 h 平均第 95 百分位数

D．O$_3$ 日最大 8 h 滑动平均值的第 90 百分位数

7．炼钢项目环境空气现状监测点共测得 CO 小时平均浓度数据 28 个，其中无效数据 4 个，超标数据 12 个，未检出 1 个，则 CO 小时平均浓度的超标率是（　）。

　　A．42.5%　　　　　B．46.2%　　　　　C．50.0%　　　　　D．54.5%

8．铅酸蓄电池项目环境影响评价，环境空气现状监测的特征因子是（　）。

　　A．二氧化硫　　　　B．镍尘　　　　　C．氟化物　　　　　D．铅尘

9．对于 TSP，不宜在（　）进行现状监测。

　　A．重污染季节　　　　　　　　B．秋冬季

　　C．春夏季　　　　　　　　　　D．大气扩散条件差的季节

10．某项目拟建环境空气质量二类区（SO$_2$ 24 h 平均浓度限值为 150 μg/m^3，1 h 平均浓度限值为 500 μg/m^3）。补充监测站的 SO$_2$ 1 h 浓度为 620 μg/m^3。该站位 SO$_2$ 1 h 浓度的超标倍数是（　）。

　　A．0.24　　　　　　B．1.24　　　　　C．2.3　　　　　　D．3.1

11．污染源监测数据应采用（　）工况下的监测数据。

　　A．75%　　　　　　　　　　　B．75%或 75%以上

　　C．满负荷　　　　　　　　　　D．满负荷或者换算至满负荷

12．大气环境补充监测应至少取得（　）d 的有效数据。

　　A．1　　　　　　　B．3　　　　　　　C．5　　　　　　　D．7

13．某一级评价项目，补充监测布点以 20 年统计的当地主导风向为轴向，在厂址及主导风向下风向（　）km 范围内设置 1～2 个监测点。

　　A．2.5　　　　　　B．3　　　　　　　C．5　　　　　　　D．10

14．若进行一年 SO$_2$ 的环境质量监测，每天测 12 h，每小时采样时间 45 min 以上，每月测 12 d。在环境影响评价中这些资料可用于统计分析 SO$_2$ 的（　）。

　　A．1 h 平均浓度　　B．日平均浓度　　C．季平均浓度　　D．年平均浓度

15．某项目环境空气现状需要补充监测下列污染物现状质量数据，为获得其日均浓度数据有效性，采样时间需要每日 24 h 的为（　）。

　　A．SO$_2$　　　　　　B．NO$_2$　　　　　C．CO　　　　　　D．TSP

16．某地区公布了该地区全年 365 d 每日基本污染物的 24 h 的浓度数据，则关于该地区 SO$_2$ 的 24 h 平均第 98 百分位数浓度说法正确的是（　）。

　　A．为序号第 357 位对应的日均值浓度

　　B．为序号第 358 位对应的日均值年浓度

　　C．为序号第 356 位和第 357 位对应的日均值浓度两者之间的插值

　　D．为序号第 357 位和第 358 位对应的日均值浓度两者之间的插值

17. 某化工项目评价范围内涉及大气环境一类区，对氮氧化物和 TSP 进行补充监测，监测时温度为 10℃，大气压为标准大气压，实测得到的小时浓度分别为 157 μg/m³ 和 98 μg/m³，为判断小时浓度是否达标而转换后的对标浓度分别为（　　）μg/m³。

  A. 149、98 B. 157、98   C. 149、93 D. 157、93

18. 某地区环境空气现状监测中，测得 NO_2 小时地面浓度最大值为 0.28 mg/m³，执行环境质量二级标准（0.24 mg/m³），其超标倍数为（　　）。

  A. 2.33   B. 1.33   C. 1.17   D. 0.17

19. 关于可吸入颗粒物 PM_{10} 年平均浓度环境空气现状监测数据统计有效性规定的说法，正确的是（　　）。

  A. 每年至少有分布均匀的 60 个日平均浓度值

  B. 每年至少有分布均匀的 30 个日平均浓度值

  C. 每年至少有分布均匀的 324 个日平均浓度值

  D. 每年至少有分布均匀的 90 个日平均浓度值

20. 下列污染物按照 GB/T 8170 中规则对其环境现状监测数据进行修约，统计结果正确的是（　　）。

  A. TSP：1.25 μg/m³   B. CO：1.25 mg/m³

  C. Pb：0.125 μg/m³   D. 苯并[a]芘：0.012 5 μg/m³

21. 达标区判定时，若评价项目范围涉及多个行政区，判定原则正确的是（　　）。

  A. 分别评价各行政区的达标情况，若存在不达标行政区，则判定项目所在评价区域为不达标区

  B. 评价项目所在的行政区，若为达标区，则判定项目所在评价区域为达标区

  C. 评价与项目地理位置接近，地形、气候条件相近的行政区，若为不达标区，则判定项目所在评价区域为不达标区

  D. 根据补充监测数据判定，若不达标，则判定项目所在评价区域为不达标区

22. 作为项目所在区域达标判定的环境质量现状数据，应优先采用（　　）。

  A. 符合规定，并且与评价范围地理位置接近，地形、气候条件相近的环境空气质量区域点

  B. 国家或地方生态环境主管部门公开发布的评价基准年环境质量公告中的数据

  C. 近 3 年与项目排放的污染物有关的历史监测资料

  D. 厂址及主导风向下风向 5 km 范围内设置 1～2 个监测点，监测其一次空气质量浓度

23. 改建、扩建项目现状工程的污染源和评价范围内拟被替代的污染源调查，可根据数据的可获得性，依次优先使用（　　）等。

A．项目监督性监测数据、在线监测数据、年度排污许可执行报告、自主验收报告、排污许可证数据、环评数据或补充污染源监测数据

B．年度排污许可执行报告、自主验收报告、项目监督性监测数据、在线监测数据、排污许可证数据、环评数据或补充污染源监测数据

C．排污许可证数据、环评数据或补充污染源监测数据、项目监督性监测数据、在线监测数据、年度排污许可执行报告、自主验收报告

D．环评数据或补充污染源监测数据、项目监督性监测数据、在线监测数据、排污许可证数据、年度排污许可执行报告、自主验收报告

24．关于环境空气保护目标环境质量现状浓度的说法，下列说法正确的是（　　）。

A．对采用多个长期监测点位数据进行现状评价的，取各污染物相同时刻各监测点位的浓度平均值作为评价范围内环境空气保护目标的现状浓度

B．对采用多个长期监测点位数据进行现状评价的，取各污染物相同时刻各监测点位的浓度最大值作为评价范围内环境空气保护目标的现状浓度

C．对采用补充监测数据进行现状评价的，取各污染物相同时刻各监测点位的浓度平均值作为评价范围内环境空气保护目标的现状浓度

D．对采用补充监测数据进行现状评价的，取各污染物不同评价时段监测浓度的平均值作为评价范围内环境空气保护目标的现状浓度

25．关于环境空气质量现状中污染物现状的说法，不正确的有（　　）。

A．空气质量达标区判定包括各年评价指标、现状浓度、标准值、占标率及达标情况等

B．基本污染物环境质量现状包括监测点位、污染物、年评价指标、评价标准、现状浓度、最大浓度占标率、超标频率及达标情况等

C．其他污染物环境质量现状包括监测点位、污染物、平均时间、评价标准、监测浓度范围、最大浓度占标率、超标频率及达标情况等

D．基本污染物环境质量现状包括监测点位、污染物、平均时间、评价标准、现状浓度、最大浓度占标率、超标频率及达标情况等

26．大气环境影响评价时，下列哪项作为评价基准年（　　）。

A．近5年中数据相对完整的3个日历年作为评价基准年

B．近5年中数据相对完整的3个自然年作为评价基准年

C．近3年中数据相对完整的1个日历年作为评价基准年

D．近3年中数据相对完整的1个自然年作为评价基准年

27．某新建项目排放的污染物含其他污染物，环境空气质量现状采用的数据来源优先采用顺序为（　　）。

A．近年与项目排放的其他污染物有关的历史监测资料、质量监测网中评价基准

年连续 1 年的监测数据、补充监测

B. 质量监测网中评价基准年连续 1 年的监测数据、近 3 年与项目排放的其他污染物有关的历史监测资料、补充监测

C. 质量监测网中评价基准年连续 1 年的监测数据、近 1 年与项目排放的其他污染物有关的历史监测资料、补充监测

D. 质量监测网中评价基准年连续 3 年的监测数据、近 1 年与项目排放的其他污染物有关的历史监测资料、补充监测

28. 某建设项目排放甲大气污染物，现有工程运行时，对敏感点处的贡献值为 3 mg/m³，现有工程不运行时，敏感点处的现状监测值是 17 mg/m³。新建化工项目甲大气污染物在敏感点处的增量是 7 mg/m³，评价范围内有一处在建的热电厂，预测甲大气污染物对敏感点处的贡献值是 8 mg/m³，热电机组替代区域内的供暖污染源，甲大气污染物在敏感点处的贡献值是 3 mg/m³，该建设项目进行技改，技改后甲大气污染物在敏感点处的增量是 7 mg/m³，则技改项目建成后甲大气污染物在敏感点处的大气环境质量为（　）mg/m³。

A. 32   B. 39   C. 42   D. 31

29. 对于编制报告书的工业项目的一级评价项目，污染源调查时不包括（　）项目。

A. 评价范围内与评价项目排放污染物有关的其他在建项目污染源

B. 受本项目物料及产品运输影响新增的交通运输移动源

C. 本项目污染源

D. 评价范围内与评价项目排放污染物有关的其他正常运行的已建项目

30. 对于编制报告书的工业项目，分析调查受本项目物料及产品运输影响的交通运输移动源，不包括的项目为（　）。

A. 运输方式   B. 新增交通流量

C. 排放污染物及排放量   D. 车辆年限

31. 对于城市快速路、主干路等城市道路的新建项目，需调查的污染源内容有（　）。

A. 交通流量及污染物排放量   B. 车辆类型

C. 最大车速   D. 道路周边敏感点分布情况

32. 某改建项目现状工程的污染源调查时，下列数据中优先采用的是（　）。

A. 项目监督性监测数据   B. 在线监测数据

C. 年度排污许可执行报告   D. 自主验收报告

33. 关于项目大气污染源调查内容的说法，说法不正确的是（　）。

A. 一级评价项目调查本项目不同排放方案有组织及无组织排放源，对于改扩

建项目，还应调查本项目现有污染源

B．一级评价项目调查评价范围内在建项目、拟建项目等污染源

C．二级评价项目调查本项目现有及新增污染源和拟被替代的污染源

D．三级评级项目调查本项目新增污染源和拟被替代的污染源

34．区域现状污染源排放清单数据应采用（ ）。

A．近 3 年内相关污染源监测数据

B．近 3 年内国家或地方生态环境主管部门发布的包含人为源和天然源在内的所有区域污染源清单数据

C．近 5 年内国家或地方生态环境主管部门发布的包含人为源和天然源在内的所有区域污染源清单数据

D．近 3 年未发布污染源清单之前，可参照污染源清单编制指南自行建立区域污染源清单，并对污染源清单准确性进行验证分析

35．某新建项目大气环境影响评价等级为二级，评价范围内有一个在建的 120×10^4 t/a 焦化厂，无其他在建、拟建项目，区域污染源调查应采用（ ）。

A．焦化厂可研资料   B．类比调查资料

C．物料衡算结果   D．已批复的焦化厂项目环境影响报告书中的资料

36．关于环境空气质量监测点布设要求，说法不正确的有（ ）。

A．环境空气质量评价城市点，位于各城市的建成区内，并相对均匀分布，覆盖全部建成区

B．环境空气质量评价区域点和背景点应远离城市建成区和主要污染源，区域点原则上应离开城市建成区和主要污染源 10 km 以上，背景点原则上应离开城市建成区和主要污染源 20 km 以上

C．背景点设置在不受人为活动影响的清洁地区

D．区域点和背景点的海拔高度应合适。在山区应位于局部高点，避免受到局地空气污染物的干扰和近地面逆温层等局地气象条件的影响；在平缓地区应保持在开阔地点的相对高地，避免空气沉积的凹地

37．大气污染源调查中，不应列入点源调查清单的是（ ）。

A．点源坐标   B．排气筒出口内径

C．排放工况   D．环境温度

38．关于 TSP、颗粒物中重金属、苯并[a]芘、氟化物等污染物的样品采集，说法不正确的是（ ）。

A．采样期间如遇特殊天气，如扬沙、沙尘暴天气或重度及以上污染过程时应及时清洗。采样时长超过 7 d 时，也需定期清洗

B．样品采集后，立即装盒（袋）密封，尽快运至实验室分析，并做好交接记录

C．样品运输过程中，应避免剧烈振动。对于需平放的滤膜，保持滤膜采集面向下

D．样品到达实验室应及时分析，尽快分析。如不能及时称重及分析，应将样品放在 4℃以下冷藏保存，并在监测方法标准要求的时间内完成称量和分析

39．某监测点全年 SO_2 质量监测数据 200 个，其中有 30 个超标，5 个未检出，5 个不符合监测技术规范要求，SO_2 全年超标率为（　　）。

　　A．15.0%　　　　　B．15.4%　　　　　C．15.8%　　　　D．17.0%

40．按《大气污染物综合排放标准》规定，某企业 100 m 高排气筒 SO_2 最高允许排放速率为 170 kg/h，但是，在距该企业 100 m 处有一栋建筑物有 105 m，则该企业 SO_2 最高允许排放速率为（　　）kg/h。

　　A．170　　　　　　B．340　　　　　　C．85　　　　　　D．200

41．按规定，某企业 100 m 高排气筒 SO_2 最高允许排放速率为 170 kg/h，90 m 高排气筒 SO_2 最高允许排放速率为 130 kg/h。该企业排气筒实建 95 m，则该企业 SO_2 最高允许排放速率为（　　）kg/h。

　　A．130　　　　　　B．170　　　　　　C．150　　　　　D．165

42．某拟建项目排放 SO_2 700 t/a，NO_2 1 000 t/a，烟粉尘 200 t/a，挥发性有机物（VOCs）30 t/a。该项目所在城市当年环境空气质量如下表所示。为满足项目的环境可行性，区域削减量最少的方案是（　　）。

污染物	SO_2	NO_2	PM_{10}	$PM_{2.5}$
年平均浓度/（μg/m³）	50	45	70	30
年平均浓度标准/（μg/m³）	60	40	75	35

　　A．SO_2 不削减，NO_2 削减 2 000 t/a，烟粉尘不削减，VOCs 不削减

　　B．SO_2 削减 700 t/a，NO_2 削减 1 000 t/a，烟粉尘削减 200 t/a，VOCs 削减 300 t/a

　　C．SO_2 削减 700 t/a，NO_2 削减 2 000 t/a，烟粉尘削减 200 t/a，VOCs 削减 300 t/a

　　D．SO_2 削减 1 400 t/a，NO_2 削减 2 000 t/a，烟粉尘削减 200 t/a，VOCs 削减 600 t/a

43．某市建成区南北长 10 km，东西宽 10 km。某日 AQI 指数为 101，环境空气质量为轻度污染水平，当天平均混合层高度为 200 m，风向为北风，平均风速为 3 m/s。预计第二天平均混合层高度为 600 m，风向仍为北风，平均风速下降到 2 m/s，在污染源排放不变的情况下，第二天环境空气质量预计是（　　）。

　　A．重度污染　　　　　　　　　　B．中度污染

　　C．维持轻度污染　　　　　　　　D．空气质量好转

44．影响大气扩散能力的主要动力因子是（　　）。

　　A．风和大气稳定度　　　　　　　B．温度层结和大气稳定度

　　C．风和湍流　　　　　　　　　　D．温度层结和湍流

45．某焦化项目大气环境影响评价为一级，排放的特征污染物为苯并[a]芘，拟

对苯并[a]芘开展环境空气质量现状补充监测，补充监测采样满足要求的是（　　）。

　　A．3 天有效数据，每天 18 h 采样时间

　　B．3 天有效数据，每天 22 h 采样时间

　　C．7 天有效数据，每天 20 h 采样时间

　　D．7 天有效数据，每天 24 h 采样时间

　　46．下列关于城市热岛环流的说法，正确的是（　　）。

　　A．城市热岛环流是由于城乡湿度差异形成的局地风

　　B．近地面，风从郊区吹向城市，高空则相反

　　C．白天风从城市近地面吹向郊区，晚上风从郊区近地面吹向城市

　　D．市区的污染物通过近地面吹向郊区

　　47．某建设项目，大气环境影响评价等级为三级，必须进行调查分析的大气污染源是（　　）。

　　A．区域现有污染源　　　　　　　　B．区域在建污染源

　　C．区域拟建污染源　　　　　　　　D．本项目污染源

　　48．某城市 E 和 ESE 风向出现的频率分别为 20%和 18%，静风频率为 45%，新建热电厂选址方案正确的是（　　）。

　　A．选址在城市的东面　　　　　　　B．选址在城市的东南偏东面

　　C．选址在城市的西面　　　　　　　D．选址在城市的东南面

　　49．企业位于狭长的山谷中，夜间有连续的低矮污染源排放，则日出后，夜间聚集在逆温层中的污染物会向（　　）扩散。

　　A．高空　　　B．沿着山谷的上风向　　　C．地面　　　D．沿着山谷的下风向

　　50．陆地石油天然气开发建设项目中的滚动开发区块建设项目大气环境现状调查应收集近（　　）年的区域环境质量资料。

　　A．3　　　　　　　B．4　　　　　　　C．5　　　　　　　D．6

　　51．下列模式中，用于计算 SO_2 转化为硫酸盐的模式是（　　）。

　　A．AERMET　　　　B．CALPUFF　　　C．AERMAP　　　D．AERMOD

　　52．估算模型的地表参数根据模型特点取项目周边（　　）km 范围内占地面积最大的土地利用类型来确定。

　　A．1　　　　　　　B．5　　　　　　　C．10　　　　　　　D．3

　　53．AERMOD 所需的区域湿度条件划分可根据（　　）进行选择。

　　A．地面气象资料　　　　　　　　　B．中国干湿地区划分

　　C．高空气象资料　　　　　　　　　D．生态环境部门公布的数据

　　54．以下选项中，（　　）不属于环境空气质量现状监测点位图中所包含的内容。

　　A．环境保护目标　　　　　　　　　B．国家监测站点

　　C. 基础底图　　　　　　　　　　D. 现状补充监测点

55. 关于水文要素影响型建设项目水资源与开发利用状况调查有关说法，错误的有（　　）。

　　A. 应开展建设项目所在流域、区域的水资源与开发利用状况调查

　　B. 水资源现状调查包括水资源总量、水资源可利用量、水资源时空分布特征、人类活动对资源的影响等

　　C. 主要涉水工程调查包括主要开发任务、开发方式、运行调度及其对水文情势、水环境的影响

　　D. 水资源利用状况调查包括各类用水现状与规划，各类用水的供需关系、水质要求和渔业、水产养殖业等所需的水面面积

56. 关于水环境质量现状调查的有关说法，错误的有（　　）。

　　A. 应根据不同评价等级对应的评价时期要求开展水环境质量现状调查

　　B. 因优先采用国务院生态环境主管部门统一发布的水环境状况信息

　　C. 当现有资料不能满足要求时，应按照不同评价等级对应的评价时期开展现状监测

　　D. 水污染影响型建设项目一、二级评价时，应调查受纳水体近 5 年的水环境质量数据，分析其变化趋势

57. 对于水污染影响型建设项目的现状调查，与水质调查同步进行的水文测量，原则上可只在（　　）进行。

　　A. 两个时期内　　　B. 平水期　　　C. 丰水期　　　　D. 一个时期内

58. 关于建设项目地表水环境区域污染源调查的要求，说法不正确的有（　　）。

　　A. 一级评价以收集利用排污许可登记数据、环评及环保验收数据及既有实测数据为主，并辅以现场调查及现场监测

　　B. 二级评价主要收集利用排污许可证数据、环评及环保验收数据及基础实测数据，必要时补充现场监测

　　C. 水污染影响型三级 A 评价与水文要素影响型三级评级，主要收集利用与建设项目排放口的空间位置和所排污染物的性质关系密切的污染源资料，必要时进行现场调查及现场监测

　　D. 水污染影响型三级 B 评价，可不开展区域污染源调查，主要调查依托污水处理设施的可行性

59. 某新建项目生产民用建材，厂地附近有分散式畜禽养殖，进行地表水面污染源调查时不包括（　　）。

　　A. 畜禽养殖种类　　　　　　　　　B. 主要污染物浓度

　　C. 排放口平面位置　　　　　　　　D. 养殖方式

60. 关于河流环境现状调查补充监测的有关说法，不正确的有（ ）。

A. 对于河流，每个水期可监测一次，每次同步连续取样 3～4 d，每个水质取样点每天至少取一组水样，在水质变化较大时，每间隔一定时间取样一次。水温观测频次，每间隔 6 h 观测一次水温，统计计算日平均水温

B. 对于湖库，每个水期可监测一次，每次同步连续取样 3～4 d，每个水质取样点每天至少取一组水样，在水质变化较大时，每间隔一定时间取样一次。溶解氧和水温监测频次，每间隔 6 h 取样监测一次，在调查取样期内适当监测藻类

C. 对于近岸海域，一个水期宜在半个太阴月内的大潮期或小潮期分别采样，明确所采样品所处潮期；对所有选取的水质监测因子，在同一潮次取样

D. 对于入海河口，上游水质取样频次参照感潮河段相关要求执行，下游水质取样频次参照近岸海域相关要求执行

61. 关于地表水环境现状调查补充监测有关技术要求，说法不正确的有（ ）。

A. 监测断面布设应避开死水区、回水区、排污口处，尽量设置在顺直河段上，选择河床稳定、水流平稳、水面宽阔、无急流或浅滩且方便采样处

B. 潮汐河流或受盐度影响的地表水，若中下层水样的盐度大于 2‰，可只采集表层水样，但应记录中下层水样的盐度值

C. 采样时不可搅动水底的沉积物。除标准分析方法有特殊要求的监测项目外，采集的水样倒入静置容器中，保证足够用量，自然静置 30 min

D. 使用虹吸装置取上层不含沉降性固体的水样，移入样品瓶，虹吸装置进入尖嘴应保持插至水样表层 30 mm 以下位置

62. 对于大中型湖泊、水库，建设项目污水排放量为 30 000 m³/d，一级评价时，每（ ）km² 布设一个取样位置。

A. 1～2.5　　　　B. 1～2　　　　C. 0.5～1.5　　　　D. 0.5～2.5

63. 湖库现状调查补充监测时，其溶解氧每天监测次数为（ ）。

A. 2　　　　B. 4　　　　C. 6　　　　D. 12

64. 某水污染影响型建设项目排入水库，下列关于其地表水环境补充监测频次最低要求说法正确的是（ ）。

A. 监测一次，每次同步连续调查取样 3～4 天

B. 监测两次，每次同步连续调查取样 2～4 天

C. 监测一次，每次同步连续调查取样 2～4 天

D. 监测两次，每次同步连续调查取样 3～4 天

65. 河流现状调查补充监测时，其水温应每天监测的次数为（ ）次。

A. 1　　　　B. 2　　　　C. 4　　　　D. 6

66．水污染影响型建设项目，当受纳水体为湖库时，以排放口为圆心，调查半径在评价范围基础上外延（　　）。

　　A．10%～20%　　　B．15%～20%　　　C．20%～50%　　　D．30%～50%

67．某建设项目拟设排放口位于不受回水影响的河段，排放口上游背景调查适宜范围至少是（　　）m。

　　A．500　　　　　　B．800　　　　　　C．1 000　　　　　D．1 500

68．某化工项目，进行地表水环境影响评价等级时，应统计（　　）的排放量。

　　A．污染物满足排放要求的锅炉废水　　　　B．含热量大的冷却水

　　C．循环水　　　　　　　　　　　　　　　D．间接冷却水

69．集中式生活饮用水地表水源地硝基苯的标准限值为 0.017 mg/L。现有一河段连续 4 个功能区（从上游到下游顺序为Ⅱ、Ⅲ、Ⅳ、Ⅴ 类）的实测浓度分别为 0.020 mg/L、0.019 mg/L、0.018 mg/L 和 0.017 mg/L。根据标准指数法判断最多可能有（　　）个功能区超标。

　　A．1　　　　　　　B．2　　　　　　　C．3　　　　　　　D．4

70．某河流溶解氧标准限值为 5 mg/L，饱和溶解氧为 10 mg/L，河流的实测溶解氧为 12 mg/L，则 DO 的标准指数为（　　）。

　　A．2.4　　　　　　B．−11.6　　　　　C．1.2　　　　　　D．0.4

71．北方某流域拟建引水式电站，坝址处多年平均枯水期月平均流量为 20 m^3/s，坝址至厂房间河段工业取水量为 2 m^3/s，农业取水量为 1.5 m^3/s。为保障坝址下游河道生态用水，该电站下泄的水量最小应为（　　）m^3/s。

　　A．2.0　　　　　　B．3.5　　　　　　C．5.5　　　　　　D．6.5

72．适用于河网地区一维水质模拟分析的水文水力学调查，至少包括（　　）等参数。

　　A．流量、流速和水深　　　　　　　　　B．流速、河宽和水深

　　C．流量、流速和水位　　　　　　　　　D．水深、底坡降和流量

73．在有河流入海的海湾和沿岸海域，于丰水期常常形成表层低盐水层，而且恰好与夏季高温期叠合，因而形成低盐高温的表层水，深度一般在（　　）m 左右。

　　A．6　　　　　　　B．8　　　　　　　C．10　　　　　　　D．15

74．某小型浅水湖泊实测 pH 值为 8，标准限值为 6～9，该湖泊 pH 标准指数是（　　）。

　　A．0.5　　　　　　B．1.0　　　　　　C．1.5　　　　　　D．2.0

75．某河流实测 pH 统计代表值为 6.3，则河流 pH 的标准指数为（　　）。

　　A．0.7　　　　　　B．0.3　　　　　　C．0.4　　　　　　D．0.6

76．宽浅河流预测模型采用（　　）。

A．零维　　　　　B．平面二维　　　　C．纵向一维　　　　D．立面二维

77．某河道控制断面BOD$_5$、氨氮、DO执行的水质标准分别是4.0 mg/L、1.0 mg/L、5.0 mg/L，枯水期三者的实测值分别是 3.0 mg/L、2.0 mg/L、4.0 mg/L，相应的饱和溶解氧值是 8.076 mg/L，则 BOD$_5$、氨氮、DO 的标准指数应为（　　）。

A．1.33、2.0、2.8　　　　　　　　　B．1.33、1.0、1.2

C．0.75、2.0、5.5　　　　　　　　　D．0.75、2.0、2.8

78．水库渔业资源调查中，当测点水深 12 m 时，水的理化性质调查采样点应至少设置在（　　）。

A．表层、中层和底层　　　　　　　B．表层和底层

C．表层、5 m、12 m 深处　　　　　D．表层、5 m、10 m

79．关于水文情势调查要求相关说法，错误的是（　　）。

A．应尽量收集邻近水文站既有水文年鉴资料和其他相关的有效水文观测资料

B．水文调查与水文测量宜在平水期进行

C．在采用水环境数学模型时，应根据所选用的预测模型需输入的水文特征值及环境水力学参数决定水文测量内容

D．在采用物理模型法模拟水环境影响时，水文测量应根据模型制作及模型试验所需的水文特征值及环境水力学参数

80．地下水环境调查评价的背景值、对照值、监测值分别代表的是（　　）。

A．历史、天然、现状监测值

B．天然、历史、现状监测值

C．补给区、径流区、排泄区监测值

D．非项目影响区、项目区、项目影响区监测值

81．在地下水环境监测中，确定监测层位最主要的依据为（　　）。

A．建设项目地理位置　　　　　　　B．含水层的结构特点

C．排放污染物的种类　　　　　　　D．排放污染物的数量

82．某污水池下游 300 m 处有潜水监测井，该潜水含水层渗透系数为 100 m/d，有效孔隙度为 25%，水力坡度为 0.5%。若污水池发生泄漏，污水进入含水层后在水平运移到达监测井处的时间约为（　　）天。

A．3　　　　　　B．150　　　　　　C．300　　　　　　D．600

83．在同一水力梯度下，下列关于潜水含水层防污性能的说法，正确的有（　　）。

A．含水层埋深越大，防污性能越弱

B．含水层渗透系数越大，防污性能越弱

C．含水层厚度越大，防污性能越弱

D．含水层介质颗粒越细，防污性能越弱

84．影响地下水含水层渗透系数 K 值的因素是（　　）。

A．地下水水力坡度大小　　　　　　B．含水层厚度大小

C．介质颗粒粒径大小　　　　　　　D．抽取含水层的水量大小

85．野外现场渗水试验的目的是测定（　　）。

A．含水层孔隙度　　　　　　　　　B．包气带土层孔隙度

C．含水层垂向渗透系数　　　　　　D．包气带土层垂向渗透系数

86．潜水与承压水的差别在于潜水（　　）。

A．为重力驱动　　　　　　　　　　C．下有隔水层

B．上有隔水层　　　　　　　　　　D．具有自由水面

87．地下水水质评价时，关于标准指数数值的判定，正确的是（　　）。

A．标准指数＞1，表明该水质因子在地下水中已超标

B．标准指数＞1，表明该水质因子污染了地下水

C．标准指数＜1，表明该水质因子在地下水中已超标

D．标准指数＜1，表明该水质因子污染了地下水

88．下列关于达西定律适用条件的说法，正确的是（　　）。

A．达西定律适用于紊流

B．达西定律适用于雷诺数＜10 的层流

C．达西定律适用于雷诺数＜100 的层流

D．达西定律适用于雷诺数＜1 000 的层流

89．某地下水监测井井筒中水量为 1.5 m³，采用潜水泵或离心泵对采样井（孔）进行全井孔清洗，抽汲的水量最低为（　　）m³。

A．1.5　　　　　B．3.0　　　　　C．4.5　　　　　D．6.0

90．下列关于含水层渗透系数 K 和介质粒径 d 之间的关系，说法正确的是（　　）。

A．d 越小，K 越大

B．d 越大，K 越大

C．K 与 d 无关，与液体黏滞性相关

D．K 与 d 相关，与液体黏滞性无关

91．在包气带厚度超过 100 m 的评价区或监测井较难布设的基岩山区，可视情况调整地下水质检测点数，一级、二级评价项目至少设置（　　）监测点。

A．7个　　　　　B．5个　　　　　C．3个　　　　　D．一定数量

92．下列水文地质试验中，可用于测定包气带渗透性能及防污性能的是（　　）。

A．抽水试验　　　　　　　　　　　B．注水试验

C．渗水试验　　　　　　　　　　　D．浸溶试验

93．某拟建项目厂址位于平原地区。为调查厂址附近地下潜水水位和流向，应

至少布设潜水监测井位（　　）个。

    A．1　　　　　　　　B．2　　　　　　　　C．3　　　　　　　　D．4

94．下列地下水环境现状监测项目中，应在现场测定的是（　　）。

    A．pH　　　　　　　B．氨氮　　　　　　　C．耗氧量　　　　　　D．硝酸盐

95．根据《环境影响评价技术导则　地下水环境》，地下水水质现状评价应采用（　　）进行评价。

    A．标准指数法　　B．综合指数法　　C．回归分析法　　D．趋势外推法

96．工业企业环境影响评价中，声环境质量的评价量是（　　）。

    A．声压级　　　　B．声功率级　　　　C．A声级　　　　D．等效连续A声级

97．在评价噪声源现状时，需测量最大A声级和噪声持续时间的是（　　）。

    A．较强的突然噪声　　　　　　　　B．稳态噪声

    C．起伏较大的噪声　　　　　　　　D．脉冲噪声

98．下列利用某时段内瞬时A声级数据系列计算等效连续A声级的方法中，正确的有（　　）。

    A．调和平均法　　　　　　　　　　B．算术平均法

    C．几何平均法　　　　　　　　　　D．能量平均法

99．关于建设项目噪声源强的获取方法的有关说法，不正确的有（　　）。

    A．噪声源源强核算应按照HJ 884的要求进行，有行业污染源源强核算技术指南的应优先按照指南中的规定的方法进行

    B．噪声源源强核算无行业污染源源强核算技术指南的，但行业导则中对源强核算方法有规定的，优先按照行业导则中规定的方法进行

    C．对于拟建项目噪声源源强，当缺少所需数据时，可通过声源类比测量或引用有效资料、研究成果来确定。采用声源类比测量时应给出类比条件

    D．噪声源需获取的参数、数据格式和精度可以不符合环境影响预测模型输入要求

100．对于声级起伏较大的非稳态噪声或间歇性噪声，采用（　　）为评价量。

    A．A声级　　　　　　　　　　　　B．最大A声级

    C．等效连续A声级　　　　　　　　D．计权等效连续噪声级

101．改、扩建机场工程监测布点时，对于评价范围内少于3个声环境保护目标的情况，原则上布点数量不少于（　　）个。

    A．2　　　　　　　　B．3　　　　　　　　C．4　　　　　　　　D．5

102．某建设项目所在区域声环境功能区为1类，昼间环境噪声限值为55 dB（A），夜间环境噪声限值为45 dB（A），则该区域夜间突发噪声的评价量为（　　）dB（A）。

    A．≤45　　　　　　B．≤55　　　　　　C．≤50　　　　　　D．≤60

103. 在（　　）时，评价范围内可选择有代表性的区域布设测点。

A. 没有明显的声源，且声级较低

B. 有明显的声源，对敏感目标的声环境质量影响不明显

C. 有明显的声源，对敏感目标的声环境质量影响明显

D. 没有明显的声源，且声级较高

104. 厂区噪声水平调查测量点布置在厂界外（　　）m 处，间隔可以为 50～100 m，大型项目也可以取 100～300 m。

A. 3　　　　　　　B. 2　　　　　　　C. 1　　　　　　　D. 0.5

105. 某公路建设项目和现有道路交叉，周围敏感点如图所示，应优先设置为现状监测点的是（　　）。

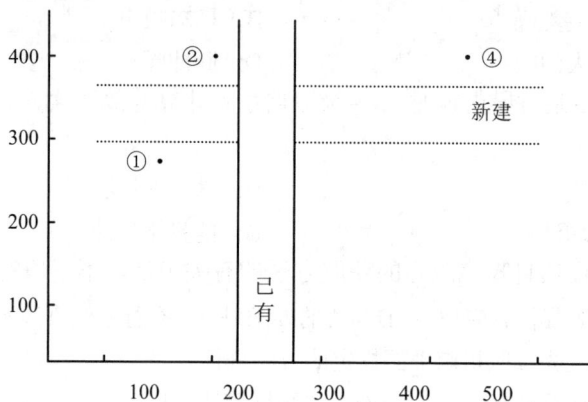

A. ①　　　　　　B. ②　　　　　　C. ③　　　　　　D. ④

106. 对于改、扩建机场工程，声环境现状监测点一般布设在（　　）处。

A. 机场场界　　　　　　　　　　B. 机场跑道

C. 机场航迹线　　　　　　　　　D. 主要敏感目标

107. 某铁路改扩建工程沿线有 6 个居民点位于 2 类声环境功能区，昼间环境噪声现状监测结果见下表，则昼间噪声超标排放的敏感点数量为（　　）。

居民点	1	2	3	4	5	6
L_d/dB（A）	60	61	66	58	62	49

A. 1　　　　　　　B. 3　　　　　　　C. 4　　　　　　　D. 5

108. 某敏感点处昼间前 8 h 测得的等效声级为 55 dB（A），后 8 h 测得的等效声级为 65.0 dB（A），该敏感点处的昼间等效声级是（　　）dB（A）。

A. 60　　　　　　B. 62.4　　　　　　C. 65　　　　　　D. 65.4

109. 测量机场噪声通常采用（　　）。

  A. 等效连续 A 声级   B. 最大 A 声级及持续时间

  C. 倍频带声压级   D. 计权等效连续感觉噪声级

110. 对工况企业环境噪声现状水平调查方法，现有车间的噪声现状调查，重点为处于（　　）dB（A）以上的噪声源分布及声级分析。

  A. 80   B. 85   C. 90   D. 75

111. 关于声环境现状评价图、表要求的有关说法，不正确的有（　　）。

  A. 应包括评价范围内的声环境功能区划图、声环境保护目标分布图、工矿企业厂区（声源位置）平面布置图等

  B. 图中应标明图例、比例尺、方向标等，制图比例尺一般不应小于工程设计文件对其相关图件要求的比例尺

  C. 线性工程声环境保护目标与项目关系图比例尺应不小于 1∶5 000

  D. 声环境保护目标与项目关系图比例尺不应小于 1∶5 000

112. 对于拟建公路、铁路工程，环境噪声现状调查重点需放在（　　）。

  A. 线路的噪声源强及其边界条件参数 B. 工程组成中固定噪声源的情况分析

  C. 环境敏感目标分布及相应执行标准 D. 环境噪声随时间和空间变化情况分析

113. 公路、铁路等线路型工程，其环境噪声现状水平调查一般测量（　　）。

  A. A 计权声功率级   B. 声功率级

  C. 等效连续感觉噪声级   D. 等效连续 A 声级

114. 机场建设项目航空器噪声影响评价等级为（　　）。

  A. 一级   B. 二级   C. 三级   D. 不低于二级

115. 我国现有环境噪声标准中，主要评价量为（　　）。

  A. 等效声级和计权有效感觉噪声级

  B. 等效声级和计权有效感觉连续噪声级

  C. 等效连续 A 声级和计权等效连续感觉噪声级

  D. A 计权等效声级和计权等效连续噪声级

116. 机场噪声评价范围应不小于计权等效连续感觉噪声级（　　）dB 等声级线范围。

  A. 70   B. 75   C. 80   D. 85

117. 工业企业声环境保护目标调查表不包括（　　）。

  A. 保护目标名称   B. 空间相对位置

  C. 声环境保护目标类型   D. 执行环境功能区类别

118. 公路、城市道路声环境保护目标调查表不包括（　　）。

  A. 线路形式   B. 保护目标名称

  C. 空间相对位置   D. 距道路边界（红线）距离

119. 在环境噪声现状测量时，对噪声起伏较大的情况，需要（　　）。

　A. 采用不同的环境噪声测量量　　　　B. 测量最大 A 声级和持续时间

　C. 增加昼间和夜间的测量次数　　　　D. 增加测量噪声的频率特性

120. 利用模型计算声环境保护目标的现状噪声值，计算结果和监测结果的允许误差范围在（　　）dB 以内。

　A. 4.5　　　　　　B. 3.0　　　　　　C. 3.5　　　　　　D. 4.0

121. 根据《环境影响评价技术导则　生态影响》，当涉及区域范围较大或主导生态因子的空间等级尺度较大，通过人力踏勘较为困难或难以完成评价时，生态现状调查可采用（　　）。

　A. 生态监测法　　　　　　　　　　B. 现场勘查法

　C. 遥感调查法　　　　　　　　　　D. 资料收集法

122. 下列野生动物中，不属于国家一级保护野生动物的是（　　）。

　A. 猕猴　　　　B. 巨蜥　　　　C. 大熊猫　　　　D. 穿山甲

123. 下列植物中，属于国家一级保护植物的是（　　）。

　A. 木棉　　　　B. 红椿　　　　C. 水杉　　　　D. 黄山松

124. 引用的生态现状资料其调查时间宜在（　　）年以内，用于回顾性评价或变化趋势分析的资料可不受调查时间限制。

　A. 3　　　　　　B. 4　　　　　　C. 5　　　　　　D. 6

125. 鱼卵和仔鱼的分布属于哪类水生生态调查内容（　　）。

　A. 底栖生物　　　B. 潮间带生物　　　C. 鱼类　　　　D. 浮游生物

126. 为掌握水鸟的生活规律变化，宜选用（　　）调查方法。

　A. 全部计数法　　　　　　　　　　B. 分区直数法

　C. 鸣声计数法　　　　　　　　　　D. 访问调查法

127. 关于两栖爬行类动物的调查方法，不正确的有（　　）。

　A. 样线（带）法　　　　　　　　　B. 红外相机陷阱法

　C. 全部计数法　　　　　　　　　　D. 鸣声计数法

128. 下列野生动物野外调查方法中，最适用于调查静水生境较少的南方森林树栖型蛙类的方法是（　　）。

　A. 卫星遥测法　　　　　　　　　　B. 粪便计数法

　C. 人工庇护所法　　　　　　　　　D. 人工覆盖物法

129. 关于陆生植被及动植物调查点设置的说法，正确的是（　　）。

　A. 应具备代表性、一致性、典型性和可行性

　B. 应具备代表性、一致性、典型性和可靠性

　C. 应具备代表性、随机性、整体性和可行性

  D. 应具备代表性、随机性、典型性和可靠性

  130. 关于陆生植被与植物的调查方法，说法正确的有（　　）。

  A. 样方法适用于物种丰富、分布范围相对集中、种群数量较多的区域

  B. 样线（带）法适用于物种不十分丰富、分布范围相对分散、种群数量相对较少的区域

  C. 样方法适用于物种丰富、分布范围相对集中、分布面积较大的地段

  D. 样线（带）法适用于物种十分丰富、分布面积较大，种群数量较多的区域

  131. 根据《生物多样性观测技术导则　陆生维管植物》，陆生维管植物样方调查面积设置说法错误确的是（　　）。

  A. 森林观测样地的面积以≥1 hm^2（100 m×100 m）为宜

  B. 灌丛观测样地一般不少于 5 个 10 m×10 m 的样方

  C. 对大型或稀疏灌丛，样方面积扩大到 50 m×50 m 或更大

  D. 草地观测样地一般不少于 5 个 1 m×1 m 样方

  132. 根据《生物多样性观测技术导则　内陆水域鱼类》，内陆水域鱼类观测方法不包括（　　）。

  A. 渔获物调查   B. 网捕法

  C. 标记重捕法   D. 声呐水声学调查

  133. 下列调查结果中，不能确定调查区某灵长类野生动物仍然存在的是（　　）。

  A. 该种动物的毛发   B. 该种动物的历史记载

  C. 该种动物的粪便   D. 该种动物的足迹

  134. 根据《生物多样性观测技术导则　水生维管植物》，水生维管植物观测方法不包括（　　）。

  A. 直接测量法   B. 资料查阅和野外调查

  C. 样点法   D. 遥感或收获法

  135. 下列关于淡水浮游生物现状调查内容的说法，不正确的有（　　）。

  A. 种类组成及分布   B. 细胞总量

  C. 鱼卵和仔鱼的数量及种类、分布   D. 群落与优势种

  136. 关于陆生动物中两栖爬行类物种调查的内容，说法不正确的有（　　）。

  A. 应选择在繁殖季节进行调查

  B. 分析统计区系成分组成，如东洋种、古北种、广布种等

  C. 在一个样点最好能进行 2 次以上的调查

  D. 样区的选择应覆盖评价区各种栖息地类型

  137. 下列生态系统平均生物量最大的是（　　）。

  A. 热带季雨林   B. 北方针叶林

C. 温带阔叶林   D. 热带雨林

138. 植被现状调查时，一般草本、灌木林、乔木林样方面积正确的分别为（ ）。

A. 1 m×1 m、5 m×5 m、50 m×50 m   B. 1 m×1 m、10 m×10 m、50 m×50 m

C. 1 m×1 m、10 m×10 m、20 m×20 m   D. 1 m×1 m、5 m×5 m、10 m×10 m

139. 某个植被样方调查面积为 10 m²，调查结果如下表。样方中物种乙的密度、相对密度分别为（ ）。

物种	个体数	覆盖面积/m²
甲	2	2
乙	2	3
丙	1	1

A. 0.2 个/m²、40%   B. 0.2 个/m²、50%

C. 0.3 个/m²、40%   D. 0.3 个/m²、50%

140. 下列有关陆生动物调查的说法中，不正确的是（ ）。

A. 哺乳类物种的调查类型应选择在繁殖季节，以天为频度展开调查

B. 鸟类物种调查应选择在合适的时间或不同的季节进行

C. 在调查中每个样点最好能进行 2 次以上调查

D. 陆生生物的调查样区应覆盖评价区内的各种栖息地类型

141. 如果某地生物生产量为 2.6 t/（hm²·a），其荒漠化程度属于（ ）。

A. 潜在的荒漠化   B. 正在发展的荒漠化

C. 强烈发展的荒漠化   D. 严重荒漠化

142. 在进行某地块样方调查时，一般面积为 50～500 hm² 样方数量应设（ ）个，面积大于 500 hm² 的每增（ ）hm² 增设一个，但总样方数最多控制在（ ）个以内。

A. 2，50，10   B. 5，100，10

C. 3，50，10   D. 5，50，10

143. 鸟类调查要选择在合适的时间或不同季节进行调查，在我国繁殖的候鸟应在（ ）调查。

A. 春季   B. 夏季   C. 秋季   D. 冬季

144. 陆地生态系统生产能力的估测是通过对自然植被（ ）的估测来完成。

A. 净第一性生产力   B. 总初级生产量

C. 净初级生产量   D. 呼吸量

145. 对于一些繁殖时间和繁殖地点相对固定的两栖爬行类，宜采用（ ）。

A. 全部计数法   B. 卵块或窝巢计数法

C．样线（带）法 D．鸣声计数法

146．一定地段面积内某个时期生存着的活动有机体的重量是指（ ）。

A．物种量 B．生长量 C．生物生产力 D．生物量

147．采用样地调查收割法实测植物生物量时，草本群落或森林草本层样地面积一般选用（ ）m^2。

A．1 B．10 C．100 D．500

148．香农-威纳指数（Shannon-Weiner Index）是物种多样性调查最常用的方法，其计算公式为（ ）。（注：P_i为属于第i物种在全部采样中的比例；S是物种数；N是总个体数）

A． $H'=-\sum_{i=1}^{s}\left(P_i/\ln P_i\right)$
B． $H'=(S-1)/\ln N$

C． $H'=-\sum_{i=1}^{s}(S_i)(\ln N_i)$
D． $H'=-\sum_{i=1}^{s}(P_i)(\ln P_i)$

149．在植物样方调查时，首先要确定样方面积大小，对于一般草本而言，其样方面积不应小于（ ）m^2。

A．1 B．10 C．100 D．200

150．在植物多样性调查时，首先要确定样方面积大小，对于灌木林样，选取样方对角的2个（ ）小样方，对灌木层进行详细调查。

A．1 m×1 m B．10 m×10 m C．20 m×30 m D．3 m×3 m

151．某样地景观生态调查测得W斑块的频率和景观比例分别为36%和40%，若样地内W斑块的数量为48，斑块总数为300，则W斑块的优势度值是（ ）。（注：$D_o=0.5\times\left[0.5\times\left(R_d+R_f\right)+L_p\right]\times100\%$）

A．27% B．32% C．33% D．71%

152．某次样方调查资料给出了样方总数和出现某种植物的样方数，据此可以计算出该种植物的（ ）。

A．密度 B．优势度 C．频度 D．多度

153．水生生态系统包括（ ）。

A．海洋和河流生态系统 B．河流和湖泊生态系统
C．海洋、河流和湖泊生态系统 D．海洋和湖泊生态系统

154．关于重要野生动物调查结果的内容，不正确的有（ ）。

A．物种名称 B．极小种群野生动物
C．保护级别 D．濒危级别

155．关于古树名木调查结果的内容，不正确的有（ ）。

A．物种名称 B．生长状况

C. 经纬度和海拔　　　　　　　　　　D. 分布区域

156. 我国亚热带地区分布的地带性植被类型是（　　）。

A. 雨林　　　　　　　　　　　　　　B. 针阔混交林

C. 常绿阔叶林　　　　　　　　　　　D. 落叶针叶林

157. 利用 GPS 系统进行定位时，需要接收至少（　　）颗卫星的信号。

A. 3　　　　　　B. 4　　　　　　C. 5　　　　　　D. 24

158. 利用遥感影像资料可识别（　　）。

A. 鱼类的产卵场　　　　　　　　　　B. 植被的分布情况

C. 候鸟的迁徙通道　　　　　　　　　D. 陆生生物的活动规律

159. 考虑化学耗氧量、溶解无机氮、溶解无机磷，当营养指数大于（　　）认为水体富营养化。

A. 2　　　　　　B. 1　　　　　　C. 3　　　　　　D. 4

160. 建设项目生态评价为二级的，生态影响评价图件不包括（　　）。

A. 土地利用现状图　　　　　　　　　B. 植被类型图

C. 地表水系图　　　　　　　　　　　D. 典型生态保护措施平面布置示意图

161. 根据《环境影响评价技术导则　生态影响》，可用景观生态学法开展生态现状评价的是（　　）。

A. 物种多样性丰富程度　　　　　　　B. 森林生态系统生物量

C. 区域生态系统空间结构　　　　　　D. 河流水生生物群落结构

162. 根据《环境影响评价技术导则　土壤环境（试行）》，工业园区内的建设项目，应重点在建设项目占地范围内开展现状调查工作，并兼顾其（　　）。

A. 可能影响的占地范围外围土壤环境敏感目标

B. 可能影响的周边企业

C. 可能影响的土壤

D. 可能影响的园区外围土壤环境敏感目标

163. 尾矿库项目的土壤环境现状监测，应结合地形地貌，在占地范围外的（　　）各设置 1 个表层样监测点。

A. 上、下游　　　　　　　　　　　　B. 下游

C. 上、下游及两侧　　　　　　　　　D. 上、下游及重点污染风险源处

164. 线性工程土壤现状监测，应重点在（　　）设置监测点。

A. 工程边界两侧向外延伸 0.2 km　　　B. 站场位置

C. 评价范围内　　　　　　　　　　　D. 工程沿线有代表性的保护目标

165. 下列建设项目，土壤环境影响评价项目类别不属于 I 类的有（　　）。

A. 长度 3 000 km 的引水工程　　　　 B. 某铜冶炼项目

C. 煤矿采选项目　　　　　　　　　　D. 生活垃圾焚烧项目

166. 土壤环境影响评价等级为（ ）的建设项目应填写土壤剖面调查表。

A. 一级　　　　　B. 一级、二级　　　　C. 二级　　　　　　D. 三级

167. 关于氧化还原电位，以下说法错误的是（ ）。

A. 氧化还原电位是长期惯用的氧化还原指标

B. 可以被理解为物质提供或接受电子的趋向或能力

C. 物质接受电子的强烈趋势意味着高氧化还原电位

D. 提供电子的强烈趋势则意味着高氧化还原电位

168. 关于建设项目土壤环境影响识别的有关说法，不正确的是（ ）。

A. 土壤污染影响型项目污染途径包括大气沉降、地面漫流、垂直入渗

B. 土壤生态影响型项目影响类型包括盐化、碱化、酸化、潜育化

C. 土壤生态影响型项目影响途径包括物质输入/运移、水位变化

D. 根据 GB/T 21010 识别建设项目及周边的土地利用类型，分析建设项目可能影响的土壤环境敏感目标

169. 关于土壤酸化、碱化分级标准，说法不正确的是（ ）。

A. pH<3.5，极重度酸化　　　　　　B. 3.5≤pH<4.0，重度酸化

C. 4.0≤pH<4.5，高度酸化　　　　　D. 4.5≤pH<5.5，轻度酸化

170. 矿藏丰富的地区，采用（ ）更能反映土壤人为污染程度。

A. 单污染指数法　　　　　　　　　　B. 累积指数法

C. 污染分担率评价法　　　　　　　　D. 内梅罗污染指数评价法

171. 关于区域环境背景土壤采样的有关说法，不正确的是（ ）。

A. 采集表层土，采样深度 0～20 cm，特殊要求的监测（土壤背景、环评、污染事故等）必要时选择部分采样点采集剖面样品

B. 挖掘土壤剖面要使观察面向阳，表土和底土分两侧放置

C. 一般每个剖面采集三层土样，地下水位较高时，剖面挖至地下水出露时为止；山地丘陵土层较薄时，剖面挖至风化层

D. 干旱地区剖面发育不完整的土层，在表层 0～20 cm、心土层 50 cm、底土层 100 cm 左右采样

172. 关于农田土壤采样布点的有关说法，不正确的是（ ）。

A. 大气污染型土壤监测单元和固体废物堆污染型土壤监测单元以污染源为中心放射状布点

B. 灌溉水污染监测单元、农用固体废物污染型土壤监测单元和农用化学物质污染型土壤监测单元采用带状布点

C. 灌溉水污染监测单元采用按水流方向带状布点，采样点自纳污口起由密渐疏

D. 综合污染型土壤监测单元布点采用综合放射状、均匀、带状布点法

173. 关于农田土壤混合样的采集方法，不正确的是（　　）。

A. 对角线法 　　　　　　　　　　 B. 梅花点法

C. 蛇形法 　　　　　　　　　　　 D. 网格点法

174. 经调查，某建设项目所在地土壤中，砂粒成分为 60%、细黏土成分为 20%，该调查结果说明了土壤的理化性质是（　　）。

A. 土壤质地 　　 B. 土壤结构 　　 C. 土体构型 　　 D. 土壤容重

175. 某地土壤 pH 为 10，此地区土壤（　　）。

A. 轻度碱化 　　 B. 中度碱化 　　 C. 重度碱化 　　 D. 极重度碱化

176. 关于土壤环境影响源的调查方法，不正确的有（　　）。

A. 资料收集法 　　　　　　　　　 B. 现场踏勘法

C. 人员访谈法 　　　　　　　　　 D. 现状监测法

177. 改、扩建的污染影响型建设项目，其评价工作等级为（　　）的，应对现有工程的土壤环境保护措施情况进行调查。

A. 一级 　　　　　　　　　　　　 B. 一级、二级

C. 二级 　　　　　　　　　　　　 D. 一级、二级、三级

178. 关于土壤环境现状调查影响源调查，应调查与建设项目产生（　　）或造成相同土壤环境影响后果的影响源。

A. 同种特征因子 　　　　　　　　 B. 同种因子

C. 同种基本因子 　　　　　　　　 D. 类似特征因子

179. （　　）土壤污染风险筛选值与 pH 密切相关。

A. 乡村住宅用地 　　　　　　　　 B. 旅游用地

C. 果园 　　　　　　　　　　　　 D. 交通水利设施用地

180. 根据土壤结构体的大小、形状以及与土壤肥力的关系，可以把土壤结构体划分为（　　）种。

A. 3 　　　　　 B. 4 　　　　　 C. 5 　　　　　 D. 6

181. 进行建设项目土壤环境现状监测时，涉及大气沉降影响的，可（　　）。

A. 在最大落地浓度点增设表层样监测点

B. 在最大落地浓度点增设表层样、柱状样监测点

C. 主导风向上风向设置 2 个表层样监测点

D. 主导风向下风向设置 1 个柱状样监测点

182. 从土壤剖面采取土壤样品正确的方法是（　　）。

A. 随机取样 　　　　　　　　　　 B. 由上而下分层取样

C. 由下而上分层取样 　　　　　　 D. 由中段向上、下扩展取样

183. 土壤环境现状调查说法错误的是（　　）。

A. 调查评价范围内的土壤理化特性、土壤环境质量状况、影响源

B. 掌握土地利用现状情况、后期的土地利用规划情况

C. 重点收集场地作为工业用地时期的生产及污染状况

D. 分析周边土壤环境污染程度，为后期的监测布点提供依据

184. 不属于污染影响型土壤理化特性调查项目的是（　　）。

A. 地下水埋深　　　　　　　　　B. 土地构型

C. 土壤结构　　　　　　　　　　D. 有机质

185. 进行土壤质地调查，对土壤进行初步划分可采用的方法是（　　）。

A. 搓条法　　　　　　　　　　　B. 密度计法

C. 吸管法　　　　　　　　　　　D. 激光粒度仪法

二、不定项选择题（每题的备选项中至少有一个符合题意）

1. 环境空气质量现状调查的方法有（　　）。

A. 类比法　　　　　　　　　　　B. 数值模拟法

C. 现场监测法　　　　　　　　　D. 已有资料收集法

2. 属于大气环境一级评价项目环境空气质量现状调查内容和目的的有（　　）。

A. 计算环境空气保护目标环境质量现状浓度

B. 项目所在区域污染物环境质量现状

C. 评价所在区域环境质量达标情况

D. 计算网格点的环境质量现状浓度

3. 某水泥厂二期项目，在 5 km 范围内淘汰 500 万 t/a 产能的基础上进行，大气环境影响评价等级为二级，$D_{10\%}=5$ m，本项目环评需要分析的污染源有（　　）。

A. 二期项目污染源　　　　　　　B. 现有工程污染源

C. 5 km 范围内淘汰污染源　　　　D. 评价范围内居民污染源

4. 下列与监测有关的内容中，属于环境空气现状监测数据有效性分析的内容有（　　）。

A. 监测时间　　　　　　　　　　B. 监测点位数量

C. 监测方法　　　　　　　　　　D. 监测期间的气象条件

5. 关于环境空气质量现状的有关内容，说法正确的有（　　）。

A. 空气质量达标区域判定包括污染物、年评价指标、现状浓度、标准值、占标率及达标情况

B. 基本污染物环境质量现状包括监测点位及坐标、污染物、平均时间、评价标准、现状浓度、占标率、超标频率和达标情况等

  C. 其他污染物环境质量现状包括监测点位及坐标、污染物、平均时间、评价标准、现状浓度范围、最大浓度占标率、超标率和达标情况等

  D. 在基础底图上叠加环境质量现状监测点位分布，并明确标示国家监测站点、地方监测站点和现状补充监测点的位置

6. 关于公路建设项目大气环境现状调查需调查内容，说法正确的是（   ）。

  A. 调查项目沿线区域大气环境质量情况

  B. 调查保护目标的名称、与公路的位置关系、功能区划与保护要求

  C. 对于改扩建公路建设项目，还应调查改建前沿线设施既有集中式排放源的情况

  D. 对于改扩建公路建设项目，无需调查改建前沿线设施既有集中式排放源的情况

7. 一级评价项目调查本项目污染源调查包括正常排放和非正常排放，其中非正常排放调查内容包括非正常工况（   ）。

  A. 类别   B. 频次   C. 持续时间   D. 排放量

8. 城市主干道项目大气 NO_2 质量现状监测布点时应考虑（   ）。

  A. 主导风向   B. 道路布局

  C. 环境空气保护目标   D. 道路两侧敏感点高度

9. 某项目大气环境现状监测，其统计结果需保留两位小数点的有（   ）。

  A. Pb 的浓度   B. 达标率   C. $PM_{2.5}$ 的浓度   D. 超标倍数

10. 大气非正常排放调查内容包括（   ）。

  A. 污染源与污染因子   B. 排放原因

  C. 排放浓度与排放速率   D. 单次持续时间、年发生频次

11. 某项目环境空气现状监测，采用时间为每天 22 h。下列污染物中，满足日平均浓度有效规定的有（   ）。

  A. SO_2 日平均浓度   B. NO_2 日平均浓度

  C. 苯并[a]芘日平均浓度   D. CO 日平均浓度

12. 风景名胜区大气调查内容包括（   ）。

  A. 风景名胜区中心坐标   B. 风景名胜区边界距厂界最近点坐标

  C. 风景名胜区距厂界最近点距离   D. 风景名胜区边界距厂址中心距离

13. 下列关于大气污染源调查数据来源有关说法，正确的是（   ）。

  A. 新建项目污染源依据 HJ 2.1、HJ 130、HJ 942、排污许可证申请与核发技术规范及各污染物核算技术指南，并结合工程分析从严确定污染物排放量

  B. 在建和拟建项目污染源使用已批复的环评文件中的资料

  C. 改建、扩建现状工程的污染源和评价范围内拟被替代的污染源调查，可根据

数据的可获得性，依次优先使用在线监测数据、年度排污许可证报告、自主验收报告、排污许可证数据、项目监督性监测数据、环评数据或补充污染源监测数据等

 D．区域现状污染源排放清单应采样近 3 年内国家或地方生态环境主管部门发布的包含人为源和天然源在内所有区域污染源清单数据

14．某项目为二级评价，下列属于其污染源调查内容的有（　　）。

 A．新增污染源   B．本项目拟替代污染源

 C．评价范围内的环境空气敏感目标 D．评价范围内的在建项目污染源

15．下列属于大气环境现状调查中火炬源调查内容的有（　　）。

 A．火炬底部中心坐标   B．火炬等效内径

 C．火炬等效高度   D．火炬等效烟气排放速度

16．下列属于大气污染源调查中点源调查内容的有（　　）。

 A．垂直扩散参数   B．烟气流速

 C．排气筒几何高度   D．出口烟气温度

17．某新建城市主干路项目，大气一级评价，下列属于其污染源调查内容有（　　）。

 A．横向扩散参数   B．道路交通流量

 C．污染物排放量   D．平均车速

18．下列属于污染源调查内容的有（　　）。

 A．污染源参数   B．非正常排放

 C．项目的拟被替代污染源   D．周期性变化系数

19．某复杂地形区建材项目，大气环境影响评价等级为二级，评价范围为边长 36 km 的矩形，大气环境影响评价必需的气象资料有（　　）。

 A．环境空气现状监测期间的卫星云图资料

 B．评价范围内最近 20 年以上的主要气候统计资料

 C．50 km 范围内距离项目最近地面气象站近 3 年内的至少连续 1 年的常规地面气象观测资料

 D．50 km 范围内距离项目最近高空气象站近 4 年内的至少连续 1 年的常规高空气象探测资料

20．利用估算模型进行预测时，关于模型所需的气象数据，说法正确的是（　　）。

 A．最高环境温度来自评价区域近 20 年内资料统计结果

 B．最低环境温度来自评价区域近 20 年内资料统计结果

 C．最小风速可取 0.5 m/s

 D．风速计高度取 10 m

21．下列莫奥长度与稳定度和混合层高度的关系，下列说法正确的是（　　）。

A. $L_{mo}>0$，近地面大气边界层处于稳定状态

B. $L_{mo}=0$ 时，近地面大气边界层处于中性状态

C. $|L_{mo}|$ 数值越小，越不稳定

D. 当 $L_{mo}>0$ 时，L_{mo} 趋于正无穷大时，边界层处于中性状态

22. 地表水环境影响二级评价项目，区域水污染源调查的必须包括的内容有（　　）。

A. 收集利用已建项目的排污许可证登记数据

B. 收集利用已建项目的环保验收数据

C. 收集利用已建项目的既有实测数据

D. 辅以现场调查及现场监测

23. 拟在某河流上建设水电站项目，则该项目地表水环境影响评价因子有（　　）。

A. 水温
B. 径流过程

C. 水力停留时间
D. 冲淤变化

24. 关于建设项目地表水环境污染源调查的要求，说法正确的有（　　）。

A. 一级、二级评价中，建设项目直接导致收纳水体内源污染变化，或存在与建设项目排放污染物同类的且内源污染影响收纳水体水环境质量，应开展内源污染调查，必要时开展底泥污染补充监测

B. 具有已审批入河排放口的主要污染物种类及其排放浓度和总量数据，以及国家或地方发布的入河排放口数据的，可不对入河排放口汇水区域的污染源开展调查

C. 面源污染调查主要采取收集利用既有数据资料的调查方法，必要时进行实测

D. 建设项目的污染物排放指标需要等量替代或减量替代时，还应对替代项目开展污染源调查

25. 关于河流环境现状调查补充监测断面的有关说法，正确的有（　　）。

A. 水污染影响型建设项目在拟建排污口上游应布置对照断面（宜在 500 m 以内）

B. 根据受纳水域水环境质量控制管理要求设定控制断面

C. 控制断面可结合水环境功能区或水功能区、水环境控制单元区划情况，直接采用国家或地方确定的水质控制断面

D. 评价范围内不同水质类别区、水环境功能区或水功能区、水环境敏感区及需要进行水质预测的水域，应布设水质监测断面

26. 关于环境现状评价内容及要求的有关说法，正确的有（　　）。

A. 评价建设项目评价范围内水环境功能区或水功能区各评价时期的水质状况与变化特征，给出水环境功能区或水功能区达标评价结论，明确水质超标因子、超标程度，分析超标原因

B. 评价底泥污染项目及污染程度，识别超标因子，结合底泥处置排放去向，评

价退水水质与超标情况

C. 评价所在流域（区域）水资源与开发利用程度、生态流量满足程度、水域岸线空间占用状况等

D. 流域（区域）水资源（包括水能源）与开发利用总体状况、生态流量管理要求与现状满足程度、建设项目占用水域空间的水流状况与河湖演变状况

27. 关于地表水环境现状调查补充监测的有关技术要求，说法正确的有（　　）。

A. 石油类、五日生化需氧量、溶解氧、硫化物、悬浮物、粪大肠菌群、叶绿素 a 等或标准分析方法有特殊要求的项目要单独采样

B. 采集石油类样品，采样前应先破坏可能存在的油膜，使用专用的石油类采样器，在水面下至 30 cm 水深采集柱状水样。保证水样采集在水面下进行，不得采入水面可能存在的油膜或水底的沉积物

C. 采集的水样含有明显藻类时，可将水样全部通过孔径为 63 μm 的过滤筛后，倒入静置容器中，保证足够需用量后，自然静置 30 min，使用虹吸管取上层水样，移入样品瓶，立即加入保存剂

D. 水样运输前，应将样品瓶的外（内）盖盖紧，需要冷藏保存的样品应按照标准分析方法要求保存，并在运输过程中确保冷藏效果。采集后宜尽快送往实验室

28. 某建设项目排放的污水影响到附近的入海河口，其地表水评价等级为二级，则该项目的评价时期一般应包括（　　）。

A. 丰水期 　　　　B. 春季 　　　　C. 枯水期 　　　　D. 秋季

29. 某项目排放污水中含重金属，排放口下游排放区域内分布有鱼类产卵场等敏感区，现状评价中应调查（　　）。

A. 常规水质因子 　　　　　　　　B. 项目特征水质因子

C. 水生生物项目特征因子 　　　　D. 沉积物项目特征因子

30. 不对入河排放口汇水区域的污染源开展调查的必要条件是（　　）。

A. 具有国家或地方发布的入河排放口数据

B. 具有已审批入河排放口的主要污染物种类及其排放浓度

C. 具有已审批入河排放口的主要污染物总量数据

D. 已建项目具有排污许可证登记数据

31. 河流和湖泊（水库）确定监测范围应考虑的因素有（　　）。

A. 必须包括建设项目对地表水环境影响比较敏感的区域

B. 各类水域的环境监测范围，可根据污水排放量和水域的规模而定

C. 要求每天监测一次

D. 如果下游段附近有敏感区，则监测范围应延长到敏感区上游边界，以满足

全面预测地表水环境影响的需求

32. 某水污染影响型项目，其废水直接排放至湖泊，排放量为 100 m³/d，水污染物最大当量数 1 000，关于该项目的地表水环境影响评价工作，以下说法正确的是（　　）。

　　A. 影响范围涉及水环境保护目标的，评价范围至少应扩大到水环境保护目标内受到影响的水域

　　B. 至少评价一个季节

　　C. 面污染源调查可不进行实测

　　D. 可定性预测水环境影响

33. 受纳水体为湖泊时，其底泥补充监测点位布设应考虑的因素有（　　）。

　　A. 底泥分布深度　　　　　　　　　　B. 底泥污染物成分

　　C. 底泥超标因子　　　　　　　　　　D. 底泥扰动深度

34. 河流某断面枯水期 BOD_5、$NH_3\text{-}N$、COD 达标，DO 超标，若要 DO 达标，断面上游可削减负荷的污染物有（　　）。

　　A. DO　　　　　　　B. BOD_5　　　　　　C. COD　　　　　　　D. $NH_3\text{-}N$

35. 在天然河流中，常用（　　）来描述河流的混合特性。

　　A. 谢才系数　　　　　　　　　　　　B. 紊动通量

　　C. 横向混合系数　　　　　　　　　　D. 纵向离散系数

36. 采用河道恒定均匀流公式（$u = c\sqrt{RI}$）计算断面平均流速，需要的河道参数值包括（　　）。

　　A. 水力坡降　　　　　　　　　　　　B. 河床糙率

　　C. 水力半径　　　　　　　　　　　　D. 断面水位

37. 关于湖库水体垂向分层的正确说法有（　　）。

　　A. 水深越浅越不易分层　　　　　　　B. 径流越大越不易分层

　　C. 面积越大越不易分层　　　　　　　D. 温差是分层的主要因素

38. 某河流断面 DO 和 pH 的标准指数均大于 1，可能存在的状态有（　　）。

　　A. 现状 DO 浓度低于功能区水质标准

　　B. 现状 DO 浓度高于功能区水质标准

　　C. 现状存在碱污染

　　D. 现状存在酸污染

39. 水质计算中，下列流速，以及降解系数、横向混合系数、纵向离线系数的单位表达，正确的是（　　）。

　　A. m/s、1/s、m²/s、m²/s　　　　　　　B. m/s、1/a、m²/s、m/s

C．m/s、1/a、m²/s、m²/s　　　　　　D．m/s、1/d、m²/s、m²/s

40．在已知河流设计枯水流量条件下，确定断面平均流速的可选方法有（　　）。

A．水位与流量、断面面积关系曲线法　　B．水力学公式法

C．浮标测流法　　　　　　　　　　　　D．实测河宽、水深计算法

41．某项目排放的污水受影响的地表水体为附近水库，该水库的水用于哪些用途时，应评价冰封期（　　）。

A．渔业用水　　　　　　　　　　　　　B．食品加工用水的水源

C．灌溉用水　　　　　　　　　　　　　D．生活饮用水

42．下列属于某湖泊地表水环境影响内源污染调查内容的有（　　）。

A．底泥力学性质　　　　　　　　　　　B．湖泊水域超标因子

C．底泥含水率　　　　　　　　　　　　D．底泥粒径

43．关于水文要素型项目，下面说法正确的是（　　）。

A．影响范围涉及饮用水水源保护区、重点保护与珍稀水生生物的栖息地、重要水生生物的自然产卵场、自然保护区等保护目标，评价等级为一级

B．跨流域调水、引水式电站、可能受到大型河流感潮河段咸潮影响的建设项目，评价等级不低于二级

C．造成入海河口（湾口）宽度束窄（束窄尺度达到原宽度的 5%以上），评价等级为二级

D．对不透水的单方向建筑尺度较长的水工建筑物（如防波堤、导流堤等），其与潮流或水流主流向切线垂直方向投影长度大于 2 km 时，评价等级应不低于二级

44．某水库建坝前，坝址处十年最枯月流量为 300 m³/s，河流最小生态流量 120 m³/s。建库后枯水期最小下泄流量为 150 m³/s。下列关于建库后坝下河段枯水期环境容量及流量的说法，正确的有（　　）。

A．最小生态流量未减少　　　　　　　　B．枯水期稀释容量未下降

C．枯水期稀释容量上升 25%　　　　　　D．枯水期稀释容量下降 50%

45．按埋藏条件和含水介质，地下水类型可划分为（　　）。

A．毛细水、重力水　　　　　　　　　　B．饱和带水、承压水

C．孔隙水、裂隙水、岩溶水　　　　　　D．包气带水、潜水、承压水

46．当污染物由上而下经包气带进入含水层，其对地下水污染程度主要取决于包气带的（　　）。

A．地质结构　　　　　　　　　　　　　B．岩性

C．厚度　　　　　　　　　　　　　　　D．渗透性

47．地下水等水位线图可用于（　　）。

  A. 确定地下水径流方向   B. 计算地下水水力坡度

  C. 计算地下水径流强度   D. 推断含水层岩性或厚度变化

48. 地下水环境监测点布设应遵循的原则有（   ）。

  A. 以项目地区为重点，兼顾外围

  B. 以污染源下游监测为重点，兼顾上游和侧面

  C. 以污染源上游监测为重点，兼顾下游和侧面

  D. 以潜水和饮用水源含水层为重点，兼顾其他含水层

49. 地下水环境影响评价中，能够获取含水层渗透系数 K 的实验方法有（   ）。

  A. 抽水试验   B. 注水试验

  C. 浸溶试验   D. 淋滤试验

50. 地下水评价 I 类改扩建项目，地下水环境现状监测点位布设的依据有（   ）。

  A. 项目总图布置   B. 现有污染源分布

  C. 项目污染物种类和浓度   D. 项目场地水文地质条件

51. 地下水质量评价以地下水质调查分析资料或水质监测资料为基础，可采用（   ）。

  A. 现场取样法   B. 标准指数法

  C. 污染指数法   D. 综合评价方法

52. 对已建工业固体废物堆放（填埋）场开展地下水污染调查，其工作内容有（   ）。

  A. 了解固体废物的理化性质与堆存时间、堆存量

  B. 了解场地底部包气带渗透性能及防渗措施

  C. 确定受影响的含水层并绘制场地附近地下水流场

  D. 识别污染物可能的运移途径

53. 根据地形图上绘制的地下水等水位线图可确定（   ）。

  A. 地下水流向   B. 地下水水力坡度

  C. 含水层的厚度   D. 潜水的埋藏深度

54. 某污水池下伏潜水含水层渗透系数为 100 m/d，有效孔隙度为 25%，水力坡度为 0.5%，在该污水池下伏潜水主径流方向上的下游分布有系列监控井（1～4 号井），若该污水厂发生泄漏，其特征污染物在 65 天内在污水池下游监测井可能被检出的是（   ）。

  A. 下游 30 m 处的 1 号井   B. 下游 60 m 处 2 号井

  C. 下游 120 m 处的 3 号井   D. 下游 240 m 处 4 号井

55. 关于地下水质量评价标准指数法的说法，正确的有（   ）。

  A. 标准指数=1 时，该地下水水质因子达标

B．标准指数<1 时，该地下水水质因子超标

C．标准指数>1 时，数值越小，该地下水水质因子超标越严重

D．标准指数>1 时，数值越大，该地下水水质因子超标越严重

56．经现场踏勘，拟建项目厂址附近分布有 5 口地下水井，其中承压水井 3 口，潜水井 2 口。利用这些井位进行相应的水文、水质监测，可以确定（　　）。

　　A．地下水水质现状　　　　　　　　B．潜水水位

　　C．潜水流向　　　　　　　　　　　D．承压含水层与潜水层之间的水力联系

57．某位于山前冲（洪）积区的项目，地下水环境影响评价工作等级为一级。现已收集近 3 年内一个连续水文年的枯、平、丰水期地下水水位动态监测资料。地下水环境现状评价必须进行的监测有（　　）。

　　A．开展一期地下水水位现状监测　　B．开展一期基本水质因子监测

　　C．开展枯、丰水期基本水质因子监测　　D．开展一期特征因子现状监测

58．根据《环境影响评价技术导则　地下水环境》，环境水文地质勘查与试验是在充分收集已有相关资料和地下水环境现状调查的基础上，针对（　　）而进行的工作。

　　A．为了获取包气带的物理属性

　　B．进一步查明地下水含水层特征

　　C．为获取预测评价中必要的水文地质参数

　　D．为获取现状评价中必要的水文地质参数

59．污染场地修复工程中，对于地下水监测点布设应遵循（　　）。

　　A．采样深度应在井水面下 1 m 以下

　　B．采样深度应在井水面下 0.5 m 以下

　　C．低密度非水溶性有机物污染的，应设在含水层顶部

　　D．高密度非水溶性有机物污染的，应设在含水层底部或不透水层顶部

60．根据《环境影响评价技术导则　地下水环境》，根据地下水现状监测结果应进行（　　）的分析。

　　A．标准差　　　　　　　　　　　　B．最大值、最小值、均值

　　C．检出率　　　　　　　　　　　　D．超标率、超标倍数

61．根据《环境影响评价技术导则　地下水环境》，关于地下水样品采集与现场测定相关说法，正确的是（　　）。

　　A．地下水样品应采用自动式采样泵或人工活塞闭合式与敞口式定深采样器进行采集

　　B．样品采集前，应先测量井孔地下水水位（或地下水埋深）并做好记录，然后采用潜水泵或离心泵对采样井（孔）进行全井孔清洗

C．清洗抽汲的水量不得小于 2 倍的井筒水（量）体积

D．pH、E_h、DO、水温等不稳定项目应在现场测定

62．下列属于地下水现状调查时抽水试验目的的有（　　）。

A．评价水源地的可允许开采量

B．查明强径流带位置

C．确定包气带的防护能力

D．获得取水工程设计提供所需的水文地质数据

63．关于环境水文地质试验方法的目的说法正确的是（　　）。

A．抽水试验目的是确定含水层的导水系数、渗透系数、给水度、影响半径等水文地质参数

B．当钻孔中地下水位埋藏很深或试验层透水不含水时，可用注水试验代替抽水试验，近似地测定该岩层的渗透系数

C．渗水试验目的是测定包气带渗透性能及防污性能

D．浸溶试验目的是查明固体废弃物受雨水淋溶或在水中浸泡时，其中的有害成分转移到水中，对水体环境直接形成的污染或通过地层渗漏对地下水造成的间接影响

E．土柱淋滤试验目的是确定包气带的防护能力

64．在某同一区域，进行直接试坑和双环法试坑渗水试验，下列说法正确的是（　　）。

A．两者目的是测定包气带侧向渗透系数

B．直接试坑法和双环试坑法时，渗透速度都是从大到小，最后趋于稳定

C．直接试坑法测得渗透系数要比双环试坑法测得渗透系数要小

D．两者试验的最大缺陷皆为下渗时不能完全排除岩石中的空气

65．某位于丘陵山区的项目，地下水环境影响评价工作等级为二级，现已收集近 3 年内中某一年的枯平水期地下水水位和水质监测资料。地下水环境现状评价必须进行的监测有（　　）。

A．开展一期地下水水位现状监测　　　B．开展一期基本水质因子监测

C．无须开展地下水水位监测　　　　　D．开展一期特征因子现状监测

66．某建设项目所在区域声环境功能区为 1 类，昼间环境噪声限值为 55 dB（A），夜间环境噪声限值为 45 dB（A），则该区域声环境功能区的环境质量评价量为（　　）。

A．昼间等效声级（L_d）≤55 dB（A）

B．夜间等效声级（L_n）≤45 dB（A）

C．昼间突发噪声的评价量≤70 dB（A）

D．夜间突发噪声的评价量≤60 dB（A）

67. 某一钢铁厂扩建项目，工程建设内容包含铁路专用线 5 km，环境噪声现状监测点应布设在（　　）。

　　A. 现有项目边界处　　　　　　　B. 厂区周边的敏感点处

　　C. 铁路专用线两侧敏感点处　　　D. 现有厂内办公楼处

68. 声环境质量现状评价应分析评价范围内的（　　）。

　　A. 声环境保护目标分布情况　　　B. 噪声标准使用区域划分情况

　　C. 敏感目标处噪声超标情况　　　D. 人口密度

69. 某拟建公路中心线 200 m 范围内有一条铁路，为满足声环境影响预测需要，现状监测点布设应考虑的因素（　　）。

　　A. 敏感目标分布情况　　　　　　B. 地形状况

　　C. 既有铁路位置　　　　　　　　D. 拟建公路永久占地类型

70. 下列关于工矿企业建设项目声环境现状调查的方法及要点的说法，正确的有（　　）。

　　A. 厂区内噪声水平调查一般采用极坐标法

　　B. 厂区内噪声水平调查一般采用网格法，每间隔 10～50 m 划分长方形网格

　　C. 大型厂区内噪声水平调查采用每间隔 50～100 m 划分正方形网格法

　　D. 采用网格法调查时，在交叉点（或中心点）布点测量

71. 下列关于公路、铁路环境噪声现状水平调查的说法，正确的有（　　）。

　　A. 调查评价范围内敏感目标在沿线的分布和建筑情况以及执行的声环境标准

　　B. 重点关注沿线的环境噪声敏感目标

　　C. 若沿线敏感目标较多时，应分路段测量环境噪声背景值

　　D. 若存在现有噪声源，应调查其分布状况和对周围敏感目标影响的范围和程度

72. 铁路建设项目环境噪声现状调查的内容有（　　）。

　　A. 环境噪声背景值　　　　　　　B. 声环境功能区划

　　C. 现有的固定声源和流动声源　　D. 评价范围内的敏感点分布

73. 关于声环境现状评价图的要求说法正确的是（　　）。

　　A. 一般应包括评价范围内的声环境功能区划图，声环境保护目标分布图

　　B. 包括工矿企业厂区（声源位置）平面布置图现状监测布点图、声环境保护目标与项目关系图等

　　C. 图中应标明图例、比例尺、方位标等

　　D. 线性工程声环境保护目标与项目位置关系图比例尺应不小于 1∶10 000

74. 关于声环境现状评价表要求说法正确的是（　　）。

　　A. 声环境保护目标调查表，应列表给出评价范围内声环境保护目标的名称、户数、建筑物层数和建筑物数量

B. 声环境保护目标调查表，应明确声环境保护目标与建设项目的空间位置关系等

C. 声环境保护目标调查表，应给出不同声环境功能区或声级范围内的超标户数

D. 声环境现状评价结果表，应列表给出厂界（场界、边界）各声环境保护目标现状值及超标和达标情况分析，给出不同声环境功能区或声级范围内的超标户数

75. 某锻造项目，夜间声环境质量的评价量应包括（　　）。

　　A. 夜间等效声级　　　　　　　　　B. 最大 A 声级

　　C. 声功率级　　　　　　　　　　　D. 倍频带声压级

76. 公路/城市道路噪声源强调查清单的内容包括（　　）。

　　A. 路段　　　　　B. 源强　　　　　C. 车流量　　　　　D. 车速

77. 铁路/城市轨道交通噪声源强调查清单的内容包括（　　）。

　　A. 无砟/有砟轨道　　　　　　　　　B. 防撞墙/挡板结构高出轨面高度

　　C. 线路形式　　　　　　　　　　　D. 噪声源强值

78. 工业企业声环境保护目标调查表包括（　　）。

　　A. 保护目标名称　　　　　　　　　B. 空间相对位置

　　C. 距厂界最近距离、方位　　　　　D. 执行标准/功能区类别

79. 某山区公路工程，公路和敏感目标间的声环境现状调查内容应包括（　　）。

　　A. 高差　　　　　B. 地形　　　　　C. 距离　　　　　D. 土壤类型

80. 建设项目环境噪声现状测量无特殊要求时，选择的时段应满足（　　）。

　　A. 声源正常运行时段　　　　　　　B. 昼间、夜间分别设定要求

　　C. 有代表性的时段　　　　　　　　D. 声源停止运行时段

81. 对典型工程环境噪声现状水平调查描述正确的是（　　）。

　　A. 厂区内噪声水平调查一般采用网格法

　　B. 厂界噪声水平调查测量点布置在厂界外 2 m 处

　　C. 线路型工程的噪声现状水平调查应重点关注沿线的环境噪声敏感目标

　　D. 应调查评价范围内有关城镇、学校、医院、居民集中区或农村生活区在沿线的分布及相应执行的噪声标准

82. 下列属于陆生植被调查内容的有（　　）。

　　A. 植被类型　　　　B. 植被分布　　　　C. 群落结构　　　　D. 物种组成

83. 关于生态现状调查方法，下列说法正确的是（　　）。

　　A. 使用资料收集法时，应保证资料的现时性，引用资料必须建立在现场校验的基础上

　　B. 专家和公众咨询可以与资料收集和现场勘查不同步开展

C．对于生态系统生产力的调查，必要时需现场采样、实验室测定

D．遥感调查过程中没有必要辅助现场勘查工作

84．在生态敏感保护目标识别中，应作为重要保护动植物的有（　　）。

A．列入国家和省保护名录的动植物

B．列入"红皮书"的珍稀濒危动植物

C．地方特有的和土著的动植物

D．具有重要经济价值和社会价值的动植物

85．在海洋生态调查中，海洋生态要素调查包括（　　）。

A．海洋生物要素调查　　　　　　B．海洋环境要素调查

C．入海污染要素调查　　　　　　D．海水养殖生产要素调查

86．在对输气管道项目沿线陆生植被和植物进行样方调查时，拟对其间的马尾松物种进行重要值计算，需要的参数有（　　）。

A．相对密度　　　　　　　　　　B．相对稳定度

C．相对频度　　　　　　　　　　D．相对优势度

87．以下属于陆生动物中两栖爬行类调查方法有（　　）。

A．全部计数法　　　　B．样线（带）法　　　　C．鸣叫调查法

D．卵块或窝巢计数法　　E．访问调查法　　　　F．红外相机陷阱法

88．在植物样方调查时，以下必须调查的指标是（　　）。

A．经济价值　　　　　　B．生物量　　　　　　C．覆盖度

D．密度　　　　　　　　E．抗病虫性

89．样地调查收割法的局限性在于不能计算（　　）。

A．草食性动物所吃掉的物质

B．绿色植物自身代谢所耗费的物质

C．绿色植物自身生长、发育所耗费的物质

D．绿色植物当时有机物质的数量

90．在陆生动物鸟类多样性调查时，鸟类物种调查的方法包括（　　）。

A．样线（线路或条带）调查法　　　B．样点调查法

C．分区直数法　　　　　　　　　　D．红外相机陷阱法

91．水生生态调查初级生产力测定方法有（　　）。

A．氧气测定法　　　　　　　　　B．原子吸收光谱测定法

C．CO_2测定法　　　　　　　　　D．叶绿素测定法

E．放射性标记物测定法

92．某油气田开发项目位于西北干旱荒漠区，占地面积 100 km^2，1 km 外有以保护鸟类为主的国家重要湿地保护区，下列方法中，可用于评价该项目生态环境现

状的有（　　）。

A．图形叠置法 　　　　　　　　　B．列表清单法

C．单因子指数法 　　　　　　　　D．景观生态学法

93．陆生植物调查中，适用于全查法的情形有（　　）。

A．物种稀少 　　　　　　　　　　B．物种分布范围相对分散

C．分布面积小 　　　　　　　　　D．种群数量相对较少

94．下列工程项目中，可采用景观生态学方法进行生态现状调查与评价的有（　　）。

A．大型水利工程 　　　　　　　　B．输油管道工程

C．铁路建设工程 　　　　　　　　D．人防工程

95．应用景观生态学评价法对某项目进行生态现状评价，以下属于景观变化分析方法的有（　　）。

A．定性描述法 　　　　　　　　　B．类比分析法

C．景观生态图叠置法 　　　　　　D．景观动态的定量化分析法

96．景观生态学方法对景观的功能和稳定性分析包括（　　）。

A．生物恢复力分析 　　　　　　　B．异质性分析

C．景观组织的开放性分析 　　　　D．稳定性分析

E．种群源的持久性和可达性分析

97．景观生态学对生态环境质量状况的评判是通过（　　）进行的。

A．空间结构分析 　　　　　　　　B．物种量分析

C．生物生产力分析 　　　　　　　D．功能与稳定性分析

98．关于生态现状评级图件的相关要求，说法正确的有（　　）。

A．一级、二级评级需植被类型图、土地利用现状图、重要物种重要生境分布图、生态系统类型分布图等

B．一级、二级所涉及国家重点保护野生动植物，需图示工程与物种生境分布的空间关系

C．涉及生态敏感区的，需图示生态敏感区及其主要保护对象、功能分区与工程的位置关系

D．三级评价需土地利用现状图、植被类型图、生态保护目标分布图等

99．关于陆生两栖爬行动物调查的有关说法，正确的有（　　）。

A．调查应在繁殖季节进行调查，宜以天为频度开展观察

B．在一个样点（样地）最好能进行 2 次以上的调查

C．应覆盖评价区各种栖息地类型，每种生境确定不同数量的调查点和线

D．调查方法包括全部计数法、样线（带）法、鸣声计数法、卵块或窝巢计数法、访问调查法

100．建设项目水生生态调查，调查内容包括（　　）。

　　A．水质、水温调查　　　　　　　B．水生生物调查

　　C．浮游动物调查　　　　　　　　D．鱼类调查

101．生态现状调查与评价中，调查前要针对调查的对象、区域，收集整理现有的相关资料，包括（　　）。

　　A．地理位置　　　　　　　　　　B．地形地貌

　　C．土壤、气候　　　　　　　　　D．植被、农业和林业相关资料

102．生态现状调查与评价中，调查路线或调查点的设立的特点（　　）。

　　A．代表性　　　　B．随机性　　　　C．整体性　　　　D．可行性

103．关于陆生动物鸟类物种多样性调查，需分析与评价的内容包括（　　）。

　　A．对调查区域的鸟类进行地理区划分析

　　B．分析评价区不同生境类型的代表性鸟类

　　C．居留类型分析

　　D．栖息生境及质量

104．遥感影像的预处理一般包括（　　）。

　　A．大气校正　　　　　　　　　　B．几何纠正

　　C．帽状转换　　　　　　　　　　D．条纹消除

105．关于陆生植被与植物调查，调查方法包括（　　）。

　　A．样方法　　　　　　　　　　　B．样线（带）法

　　C．全查法　　　　　　　　　　　D．访问调查法

106．适合采用样线法对鸟类进行调查的区域有（　　）。

　　A．平原区域　　　　　　　　　　B．崎岖山地

　　C．开阔草原　　　　　　　　　　D．片段化生境

107．以下属于采用标记重捕法对鱼类进行调查的方法有（　　）。

　　A．专门采样调查　　　　　　　　B．发布消息，有偿回收

　　C．集镇上访问调查　　　　　　　D．调查经各种渔具捕捞的鱼类

108．在调查大型哺乳动物时，以下观测时间适合的有（　　）。

　　A．在植被稀疏的季节调查　　　　B．根据观测生活习性确定

　　C．在动物活动高峰期进行　　　　D．在早晨或黄昏时进行

109．图形叠置法包括（　　）。

　　A．指标法　　　　　　　　　　　B．3S 叠图法

　　C．列表清单法　　　　　　　　　D．生态机理分析法

110．对某项目开展陆生维管植物野外样方调查，下列工具中必备的有（　　）。

　　A．定位设备　　　　　　　　　　B．卷尺

　　C．浮游生物网　　　　　　　　　　D．标本夹

111．对某项目进行爬行动物野外调查，以下属于爬行动物调查指标的有（　　）。

　　A．繁殖习性　　　　　　　　　　B．种群数量

　　C．种类组成　　　　　　　　　　D．迁徙习性

112．根据《生物多样性观测技术导则　陆生维管植物》（HJ 710.1—2014），关于森林植物观测方法的有关描述，正确的有（　　）。

　　A．对胸径（DBH）≥1 cm乔木、灌木植物的观测内容包括植物个体标记、定位、胸径、冠幅、枝下高测量，物候期、个体生长状态观测，以及物种鉴定等

　　B．对胸径（DBH）≤1 cm乔木、灌木植物的观测内容包括个体标记、定位、基径、高度、冠幅测量，主干叶片数、根萌数、根萌叶片数的观测，生长状态观测，单个种盖度、样方总盖度的估计

　　C．对胸径（DBH）≥1 cm的高大灌丛植物的观测内容参照森林群落的观测方法

　　D．对胸径（DBH）≤1 cm或高度<1.3 m的灌木植物，观测内容包括个体（丛）标记、定位，个体（丛）高度和冠幅，物候期、每个灌木种的盖度，样方灌木总盖度，及个体（丛）生长状态

113．根据《生物多样性观测技术导则　陆生哺乳动物》（HJ 710.3—2014），下列属于陆生哺乳动物观测方法的有（　　）。

　　A．总体计数法　　　　　　　　　　B．样方法

　　C．可变距离样线法（截线法）　　　　D．固定宽度样线法

114．根据《生物多样性观测技术导则　鸟类》（HJ 710.4—2014），下列属于鸟类观测方法的有（　　）。

　　A．样线法　　　B．样方法　　　C．样点法　　　D．目测法

115．根据建设项目特点、可能产生的环境影响和当地环境特征，有针对性收集调查评价范围内的相关土壤资料，主要包括（　　）。

　　A．土地利用现状图、土地利用规划图、土壤类型分布图

　　B．气象资料、地形地貌特征资料

　　C．土地利用历史情况

　　D．与建设项目土壤环境影响评价相关的其他资料

　　E．水文及水文地质资料

116．关于土壤环境影响评价项目类别划分，属于Ⅱ类的是（　　）。

　　A．库容1 000万 m^3 至1亿 m^3 的水库　　B．年出栏生猪10万头以上的养殖场

　　C．危险废物利用处置项目　　　　　　D．石油及成品油的输送管线

117．生态影响型建设项目土壤环境现状监测点布设应根据建设项目（　　）确定。

　　A．土壤环境影响类型　　　　　　　　B．评价工作等级

C．土地利用类型　　　　　　　　D．建设项目所在地的地形特征

E．地面径流方向

118．下列关于土壤环境现状监测点数量的要求，说法正确的有（　　）。

A．生态影响型建设项目可优化调整占地范围内、外监测点数量，保持总数不变

B．生态影响型建设项目占地范围超过 5 000 hm² 的，每增加 1 000 hm² 增加 1 个监测点

C．污染影响型建设项目可优化调整占地范围内、外监测点数量，保持总数不变

D．污染影响型建设项目占地范围超过 100 hm² 的，每增加 20 hm² 增加 1 个监测点

119．在土壤环境现状调查中，基本因子现状监测频次的要求有（　　）。

A．评价工作等级为一级的建设项目，应至少开展 1 次现状监测

B．评价工作等级为一级、二级的建设项目，应至少开展 1 次现状监测

C．评价工作等级为三级的建设项目，若掌握近 5 年至少 1 次的监测数据，可不再进行现状监测

D．引用监测数据应说明数据有效性

120．污染影响型建设项目土壤环境污染源类型包括（　　）。

A．大气沉降　　　B．土壤酸化　　　C．垂向入渗　　　D．地面漫流

121．关于土壤酸化、碱化分级，说法正确的是（　　）。

A．5.5≤pH＜8.5，无酸化或碱化　　　B．4.5≤pH＜5.5，轻度酸化

C．4.0≤pH＜4.5，中度酸化　　　D．pH＜3.5，极重度酸化

122．某地区土壤含盐量检测值为 1.5 g/kg，经判断属于未盐化，则该地区可能属于（　　）地区。

A．半干旱　　　　　　B．半湿润　　　　　　C．干旱

D．半荒漠　　　　　　E．荒漠

123．关于建设项目土壤特性调查的有关说法，正确的是（　　）。

A．土壤理化特性调查内容主要包括土体构型、土壤结构、土壤质地、阳离子交换量、氧化还原电位、饱和导水率、土壤容重、孔隙度、有机质、全氮、有效磷、有效钾等

B．土壤结构按形状分为块状、片状和柱状三大类；按其大小、发育程度和稳定性等分为团粒、团块、块状、棱块状、棱柱状、柱状和片状等

C．土壤质地的精细判别依据是土壤颗粒大小。搓条法划定土壤为砂土、砂壤土、轻壤土或中壤土等

D．测定土壤饱和导水率需选取原状土样进行室内环刀试验；测定土壤容重可采用环刀法、蜡封法、水银排除法、填沙法等，以环刀法应用最为广泛

124． 对生态影响型建设项目土壤理化特性调查时，调查内容有（　　）。

A．土壤质地　　　　　　　　　　B．植被特征

C．地下水位埋深　　　　　　　　D．地下水溶解性总固体

125． 进行土壤环境现状调查时，可采用（　　）方法。

A．资料收集　　　　　　　　　　B．现场调查

C．现状监测　　　　　　　　　　D．物料衡算法

126． 土壤剖面调查表中应包含（　　）。

A．景观照片　　　　　　　　　　B．土壤剖面照片

C．层次　　　　　　　　　　　　D．经纬度

127． 关于农田土壤采样的说法，正确的是（　　）。

A．对角线法适用于污灌农田土壤，对角线分 5 等份，以等分点为采样分点

B．梅花点法适用于面积较小，地势平坦，土壤组成和受污染程度相对比较均匀的地块

C．棋盘式法适用于面积大，地势平坦，土壤均匀的地块，设分点 10 个左右；受污泥、垃圾等固体废物污染的土壤，设分点 20 个以上

D．蛇形法适宜于面积较大、土壤不够均匀且地势不平坦的地块，多用于农业污染型土壤

128． 根据《环境影响评价技术导则　土壤环境（试行）》，涉及大气沉降影响的改、扩建项目，可（　　）。

A．在主导风向上、下风向适当增加监测点位

B．在主导风向下风向适当增加监测点位

C．以反映降尘对土壤环境的影响

D．以反映降雨对土壤环境的影响

129． 进行土壤环境现状调查时，应考虑的因素有（　　）。

A．土壤结构　　　　　　　　　　B．土壤类型

C．土壤分布　　　　　　　　　　D．污染情况

130． 关于土壤环境现状监测因子，以下说法正确的是（　　）。

A．分为基本因子和建设项目的特征因子

B．根据调查评价范围内的土地利用类型选取基本因子

C．一般的监测点位可仅监测特征因子

D．新建项目可仅监测特征因子

131． 生态影响型建设项目土壤环境补充调查内容包括（　　）。

A．植被特征　　　　　　　　　　B．地下水位埋深

C．溶解性总固体　　　　　　　　D．有机质

132. 进行野外土壤鉴别时，土壤结构类型按形状进行分类的类别有（　　）。
 A. 块状　　　　　　 B. 团状　　　　　　 C. 片状　　　　　　 D. 柱状
133. 土壤环境现状评价方法包括（　　）。
 A. 单污染指数法　　　　　　　　　 B. 综合指数法
 C. 污染分担率评价法　　　　　　　 D. 内梅罗污染指数评价法

参考答案

一、单项选择题

1. A 【解析】根据《建设项目环境影响评价技术导则　总纲》（HJ 2.1—2016）5.3.2 环境保护目标调查，调查评价范围内的环境功能区划和主要的环境敏感区，详细了解环境保护目标的地理位置、服务功能、四至范围、保护对象和保护要求等。

2. C 【解析】根据《环境影响评价技术导则　大气环境》（HJ 2.2—2018），计算环境空气保护目标和网格点的环境质量现状浓度属于一级评价项目现状调查内容。

3. B 【解析】位于环境空气质量一类区的环境空气保护目标或网格点，各污染物环境质量现状浓度可取符合 HJ 664 规定，并且与评价范围地理位置邻近，地形、气候条件相近的环境空气质量区域点或背景点的监测数据。基本污染物必须开展年指标评价，因此补充监测的数据是无法满足年评价指标要求的。

4. A 【解析】根据《环境影响评价技术导则　大气环境》（HJ 2.2—2018）3.3，基本污染物指 GB 3095 中规定的基本项目污染物，包括 SO_2、NO_2、PM_{10}、$PM_{2.5}$、CO 和 O_3。

5. B 【解析】根据《环境影响评价技术导则　大气环境》（HJ 2.2—2018）附录 C 中表 C.5 区域空气质量现状评价内容包括污染物、年评价指标、现状浓度、标准值、占标率及达标情况。区域达标判定优先采用国家或地方生态环境主管部门公开发布的评价基准年环境质量公告或环境质量报告中的数据或结论，现状浓度是单个值，不是范围。

6. B 【解析】根据技术方法教材"大气环境现状调查与评价"中基本污染物年评价指标要求，$PM_{2.5}$ 为年平均，24 h 平均第 95 百分位数。

7. C 【解析】参加统计计算的监测数据必须是符合要求的监测数据，无效数据不纳入统计计算，未检出的数据纳入统计计算，故超标率=12/（28-4）× 100%=50%。

8. D 【解析】环境空气现状监测的监测因子应与评价项目排放的污染物相关，应包括评价项目排放的常规污染物和特征污染物。铅酸蓄电池电极主要由铅及其氧化物制成，电解液是硫酸溶液。铅酸蓄电池生产企业的所有生产工序均不同程度产生以铅尘、铅烟为主的有害物质，少部分工序还有硫酸雾的散逸。因此对铅酸蓄电池项目进行环境影响评价时，环境空气现状监测的特征因子是铅尘。

9. C 【解析】根据《环境影响评价技术导则 大气环境》（HJ 2.2—2018）6.3.1.1，监测因子的污染特征，选择污染较重的季节进行现状监测。

10. A 【解析】根据技术方法教材中大气环境现状调查与评价，超标倍数计算按公式 $B_i=(C_i-S_i)/S_i=C_i/S_i-1=620/500-1=0.24$，其中 C_i 为超标因子的浓度值，S_i 为超标因子的标准值。

11. D 【解析】根据技术方法教材中大气环境现状调查与评价（大气污染源调查—数据来源与要求），污染源监测数据应采用满负荷工况下的监测数据或者换算至满负荷工况下的排放数据。

12. D 【解析】根据《环境影响评价技术导则 大气环境》（HJ 2.2—2018），补充监测应至少取得 7 天有效数据。

13. C 【解析】根据《环境影响评价技术导则 大气环境》（HJ 2.2—2018），补充监测布点以 20 年统计的当地主导风向为轴向，在厂址及主导风向下风向 5 km 范围内设置 1～2 个监测点。

14. A 【解析】根据《环境空气质量标准》（GB 3095—2012），SO_2 数据统计的有效性为：① 年平均指每年至少有 324 个日平均浓度值，每月至少有 27 个日平均浓度值（二月至少有 25 个日平均浓度值）；② 24 h 平均指每日至少有 20 个小时平均浓度值或采样时间；③ 1 h 平均指每个小时至少有 45 min 的采样时间。结合题目，只能统计分析 SO_2 1 h 平均浓度。季平均浓度在 SO_2 标准中没有此值的统计。

15. D 【解析】总悬浮颗粒物（TSP）、苯并[a]芘（BaP）、铅（Pb）每日应有 24 h 的采样时间。

16. D 【解析】根据《环境空气质量评价技术规范（试行）》（HJ 663—2013）附录 A 计算公式。SO_2 第 98 百分位数浓度的序数 $K=1+(365-1)\times98\%=357.72$，第 98 百分位数 $m_{98}=X_{(357)}+[X_{(358)}-X_{(357)}]\times(357.72-357)$。

17. A 【解析】根据《环境空气质量标准》（GB 3095—2012）修改单，二氧化硫、二氧化氮、一氧化碳、臭氧、氮氧化物等气体污染物采用参比状态（大气温度为 298.15 K，大气压力为 1 013.25 kPa 时的状态）。颗粒物（粒径≤10 μm）、颗粒物（粒径≤2.5 μm）、总悬浮颗粒物及其组分铅、苯并[a]芘等采用实况浓度（为监测时大气温度和压力下的浓度）。氮氧化物采用参比状态下浓度：157×（273+10）/298.15=149。

18. D 【解析】超标倍数=（0.28-0.24）/0.24=0.17。

19. C 【解析】根据《环境空气质量评价技术规范（试行）》（HJ 663—2013），

PM_{10} 年平均浓度数据统计有效性规定为每年至少有 324 个日平均浓度值，每月至少有 27 个日平均浓度值（二月至少有 25 个日平均浓度值）。

20. D 【解析】根据《环境空气质量评价技术规范（试行）》（HJ 663—2013），SO_2、NO_2、PM_{10}、$PM_{2.5}$、O_3、TSP、NO_x 保留小数位 0 位；CO 保留小数位 1 位；Pb 保留小数位 2 位；苯并[a]芘保留小数位 4 位。

21. A 【解析】根据《环境影响评价技术导则　大气环境》（HJ 2.2—2018），如项目评价范围涉及多个行政区，需分别评价各行政区的达标情况，若存在不达标行政区，则判定项目所在评价区域为不达标区。

22. B 【解析】根据《环境影响评价技术导则　大气环境》（HJ 2.2—2018），项目所在区域达标判定，优先采用国家或地方生态环境主管部门公开发布的评价基准年环境质量公告或环境质量报告中的数据或结论。

23. A 【解析】根据《环境影响评价技术导则　大气环境》（HJ 2.2—2018）7.2 数据来源与要求，7.2.2 评价范围内在建和拟建项目的污染源调查，可使用已批准的环境影响评价文件中的资料；改建、扩建项目现状工程的污染源和评价范围内拟被替代的污染源调查，可根据数据的可获得性，依次优先使用项目监督性监测数据、在线监测数据、年度排污许可执行报告、自主验收报告、排污许可证数据、环评数据或补充污染源监测数据等。

24. A 【解析】对采用补充监测数据进行现状评价的，取各污染物不同评价时段监测浓度的最大值作为评价范围内环境空气保护目标的环境质量现状浓度。

25. D 【解析】根据《环境影响评价技术导则　大气环境》（HJ 2.2—2018）附录 C.3 中表 C.5～表 C.8，基本污染物环境质量现状评价包括监测点位、污染物、年评价指标、评价标准、现状浓度、最大浓度占标率、超标频率、达标情况；其他污染物环境质量现状评价包括监测点位、污染物、平均时间、评价标准、监测浓度范围、最大浓度占标率、超标频率、达标情况。

26. C 【解析】根据《环境影响评价技术导则　大气环境》（HJ 2.2—2018）5.5，评价所需环境空气质量现状、气象资料等数据的可获得性、数据质量、代表性等因素，选择近 3 年中数据相对完整的 1 个日历年作为评价基准年。

27. B 【解析】其他污染物环境质量现状数据，优先采用评价范围内国家或地方环境空气质量监测网中评价基准年连续 1 年的监测数据；评价范围内没有环境空气质量监测网数据或公开发布的环境空气质量现状数据的，可收集评价范围内近 3 年与项目排放的其他污染物有关的历史监测资料；在没有以上相关监测数据或者监测数据不能满足规定的评价要求时，应按要求进行补充监测。

28. B 【解析】一种污染物在敏感点的大气环境质量的贡献值叠加计算，方法是所有贡献值的加和，本题中敏感点背景值 17、现有工程贡献值 3、新建化工项目贡献值7，热电厂贡献值8（需要注意的是热电机组替代的供暖污染源为3，故需减去）、技改项目贡献值7，故结果为：$3 + 17 + 7 + 8 - 3 + 7 = 39$（$mg/m^3$）。

29．D 【解析】正常运行的已建项目环境影响体现于背景值，不属于污染源调查范畴。

30．D 【解析】对于编制报告书的工业项目，分析调查受本项目物料及产品运输影响的交通运输移动源，包括运输方式、新增交通流量、排放污染物及排放量。

31．A 【解析】对于城市快速路、主干路等城市道路的新建项目，需调查道路交通流量及污染物排放量。

32．A 【解析】根据《环境影响评价技术导则 大气环境》（HJ 2.2—2018），改、扩建项目现状工程污染源调查，依次优先使用项目监督性监测数据、在线监测数据、年度排污许可执行报告、自主验收报告、排污许可证数据、环评数据或补充污染源监测数据等。

33．B 【解析】根据《环境影响评价技术导则 大气环境》（HJ 2.2—2018），一级评价项目调查内容为调查评价范围内与评价项目排放污染物有关的其他在建项目、已批复环境影响评价文件的拟建项目等污染源。

34．B 【解析】根据《环境影响评价技术导则 大气环境》（HJ 2.2—2018），区域现状污染源排放清单数据应采用近3年内国家或地方生态环境主管部门发布的包含人为源和天然源在内所有区域污染源清单数据。

35．D 【解析】污染源调查与分析方法根据不同的项目可采用不同的方式，一般对于新建项目可通过类比调查、物料衡算或设计资料确定；对于评价范围内的在建和未建项目的污染源调查，可使用已批准的环境影响报告书中的资料；对于现有项目和改、扩建项目的现状污染源调查，可利用已有有效数据或进行实测；对于分期实施的工程项目，可利用前期工程最近5年内的验收监测资料、年度例行监测资料或进行实测。评价范围内拟替代的污染源调查方法参考项目的污染源调查方法。

36．B 【解析】根据《环境空气质量监测点位布设技术规范（试行）》（HJ 664—2013）5.2环境空气质量评价区域点、背景点，环境空气质量评价区域点和背景点应远离城市建成区和主要污染源，区域点原则上应离开城市建成区和主要污染源20 km以上，背景点原则上应离开城市建成区和主要污染源50 km以上。

37．D 【解析】根据《环境影响评价技术导则 大气环境》（HJ 2.2—2018）附录C.4.1点源调查内容，包括：①排气筒底部中心坐标及排气筒底部的海拔高度；②排气筒几何高度及出口内径；③烟气流速；④排气筒出口处烟气温度；⑤各主要污染物排放速率，排放工况，年排放小时数。调查的是出口处的烟气温度，不是环境温度。

38．C 【解析】根据《环境空气质量手工监测技术规范》（HJ 194—2017）6.3

滤膜采样法，滤膜采样法适用于总悬浮颗粒物、可吸入颗粒物、细颗粒物等大气颗粒物的质量浓度监测及成分分析，以及颗粒物中重金属、苯并[a]芘、氟化物（小时和日均浓度）等污染物的样品采集。6.3.5.2 样品运输过程中，应避免剧烈振动。对于需平放的滤膜，保持滤膜采集面向上。

39. B 【解析】参加统计计算的监测数据必须是符合要求的监测数据。对于个别极值，应分析出现的原因，判断其是否符合规范的要求，不符合监测技术规范要求的监测数据不参加统计计算，未检出的点位数计入总监测数据个数中。对于国家未颁布标准的监测项目，一般不进行超标率计算。则：

超标率＝超标数据个数/总监测数据个数×100%＝30÷（200−5）×100%＝15.4%。

40. C 【解析】《大气污染物综合排放标准》规定：排气筒高度应高出周围200 m 半径范围的建筑 5 m 以上，不能达到该要求的排气筒，应按其高度对应的排放速率标准值严格50%执行。

41. C 【解析】某排气筒高度处于两高度之间，用内插法计算其最高允许排放速率，按下式计算：

$$Q = Q_a + (Q_{a+1} - Q_a)(h - h_a)/(h_{a+1} - h_a)$$

式中：Q——某排气筒最高允许排放速率；

Q_a——比某排气筒低的表列限值中的最大值；

Q_{a+1}——比某排气筒高的表列限值中的最小值；

h——某排气筒的几何高度；

h_a——比某排气筒低的表列高度中的最大值；

h_{a+1}——比某排气筒高的表列高度中的最小值。

本题：$Q = 130 + (170 - 130)(95 - 90)/(100 - 90) = 150$（kg/h）。

42. A 【解析】根据《建设项目主要污染物排放总量指标审核及管理暂行办法》，用于建设项目的"可替代总量指标"不得低于建设项目所需替代的主要污染物排放总量指标。上一年度环境空气质量年平均浓度不达标的城市、水环境质量未达到要求的市县，相关污染物应按照建设项目所需替代的主要污染物排放总量指标的 2 倍进行削减替代（燃煤发电机组大气污染物排放浓度基本达到燃气轮机组排放限值的除外）；细颗粒物（PM$_{2.5}$）年平均浓度不达标的城市，二氧化硫、氮氧化物、烟粉尘、挥发性有机物四项污染物均需进行 2 倍削减替代（燃煤发电机组大气污染物排放浓度基本达到燃气轮机组排放限值的除外）。地方有更严格倍量替代要求的，按照相关规定执行。

43. D 【解析】混合层的高度决定了垂直方向污染物的扩散能力。题中混合层高度由 200 m 变为 600 m，变化幅度大，在平均风速略微减小的情况下，混合层高度的大幅增加是污染物扩散的主导因素，故在污染源排放不变的情况下，第二天环境空气质量将会好转。

44. C

45. D　【解析】考查环境空气质量现状中的补充监测：

（1）根据《环境影响评价技术导则　大气环境》（HJ 2.2—2018）6.3 补充监测的要求，补充监测应至少取得 7 天的有效数据。

（2）根据《环境空气质量标准》（GB 3095—2012）表 4 污染物浓度数据有效性的最低要求，对于苯并[a]芘的环境空气质量现状补充监测，要求采样时间为每天 24 h 采样以确保全天的浓度变化被全面捕捉。

结合上述要求，只有选项 D 是符合规范的。

46. B

47. D　【解析】对于一、二级评价项目，应调查、分析项目的所有污染源（对于改建、扩建项目应包括新污染源、老污染源）、评价范围内与项目排放污染物有关的其他在建项目、已批复环境影响评价文件的未建项目等污染源。如有区域替代方案，还应调查评价范围内所有的拟替代的污染源。对于三级评价项目可只调查、分析项目污染源。

48. C　【解析】连续 45°风向，主导风向角风频之和 20% + 18%＞30%，故新建热电场址在城市的西面。也可根据各风向出现的频率、静风频率，可在极坐标中按各风向标出其频率的大小，绘制各季及年平均风向玫瑰图，从而确定主导风向。

49. C　50. C

51. B　【解析】CALPUFF 模型中"化学转化"模块，考虑了硫氧化物转化为硫酸盐、氮氧化物转化为硝酸盐的二次 $PM_{2.5}$ 化学机制，可以作为 $PM_{2.5}$ 的预测模式。选 B。

52. D　【解析】估算模型 AERSCREEN 和 ADMS 的地表参数根据模型特点取项目周边 3 km 范围内占地面积最大的土地利用类型来确定。

53. B　【解析】AERMOD 所需的区域湿度条件划分可根据中国干湿地区划分来进行选择。

54. A　【解析】根据《环境影响评价技术导则　大气环境》（HJ 2.2—2018）附录 C.3.4，在基础底图上叠加环境质量现状监测点位分布，并明确标示国家监测站点、地方监测站点和现状补充监测点的位置。

55. A　【解析】根据《环境影响评价技术导则　地表水环境》（HJ 2.3—2018）6.6.5，不是所有水文要素影响型建设项目都要开展建设项目所在区域、流域的水资源与开发利用状况调查，对一级、二级提出要求。

56. D　【解析】根据《环境影响评价技术导则　地表水环境》（HJ 2.3—2018）6.6.3.4，水污染影响型建设项目一、二级评价时，应调查受纳水体近 3 年的水环境质量数据，分析其变化趋势。

57. D 【解析】根据《环境影响评价技术导则　地表水环境》（HJ 2.3－2018）6.6.6.4，水污染影响型建设项目开展与水质调查同步进行的水文测量，原则上可只在一个时期（水期）内进行。

58. C 【解析】根据《环境影响评价技术导则　地表水环境》（HJ 2.3－2018）6.6.2，区域水污染源调查，应详细调查与建设项目排放污染物同类的，或有关联关系的已建项目、在建项目、拟建项目等污染源。水污染影响型三级 A 评价与水文要素影响型三级评级，主要收集利用与建设项目排放口的空间位置和所排污染物的性质关系密切的污染源资料，可不进行现场调查及现场监测。

59. C 【解析】根据《环境影响评价技术导则　地表水环境》（HJ 2.3－2018）B.2.2，面污染源调查内容，c）畜禽养殖污染源：调查畜禽养殖的种类、数量、养殖方式、粪便污水收集与处置情况、主要污染物浓度、污水排放方式和排污负荷量、去向及受纳水体等。畜禽粪便污水作为肥水进行农田利用的，需考虑畜禽粪便污水土地承载力。

60. B 【解析】根据《环境影响评价技术导则　地表水环境》（HJ 2.3－2018）附录 C，对于湖库，每个水期可监测一次，每次同步连续取样 2～4 d，每个水质取样点每天至少取一组水样，在水质变化较大时，每间隔一定时间取样一次。溶解氧和水温监测频次，每间隔 6 h 取样监测一次，在调查取样期内适当监测藻类。

61. D 【解析】根据《地表水环境质量监测技术规范》（HJ 91.2－2022）4.1.1.2，A 选项正确；根据 4.2.4.2（i），B 选项正确；根据 4.2.4.4（c），C 选项正确；根据 4.2.4.4（d），使用虹吸装置取上层不含沉降性固体的水样，移入样品瓶，虹吸装置进入尖嘴应保持插至水样表层 50 mm 以下位置。

62. A 【解析】大中型湖泊、水库，当建设项目污水排放量＜50 000 m³/d 时：① 一级评价每 1～2.5 km² 布设一个取样位置；② 二级评价每 1.5～3.5 km² 布设一个取样位置；③ 三级评价每 2～4 km² 布设一个取样位置。当建设项目污水排放量＞50 000 m³/d 时：① 一级评价每 3～6 km² 布设一个取样位置；② 二、三级评价每 4～7 km² 布设一个取样位置。

63. B 【解析】根据《环境影响评价技术导则　地表水环境》（HJ 2.3－2018）附录 C.2.3，溶解氧和水温监测频次，每间隔 6 h 取样监测一次。

64. C 【解析】湖库采样频次为每个水期可监测一次，每次同步连续取样 2～4 d，每个水质取样点每天至少取一组水样。

65. C 【解析】溶解氧和水温监测频次，每间隔 6 h 取样监测一次。

66. C 【解析】《环境影响评价技术导则　地表水环境》（HJ 2.3－2018）6.2.2，受纳水体为湖库时，以排放口为圆心，调查半径在评价范围基础上外延20%～

50%。

67. A 　【解析】对于水污染影响型建设项目，除覆盖评价范围外，受纳水体为河流时，不受回水影响的河段，排放口上游河段背景调查适宜范围至少是 500 m。受回水影响河段的上游调查范围原则上与下游调查的河段长度相等；受纳水体为湖库时，以排放口为圆心，调查半径在评价范围基础上外延 20%～50%。

68. B 　【解析】根据《环境影响评价技术导则　地表水环境》（HJ 2.3—2018）表 1 注 2，应统计含热量大的冷却水的排放量，可不统计间接冷却水、循环水及其他含污染物极少的清净下水的排放量。

69. C 　【解析】根据《地表水环境质量标准》（GB 3838—2002）3 水域功能和标准分类。依据地表水水域环境功能和保护目标，按功能高低依次划分为五类：Ⅰ类主要适用于源头水、国家自然保护区；Ⅱ类主要适用于集中式生活饮用水地表水源地一级保护区、珍稀水生生物栖息地、鱼虾类产卵场、仔稚幼鱼的索饵汤等；Ⅲ类主要适用于集中式生活饮用水地表水源地二级保护区、鱼虾类越冬场、洄游通道、水产养殖区等渔业水域及游泳区；Ⅳ类主要适用于一般工业用水区及人体非直接接触的娱乐用水区；Ⅴ类主要适用于农业用水区及一般景观要求水域。题中，集中式生活饮用水地表水源地是Ⅱ类和Ⅲ类，河段Ⅱ类和Ⅲ类浓类为 0.017 mg/L 刚好达标，Ⅳ类未给定标准，故此可能超标 2 个肯定+1 个可能，故最多 3 个超标，选 C。

70. D 　【解析】根据《环境影响评价技术导则　地表水环境》（HJ 2.3—2018）附录 D 中溶解氧的标准指数计算公式。本题中饱和溶解氧大于实测溶解氧，故 $S_{DO,\ j}=|10-12|/(10-5)=0.4$。

71. C 　【解析】维持水生生态系统稳定所需最小水量一般不应小于河道控制断面多年平均流量的 10%，则该电站下泄的水量最小 = 2 + 1.5 + 20×10% = 5.5（m^3/s）。

72. C 　【解析】河网地区应调查各河段流向、流速、流量的关系，了解它们的变化特点。据此，可以先排除 BD 两选项。流向跟水深没有关系，跟水位息息相关，有句老话，"水往低处流"，很形象地说明了水位跟流向的关系，因此选 C。

73. C 　【解析】在有河流入海的海湾和沿岸海域，于丰水期常常形成表层低盐水层，而且恰好与夏季高温期叠合，因而形成低盐高温的表水层，深般度一般在 10 m 左右，它与下层高盐低温海水之间有一种强的温、盐跃层相隔，形成界面分明的上下两层结构，从而使流场变得非常复杂。

74. A 　【解析】考查湖泊 pH 标准指数的计算。
因为 8>7，所以取上限值 9 进行计算，pH 标准指数=（8-7）/（9-7）=0.5。

75. A 　【解析】在单项指数法中，推荐采用标准指数，特殊因子为 pH 时，

即当 $pH_j \leqslant 7.0$ 时，采用的公式为：$S_{pH,j} = (7.0 - pH_j)/(7.0 - pH_{sd})$，式中，$S_{pH,j}$ 为 pH 的标准指数；pH_j 为 pH 的实测统计代表值；pH_{sd} 为评价标准中 pH 的下限值。代入数值得该河流 pH 的标准指数为 0.7。《地表水环境质量标准》（GB 3838）规定，pH 范围为 6～9，则 $pH_{sd} = 6$。水质因子的标准指数≤1 时，表明该水质因子在评价水体中的浓度符合水域功能及水环境质量标准的要求。

76. B 【解析】考查地表水预测模型的适用。

宽浅河流在 Y 和 X 方向进行预测，即平面二维模型。平面二维数学模型适用于模拟预测物质在宽浅水体（大河、湖库、入海河口及近岸海域）中，在垂向均匀混合的状况。

77. D 【解析】根据单因子标准指数公式：$S_{i,j} = C_{i,j}/C_{s,j}$

式中：$S_{i,j}$ 为标准指数；$C_{i,j}$ 为评价因子 i 在 j 点的实测统计代表值；$C_{s,j}$ 为评价因子 i 的评价标准限值。

则：BOD_5 的标准指数 $= 3.0/4.0 = 0.75$，氨氮的标准指数 $= 2.0/1.0 = 2.0$。

当在 j 点的溶解氧实测统计代表值（DO_j）小于溶解氧的评价标准限值（DO_s）时，DO 的标准指数 $= 10 - 9DO_j/DO_s = 10 - 9 \times 4.0/5.0 = 2.8$。

78. D 【解析】水深小于 3 m 时，可只在表层采样；水深为 3～6 m 时，至少应在表层和底层采样；水深为 6～10 m 时，至少应在表层、中层和底层采样；水深大于 10 m 时，至少应在表层、5 m、10 m 水深层采样。

79. B 【解析】水文调查与水文测量宜在枯水期进行。必要时，可根据水环境影响预测需要、生态环境保护要求，在其他时期（丰水期、枯水期、冰封期等）进行。

80. B 【解析】地下水环境背景值是指未受污染的情况下，地下水所含化学成分的浓度值，它反映了天然状态地下水环境自身原有的化学成分的特性值；地下水污染对照值是指评价区域内历史记录最早的地下水水质指标统计值，或评价区域内人类活动影响程度较小的地下水水质指标统计值；监测值是指现状监测值。

81. B 【解析】含水层结构特点是确定监测层位最主要的依据。不同类型的含水层结构决定着地下水径流特征和污染物迁移特点，含水层之间的水力联系决定污染物迁移方向和迁移能力。

82. B 【解析】$v = K \times I = 100 \times 0.5\% = 0.5$ m/s，$u = v/n_e = 0.5/25\% = 2$ m/s，$T = L/u = 300/2 = 150$ d。

83. B 【解析】地下水的脆弱性主要取决于地下水埋深、净补给量、含水层介质、土壤介质、地形坡度、包气带影响、水力传导系数 7 个因子。地下水埋深越大，污染物迁移的时间越长，污染物衰减的机会越多（排除 AC）；含水层中介质颗粒越大、裂隙或溶隙越多，渗透性越好，污染物的衰减能力低，防污性能越差（排除 D）。

84. C 【解析】渗透系数又称水力传导系数。渗透系数越大，岩石透水性越强。渗透系数 K 是综合反映岩石渗透能力的一个指标。影响渗透系数大小的因素很多，主要取决于介质颗粒的形状、大小、不均匀系数和水的黏滞性等。

85. D 【解析】环境水文地质试验是地下水环境现状调查中不可缺少的重要手段，许多水文地质资料皆需通过环境水文地质试验才能获得。其中渗水试验是一种在野外现场测定包气带土层垂向渗透系数的简易方法，在研究地面入渗对地下水的补给时，常需进行此种试验。

86. D 【解析】潜水是指地表以下，第一个稳定隔水层以上具有自由水面的地下水。潜水没有隔水顶板，或只有局部的隔水顶板。承压水是指充满于上下两个隔水层之间的地下水，其承受压力大于大气压力。承压含水层上部的隔水层（弱透水层）称作隔水顶板，下部的隔水层（弱透水层）称作隔水底板。隔水顶底板之间的距离为承压含水层厚度。在自然与人为条件下，潜水与承压水经常处于相互转化之中。显然，除了构造封闭条件下与外界没有联系的承压含水层外，所有承压水最终都是由潜水转化而来，或由补给区的潜水侧向流入，或通过弱透水层接受潜水的补给。

87. A 【解析】地下水水质评价时，标准指数 > 1，表明该水质因子已超过了规定的水质标准，指数值越大，超标越严重。

88. B 【解析】达西定律适用于层流，雷诺数小于10。

89. C 【解析】地下水样品采集前，应先测量井孔地下水水位（或地下水位埋深）并做好记录，然后采用潜水泵或离心泵对采样井（孔）进行全井孔清洗，抽汲的水量不得小于3倍的井筒水（量）体积。因此，抽汲的最低水量 = 1.5×3 = 4.5 m³。

90. B 【解析】渗透系数是表征含水介质透水性能的重要参数，K 值的大小一方面取决于介质的性质，如粒度成分、颗粒排列等，粒径越大，渗透系数 K 值也就越大；另一方面还与流体的物理性质（如流体的黏滞性）有关。实际工作中，由于不同地区地下水的黏性差别并不大，在研究地下水流动规律时，常常可以忽略地下水的黏性，即认为渗透系数只与含水层介质的性质有关，使得问题简单化。

91. C 【解析】根据《环境影响评价技术导则　地下水环境》（HJ 610—2016）8.3.3.3, f）一般情况下，该类地区一级、二级评价项目至少设置3个监测点，三级评价项目根据需要设置一定数量的监测点。

92. C 【解析】抽水试验目的是确定含水层的导水系数、渗透系数、给水度、影响半径等水文地质参数；注水试验目的与抽水试验相同；渗水试验目的是测定包气带渗透性能及防污性能；浸溶试验目的是查明固体废弃物受雨水淋滤或在水中浸泡时，转移到水中的有害成分对水体环境直接形成的污染或通过地层渗漏对地下水造成的间接影响。

93. C 【解析】本题主要考查潜水监测井位的布设。3个点成一面，即可判断附近地下潜水水位和流向。

94. A 【解析】pH、Eh（地下水的氧化—还原电位）、DO（溶解氧）、水温等不稳定项目应在现场测定。

95. A 【解析】根据《环境影响评价技术导则 地下水环境》（HJ 610—2016）8.4.1.2，地下水水质现状评价应采用标准指数法。

96. D 【解析】根据《环境影响评价技术导则 声环境》（HJ 2.4—2021）4.3.2，声环境质量评价量为昼间等效 A 声级（L_d）、夜间等效 A 声级（L_n），夜间突发噪声的评价量为最大 A 声级（L_{Amax}）。

97. A 【解析】环境噪声现状测量要求，环境噪声测量为等效连续 A 声级；频发、偶发噪声，非稳态噪声测量还应有最大 A 声级及噪声持续时间，而脉冲噪声还应同时测量 A 声级和脉冲周期。

98. D 【解析】根据技术方法教材中"噪声源的几何发散"的相关内容，等效连续 A 声级（L_{eq} 或 L_{Aeq}）将某一段时间内连续暴露的不同 A 声级变化，用能量平均的方法以 A 声级表示该段时间内的噪声大小。

99. D 【解析】根据《环境影响评价技术导则 声环境》（HJ 2.4—2021）6.2，噪声源需获取的参数、数据格式和精度应符合环境影响预测模型输入要求。

100. B 【解析】A 声级一般用来评价噪声源。对特殊的噪声源在测量 A 声级的同时还需要测量其频率特性，频发、偶发噪声，非稳态噪声往往需要测量最大 A 声级（L_{Amax}）。

101. B 【解析】对于改、扩建机场工程，测点一般布设在主要声环境保护目标处，重点关注航迹下方的声环境保护目标及跑道侧向较近处的声环境保护目标，测点数量可根据机场飞行量及周围声环境保护目标情况确定，现有单条跑道、两条跑道或三条跑道的机场可分别布设 3～9、9～14 或 12～18 个噪声测点，跑道增加或保护目标较多时可进一步增加测点。对于评价范围内少于 3 个声环境保护目标的情况，原则上布点数量不少于 3 个，结合声保护目标位置布点的，应优先选取跑道两端航迹 3 km 以内范围的保护目标位置布点；无法结合保护目标位置布点的，可适当结合航迹下方的导航台站位置进行布点。

102. D 【解析】声环境功能区的环境质量评价量为昼间等效声级、夜间等效声级，突发噪声的评价量为最大 A 声级。据 GB 3096，各类声环境功能区夜间突发噪声，其最大声级超过环境噪声限值的幅度不得高于 15 dB（A）。

103. A

104. C 【解析】厂界噪声水平调查测量点布置在厂界外 1 m 处，间隔可以为 50～100 m，大型项目也可以取 100～300 m，具体测量方法参照相应的标准规定。

105. B 【解析】根据《环境影响评价技术导则 声环境》（HJ 2.4—2021）

7.3.1，当声源为固定声源时，现状监测点应重点布设在可能同时受到既有声源和建设项目声源影响的声环境敏感目标处，以及其他有代表性的声环境保护目标处。图中声源为流动声源，且呈线声源特点，现状测点位置选取应兼顾敏感目标的分布状况、工程特点及线声源噪声影响随距离衰减的特点，对于道路，其代表性的敏感目标可布设在车流量基本一致、地形状况和声屏障基本相似、距线声源不同距离的敏感目标处。

106. D

107. B　【解析】根据《声环境质量标准》（GB 3096），2类声环境功能区昼间环境噪声限值为60 dB（A），故超标的居民点有3个。等于60 dB（A）不算超标。

108. B　【解析】等效连续A声级的数学表达式为：$L_{eq} = 10 \lg \left(\dfrac{1}{T} \displaystyle\int_0^T 10^{0.1 L_A(t)} dt \right)$

109. D　【解析】计权等效连续感觉噪声级是有效感觉噪声级的基础上发展起来的，用于评价航空噪声的方法，其特点在于既考虑了全天24 h的时间内飞机通过某一固定点产生的有效感觉噪声级的能量平均值，同时也考虑了不同时间段内的飞机数量对周围环境所造成的影响。

110. B　【解析】对工况企业环境噪声现状水平调查方法，现有车间的噪声现状调查，重点为85 dB（A）以上的噪声源分布及声级分析。

111. D　【解析】根据《环境影响评价技术导则　声环境》（HJ 2.4—2021）7.5.1，声环境保护目标与项目关系图比例尺不应小于1∶10 000。

112. C　【解析】公路、铁路为线路型工程，其噪声现状水平调查应重点关注沿线的环境噪声敏感目标，具体方法为：① 调查评价范围内有关城镇、学校、医院、居民集中区或农村生活区在沿线的分布和建筑情况以及相应执行的噪声标准。② 通过测量调查环境噪声背景值，若敏感目标较多时，应分路段测量环境噪声背景值（逐点或选典型代表点布点）；若存在现有噪声源（包括固定源和流动源），应调查其分布状况和对周围敏感目标影响的范围和程度。③ 环境噪声现状水平调查一般测量等效连续A声级。必要时，除给出昼间和夜间背景噪声值外，还需给出噪声源影响的距离、超标范围和程度，以及全天24 h等效声级值，作为现状评价和预测评价依据。

113. D

114. A　【解析】根据《环境影响评价技术导则　声环境》（HJ 2.4—2021）5.1.6，机场建设项目航空器噪声影响评价等级为一级。

115. C　【解析】等效连续A声级（简称"等效声级"），指将某一段时间内连续暴露的不同A声级变化，用能量平均的方法以A声级表示该段时间内的噪声大小，单位为dB（A），等效连续A声级是应用较广泛的环境噪声评价量。计权等效连续感觉噪声级是在有效感觉噪声级的基础上发展起来，用于评价航空噪声的方法，其特点在于既考虑了在全天24 h的时间内飞机通过某一固定点所产生的有效感觉噪声级的能量平均值，同时也考虑了不同时间段内的飞机数量对周围环境所造成的影响。环境噪声现状测量量为：环境噪声测量量为等效连续A声级；频发、偶发噪声，非稳态噪声测量量还应有最大A声级及噪声持续时间；机场飞机噪声的测量量为等效感觉噪声级（L_{EPN}），然后根据飞行架次计算出计权等效连续感觉噪声级（L_{WECPN}）。

116. A 【解析】根据《环境影响评价技术导则 声环境》，机场噪声评价范围应不小于计权等效连续感觉噪声级70 dB 等声级线范围。

117. C 【解析】根据《环境影响评价技术导则 声环境》（HJ 2.4—2021）附录D中的表D.7，工业企业声环境保护目标调查表包括声环境保护目标名称、空间相对位置、距厂界最近距离、方位、执行标准/环境功能区类别、声环境保护目标情况说明（介绍声环境保护目标建筑结构、朝向、楼层、周围环境情况）。C属于机场声环境保护目标调查表内容。

118. C 【解析】根据《环境影响评价技术导则 声环境》（HJ 2.4—2021）附录D中的表D.8，公路、城市道路声环境保护目标调查表包括声环境保护目标名称、所在路段、里程范围、线路形式、方位、声环境保护目标预测点与路面高差、距道路边界（红线）距离、距道路中心线距离、不同功能区户数、声环境保护目标情况说明（介绍声环境保护目标建筑结构、朝向、楼层、周围环境情况）。C属于工业企业声环境保护目标调查表的内容。

119. C 【解析】对于噪声起伏较大的情况（如道路交通噪声、铁路噪声、飞机机场噪声），采用等效连续A声级，应增加昼间、夜间的测量次数。其测量时段应具有代表性。

120. B 【解析】根据《环境影响评价技术导则 声环境》（HJ 2.4—2021）7.3.2，利用监测或调查得到的噪声源强及影响声传播的参数，采用各类噪声预测模型进行噪声影响计算，将计算结果和监测结果进行比较验证，计算结果和监测结果在允许误差范围内（≤3 dB）时，可利用模型计算其他声环境保护目标的现状噪声值。

121. C 【解析】遥感调查适用于涉及范围区域较大、人力勘察较为困难或难以到达的建设项目。遥感调查一般包括以下内容：①卫星遥感资料、地形图等基础资料，通过卫星遥感技术或GPS定位等技术获取专题数据；②数据处理与分析；③成果生成。

122. A 【解析】猕猴为国家二级保护野生动物；巨蜥、大熊猫、穿山甲均为国家一级保护野生动物。

123. C 【解析】木棉和黄山松没有列入国家级保护植物名单中。红椿为国家二级保护野生植物，水杉为国家一级保护野生植物。

124. C

125. D　【解析】浮游生物包括浮游植物和浮游动物，也包括鱼卵和仔鱼。

126. B　【解析】鸟类物种调查方法中，分区直数法主要针对水鸟，将调查区域（湖面、江面）内按照半径 2 000 m 或者 500 m 一段进行分区，逐一统计各分区内水鸟种类和数量。

127. B　【解析】根据技术方法教材中"生态现状调查与评价"相关内容，两栖爬行类动物调查方法为全部计数法、样线（带）法、鸣声计数法、卵块或窝巢计数法、访问调查法。

128. C　【解析】《生物多样性观测技术导则　两栖动物》（HJ 710.6—2014）3.5 人工庇护所法，把竹筒（或 PVC 桶）捆绑固定在树上或地上，查看竹筒中两栖动物成体、幼体、蝌蚪和卵。该法适用于树栖型蛙类较多且静水生境较少的南方森林。

129. C　【解析】根据已确定的对象、内容以及调查区域的地形、地貌、海拔、生境等确定调查线路或调查点。调查线路或调查点应注意代表性、随机性、整体性及可行性相结合。

130. C　【解析】陆生植被与植物调查方法包括样方法、样线（带）法、全查法。①样方法适用于物种丰富、分布范围相对集中、分布面积较大的地段；②样线（带）法适用于物种不十分丰富、分布范围相对分散、种群数量较多的区域；③全查法适用于物种稀少、分布面积小、种群数量相对较少的区域。

131. C　【解析】根据《生物多样性观测技术导则　陆生维管植物》（HJ 710.1—2014），5.3.2 观测样地面积与样方数量，森林观测样地的面积以 ≥1 hm^2（100 m×100 m）为宜，本标准"面积"均指"垂直投影面积"；灌丛观测样地一般不少于 5 个 10 m×10 m 的样方，对大型或稀疏灌丛，样方面积扩大到 20 m×20 m 或更大；草地观测样地一般不少于 5 个 1 m×1 m 样方，样方之间的间隔不小于 250 m，若观测区域草地群落分布呈斑块状、较为稀疏或草本植物高大，应将样方扩大至 2 m×2 m。

132. B　【解析】根据《生物多样性观测技术导则　内陆水域鱼类》（HJ 710.7—2014），内陆水域鱼类观测方法包括鱼类早期资源调查、渔获物调查、声呐水声学调查、标记重捕法、遗传结构分析等方法。

133. B　【解析】根据技术方法教材中"生态现状调查与评价"相关内容，踪迹判断法为很难直接观察到野生哺乳动物实体或不能采集标本时，根据哺乳类活动时留下的踪迹（足印）、粪便、体毛、爪印、食痕、睡窝、洞穴等来判定所属物种、个体相对大小、雌雄性别、家域面积大小、大致数量、昼行或夜行、季节性迁移和生境偏好等。灵长类野生动物是具有灵性的最高等哺乳动物，调查毛发、粪便、足迹等是其存在的依据，历史记载只能说明过去的情况，不能确定现在的物种存在情况。

134. C 【解析】根据《生物多样性观测技术导则 水生维管植物》（HJ 710.12—2016），6 观测内容和指标，水生维管植物观测方法包括直接测量法、资料查阅和野外调查、样方法、目测法、样点截取法、遥感或收获法。

135. D 【解析】根据技术方法教材中"生态现状调查与评价"相关内容，浮游生物调查指标包括：①种类组成及分布；②细胞总量；③生物量；④主要类群；⑤主要优势种及分布；⑥鱼卵和仔鱼的数量及种类、分布。

136. B 【解析】根据技术方法教材中"生态现状调查与评价"相关内容，两栖爬行类物种分析与评价内容为组成分析；区划类型分析（对调查区域的两栖爬行类进行地理区划分析，分析该地区物种所占分区的多样性及每个分区中物种比例）；物种分析等。B 属于哺乳类动物分析与评级的内容。

137. D 【解析】热带季雨林平均生物量为 36 kg/m^2；北方针叶林平均生物量为 20 kg/m^2；温带阔叶林平均生物量为 30 kg/m^2；热带雨林平均生物量为 44 kg/m^2。

138. C 【解析】根据《全国植物物种资源调查技术规定（试行）》第二部分，5.2（4）样方设置，根据地形地貌布设样方并进行调查记录，样方面积依据物种多样性来确定。一般森林样方面积设为（20～30）m×（20～30）m，然后再在样方的四个角和对角线交叉点设立灌木和草本小样方；灌木类型的样方面积通常设为（5～10）m×（5～10）m；草本样方的面积通常设为（1～2）m×（1～2）m。

139. A 【解析】物种乙的密度=个体数目/样地面积=2/10=0.2。所有种的密度=个体数目/样地面积=5/10=0.5。物种乙的相对密度=（一个种的密度/所有种的密度）×100%=（0.2/0.5）×100%=40%。

140. A 【解析】两栖爬行类应选择在繁殖季节进行调查。在一个样点（样地）最好能进行 2 次以上的调查，特别是两栖爬行类的繁殖季节相对集中，宜以天为频度开展观察，维持至繁殖行为结束。样区的选择应覆盖评价区各种栖息地类型，每种生境确定不同数量的调查点和线；鸟类调查要选择在合适的时间或不同季节进行调查，在我国越冬的候鸟在冬季调查，在我国繁殖的候鸟在夏季调查，其他鸟类应在全年的不同季节调查。在一个样点（调查点或观察点）最好能进行 2 次以上的调查，样区的选择应覆盖评价区各种栖息地类型，每种生境确定不同数量的调查线路和调查点。

141. B 【解析】此题是 2006 年的一个考题。荒漠化的量化指标如下：潜在荒漠化的生物生产量为 3～4.5 t/（hm^2·a），正在发展的荒漠化为 1.5～2.9 t/（hm^2·a），强烈发展的荒漠化为 1.0～1.4 t/（hm^2·a），严重荒漠化为 0～0.9 t/（hm^2·a）。

142. D 143. B 144. A 145. B

146. D 【解析】生物生产力是指生物在单位面积和单位时间所产生的有机物质的质量，亦即生产的速度，单位为 t/（hm²·a）；在生态评价时，以群落单位面积内的物种作为标准，称为物种量（物种数/hm²），而物种量与标定物种量的比值，称为标定相对物种量。

147. C 【解析】植物调查时首先选样地，然后在样地内选样方，样地选择以花费最少劳动力和获得最大准确度为原则，采用样地调查收割法时，森林样地面积选用 1 000 m²，疏林及灌木林样地选用 500 m²，草本群落或森林草本层样地面积选用 100 m²。注意是"收割法"。

148. D

149. A 【解析】样地调查时，一般草本的样方面积在 1 m² 以上。

150. B

151. C 【解析】决定某一斑块类型在景观中的优势称为优势度值（D_o）。优势度值由密度（R_d）、频率（R_f）和景观比例（L_p）三个参数计算得出。具体数学表达式为：R_d =（斑块 i 的数目/斑块总数）×100%；R_f =（斑块 i 出现的样方数/总样方数）×100%；L_p =（斑块 i 的面积/样地总面积）×100%；D_o = 0.5×[0.5×（R_d + R_f）+ L_p]×100%。

代入数据可得，R_d =（斑块 i 的数目/斑块总数）×100% = 48/300×100% = 16%，则 D_o = 0.5×[0.5×（16% + 36%）+ 40%]×100% = 33%。

152. C 【解析】在样方调查（主要是进行物种调查、覆盖度调查）的基础上，可依下列方法计算植被中物种的重要值：

①密度=个体数目/样地面积。

②相对密度=（一个种的密度/所有种的密度）× 100%。

③优势度=底面积（或覆盖面积总值）/样地面积。

④相对优势度=（一个种的优势度/所有种的优势度）× 100%。

⑤频度=包含该种样地数/样地总数。

⑥相对频度=（一个种的频度/所有种的频度）× 100%。

153. C 【解析】根据技术方法教材中"生态现状调查与评价"相关内容，水生生态系统有海洋生态系统和淡水生态系统，淡水生态系统又有河流生态系统和湖泊生态系统之别。

154. B 【解析】根据《建设项目环境影响评价技术导则　生态影响》（HJ 19—2022）附录 B.10.2，重要野生动物调查结果包括物种名称、保护级别、濒危等级、特有种、分布区域、资料来源、工程占用情况；重要野生植物调查结果包括物种名称、保护级别、濒危等级、特有种、极小种群野生植物、分布区域、资料来源、工程占用情况。动物不说极小种群野生动物。

155. D 【解析】根据《建设项目环境影响评价技术导则 生态影响》（HJ 19—2022）附录 B.10.2，古树名木调查结果包括树种名称、生长状况、树龄、经纬度和海拔、工程占用情况等。

156. C 【解析】亚热带湿润区地带性植被类型是常绿阔叶林。

157. B

158. B 【解析】遥感为景观生态学研究和应用提供的信息包括：地形、地貌、地面水体植被类型及其分布、土地利用类型及其面积、生物量分布、土壤类型及其水体特征、群落蒸腾量、叶面积指数及叶绿素含量等。鱼类的产卵场、候鸟的迁徙通道、陆生动物的活动规律需要现场调查。

159. B 【解析】富营养化压力评价。富营养化压力评价采用海水营养指数。营养指数的计算主要有两种方法。第一种方法考虑化学耗氧量、总氮、总磷和叶绿素 a。当营养指数大于 4 时，认为海水达到富营养化。第二种方法考虑化学耗氧量、溶解无机氮、溶解无机磷。当营养指数大于 1，认为水体富营养化。

160. B

161. C 【解析】景观生态学法是通过研究某一区域、一定时段内的生态系统类群的格局、特点、综合资源状况等自然规律，以及人为干预下的演替趋势，揭示人类活动在改变生物与环境方面作用的方法。景观生态学对生态质量状况的评判是通过两个方面进行的，一是空间结构分析，二是功能与稳定性分析。空间结构分析基于景观，是高于生态系统的自然系统，是一个清晰的和可度量的单位。

162. D 【解析】根据《环境影响评价技术导则 土壤环境（试行）》（HJ 964—2018）7.1.4，工业园区内的建设项目，应重点在建设项目占地范围内开展现状调查工作，并兼顾其可能影响的园区外围土壤环境敏感目标。

163. A 【解析】根据《环境影响评价技术导则 土壤环境（试行）》（HJ 964—2018）7.4.2.6，涉及地面漫流途径影响的，应结合地形地貌，在占地范围外的上、下游各设置 1 个表层样监测点。尾矿库项目属于涉及地面漫流途径影响的项目。

164. B 【解析】根据《环境影响评价技术导则 土壤环境（试行）》（HJ 964—2018）7.4.2.7，线性工程应重点在站场位置（如输油站、泵站、阀室、加油站及维修场所等）设置监测点。

165. C 【解析】根据《环境影响评价技术导则 土壤环境（试行）》（HJ 964—2018）附录 A，煤炭采选项目土壤影响评价类别属于 II 类。

166. A 【解析】《环境影响评价技术导则 土壤环境（试行）》（HJ 964—2018）7.3.2.2，评价工作等级为一级的建设项目应填写土壤剖面调查表。

167. D 【解析】氧化还原电位是长期惯用的氧化还原指标，它可以被理解为物质提供或接受电子的趋向或能力。物质接受电子的强烈趋势意味着高氧化还原电位，而提供电子的强烈趋势则意味着低氧化还原电位。

168. B　【解析】根据《环境影响评价技术导则　土壤环境（试行）》（HJ 964—2018）5.2 及附录B，土壤生态影响型项目影响类型包括盐化、碱化、酸化，影响途径包括物质输入/运移、水位变化。

169. C　【解析】根据技术方法教材"土壤环境现状调查与评价"中相关内容，土壤酸化强度分为极重度、重度、中度、轻度和无酸化，4.0≤pH＜4.5 为中度酸化，无高度酸化一说。

170. B　【解析】各地区土壤背景差异较大，特别是矿藏丰富的地区，在矿藏出露的区域，一般背景值都较高，采用累积指数更能反映土壤人为污染程度。

171. D　【解析】根据《土壤环境监测技术规范》（HJ/T 166—2004）6.1.5，干旱地区剖面发育不完整的土层，在表层 5～20 cm、心土层 50 cm、底土层 100 cm 左右采样。

172. B　【解析】根据《土壤环境监测技术规范》（HJ/T 166—2004）6.2.2，灌溉水污染监测单元、农用固体废物污染型土壤监测单元和农用化学物质污染型土壤监测单元采用均匀布点。

173. D　【解析】根据《土壤环境监测技术规范》（HJ/T 166—2004）6.2.3，农田土壤混合样的采集方法包括对角线法、梅花点法、棋盘式法和蛇形法。

174. A　【解析】土壤中砂粒成分＞50%、细黏土成分＜30%，说明该土壤是砂土，表征了土壤质地。

175. D　【解析】土壤酸化、碱化分级标准见下表。

土壤 pH	土壤酸化、碱化强度
pH＜3.5	极重度酸化
3.5≤pH＜4.0	重度酸化
4.0≤pH＜4.5	中度酸化
4.5≤pH＜5.5	轻度酸化
5.5≤pH＜8.5	无酸化或碱化
8.5≤pH＜9.0	轻度碱化
9.0≤pH＜9.5	中度碱化
9.5≤pH＜10.0	重度碱化
pH≥10.0	极重度碱化

注：土壤酸化、碱化强度指受人为影响后呈现的土壤 pH，可根据区域自然背景状况适当调整。

176. D　【解析】根据技术方法教材"土壤环境现状调查与评价"中相关内容，

土壤环境影响源调查方法包括资料收集法、现场踏勘法和人员访谈法。土壤环境影响源调查的核心目的是在建设项目还未开展实施之前查清厂区土壤环境质量现状，确定前期的污染事故状况，为建设项目未来可能出现的责任鉴定做好背景数据储备。

177. B 【解析】根据《环境影响评价技术导则　土壤环境（试行）》（HJ 964—2018）7.3.3.2，改、扩建的污染影响型建设项目，其评价工作等级为一级、二级的，应对现有工程的土壤环境保护措施情况进行调查，并重点调查主要装置或设施附近的土壤污染现状。

178. A 【解析】根据《环境影响评价技术导则　土壤环境（试行）》（HJ 964—2018）7.3.3.1，应调查与建设项目产生同种特征因子或造成相同土壤环境影响后果的影响源。

179. C 【解析】根据《土壤环境质量　农用地土壤污染风险管控标准（试行）》，农用地土壤污染风险筛选值与 pH 密切相关，果园属于农用地。

180. C 【解析】根据土壤结构体的大小、形状以及与土壤肥力的关系，可以把土壤结构体划分为五种类型：块状结构体、核状结构体、柱状结构体、片状结构体及团粒结构体。

181. A 【解析】根据《环境影响评价技术导则　土壤环境（试行）》（HJ 964—2018）7.4.2.5，涉及大气沉降影响的，应在占地范围外主导风向的上、下风向各设置 1 个表层样监测点，可在最大落地浓度点增设表层样监测点。

182. C 【解析】为了研究土壤基本理化性状，除研究表土外，还常研究表土以下的各层土壤。剖面土样的采集方法，一般可在主要剖面观察和记载后进行。必须指出，土壤剖面按层次采样时，必须自下而上（这与剖面划分、观察和记载恰好相反）分层采取，以免采取上层样品时对下层土壤的混杂污染。为了使样品能明显反映各层次的特点，通常在各层最典型的中部采取（表土层较薄，可自地面向下全层采样），这样可克服层次之间的过渡现象，从而增加样品的典型性或代表性。《土壤环境监测技术规范》（HJ/T 166—2004）第 6.1.5 条规定，采样次序自下而上，先采剖面的底层样品，再采中层样品，最后采上层样品。

183. D 【解析】分析建设项目所在周边的土壤环境敏感程度，为后期的监测布点提供依据。

184. A 【解析】土壤理化特性调查内容包括土体构型、土壤结构、土壤质地、阳离子交换量、氧化还原电位、饱和导水率、土壤容重、孔隙度、有机质、全氮、有效磷、有效钾等。

185. A 【解析】土壤质地的确定可先进行野外确定，运用手指对土壤的感觉，采用搓条法进行粗估计。搓条法可初步确定土壤是砂土、沙壤土、轻壤土还是中壤土等。

二、不定项选择题

1. CD　【解析】空气质量现状调查方法有现场监测法、已有资料收集法。资料来源分三种途径，可视不同评价等级对数据的要求采用：①收集评价范围内及邻近评价范围的各例行空气质量监测点的近三年与项目有关的监测资料。②收集近三年与项目有关的历史监测资料。③进行现场监测。收集的资料应注意资料的时效性和代表性，监测资料能反映评价范围内的空气质量状况和主要敏感点的空气质量状况。一般来说，评价范围内区域污染源变化不大的情况下，监测资料三年内有效。A 项，类比法常用于工程分析和生态影响预测与评价。B 项，数值模拟法是地下水水文调查的常用方法。

2. ABCD　【解析】《环境影响评价技术导则　大气环境》调查内容和目的部分原文。

3. ABC　【解析】根据技术方法教材"大气环境现状调查与评价"中大气污染源调查的相关内容，二级评价项目参考一级评价项目要求调查本项目污染源和拟被替代的污染源。对于改扩建项目还应调查本项目现有污染源。

4. ABCD　【解析】对于空气质量现状监测数据有效性分析，应从监测资料来源、监测布点、点位数量、监测时间、监测频次、监测条件、监测方法以及数据统计的有效性等方面分析是否符合导则、标准及监测分析方法等有关要求。

5. ACD　【解析】根据《环境影响评价技术导则　大气环境》（HJ 2.2—2018）附录 C.3，基本污染物环境质量现状包括监测点位及坐标、污染物、年评价指标、评价标准、现状浓度、占标率、超标频率和达标情况等。

6. ABC　【解析】根据《环境影响评价技术导则　公路建设项目》（HJ 1358—2024）8.6.1 大气环境现状调查：8.6.1.1 调查项目沿线区域大气环境质量情况。8.6.1.2 调查保护目标的名称、与公路的位置关系、功能区划与保护要求。8.6.1.3 对于改扩建公路建设项目，还应调查改建前沿线设施既有集中式排放源的情况。

7. ABCD　【解析】根据《环境影响评价技术导则　大气环境》（HJ 2.2—2018）7.1.1.1 调查本项目不同排放方案有组织及无组织排放源，对于改建、扩建项目还应调查本项目现有污染源。本项目污染源调查包括正常排放和非正常排放，其中非正常排放调查内容包括非正常工况、频次、持续时间和排放量。

8. ABCD　【解析】监测点位设置应根据项目的规模和性质，结合地形复杂性、污染源及环境空气保护目标的布局，综合考虑监测点设置数量。对于地形复杂、污染程度空间分布差异较大、环境空气保护目标较多的区域，可酌情增加监测点数目。对于评价范围大、区域敏感点多的评价项目，在布设各个监测点时，要注意监测点的代表性，环境监测值应能反映各环境敏感区域、各环境功能区的环境质量，以及预计受项目影响的高浓度区的环境质量，同时布点还要遵循近密远疏的原则。具体监测点位可根据局部地形条件、风频分布特征以及环境功能区、环境空气保护目标所在方位做适当调整。各监测期环境空气敏感区的监测点位置应重合。预计受项目影响的高浓度区的监测点位，应根据各监测期所处季节主导风向进行调整。"主导风向"在导则中对城市道路没有重点列出，但在一、二、三级评价的监测布点原则中都列出了"主导风向"相关内容，同样也适合城市道路。

9. AD 【解析】根据《环境空气质量评价技术规范（试行）》（HJ 663—2013）中的表 3，SO_2、NO_2、PM_{10}、$PM_{2.5}$、O_3、TSP 和 NO_x 保留 0 位小数；CO 和达标率保留 1 位小数；Pb 和超标倍数保留 2 位小数；BaP 保留 4 位小数。

10. ABD 【解析】根据《环境影响评价技术导则 大气环境》（HJ 2.2—2018）附录 C.4.10 大气非正常排放调查的主要内容。

表C.22 非正常排放参数表

非正常排放源	非正常排放原因	污染物	非正常排放速率/（kg/h）	单次持续时间/h	年发生频次/次

污染物不选 C，非正常情况要求较松，不要求且难于统计排放浓度，仅要求统计排放速率。

11. ABD 【解析】根据技术方法教材"大气环境现状调查与评价"中相关内容，每日至少有 20 h 采样时间的污染物为 SO_2、NO_2、NO_x、CO、PM_{10}、$PM_{2.5}$；每日应有 24 h 的采样时间的污染物为 TSP、苯并[a]芘、铅。题中采样时间为 22 h，故符合要求的为 SO_2、NO_2、CO。

12. BC 【解析】根据《环境影响评价技术导则 大气环境》（HJ 2.2—2018）附录 C.2，环境空气保护目标坐标取距离厂址最近点位位置而非中心坐标，所以 A 错误。调查环境空气保护目标边界距厂址边界最近距离，而风景名胜区边界距厂址中心距离，D 错误。

13. ABD 【解析】根据《环境影响评价技术导则 大气环境》，改、扩建项目现状工程污染源调查，依次优先使用项目监督性监测数据、在线监测数据、年度排污许可执行报告、自主验收报告、排污许可证数据、环评数据或补充污染源监测数据等。

14. AB 【解析】二级评价项目参照一级评价项目要求调查本项目污染源和拟被替代的污染源。

15. ABCD 【解析】《环境影响评价技术导则 大气环境》（HJ 2.2—2018）

附录 C.4.5 原文。

16. BCD　【解析】《环境影响评价技术导则　大气环境》（HJ 2.2—2018）附录 C.4.1，垂直扩散参数为体源调查内容。

17. BCD　【解析】横向扩散参数为体源调查内容。

18. ABCD　【解析】《环境影响评价技术导则　大气环境》（HJ 2.2—2018）附录 C.4，按照点源、面源、体源、线源、火炬源、烟塔合一排放源、机场源等不同污染源排放形式，分别给出污染源参数，当污染源排放为周期性变化时，还需给出周期性变化排放系数。还包括非正常排放、拟被替代源。

19. BC　【解析】对于各级评价项目，均应调查评价范围内最近 20 年以上的主要气候统计资料，包括年平均风速和风向玫瑰图，最大风速与月平均风速，年平均气温，极端气温与月平均气温，年平均相对湿度，年均降水量，降水量极值，日照等；对于二级评价项目，气象观测资料调查基本要求同一级评价项目。对应的气象观测资料年限要求为近 3 年内的至少连续 1 年的常规地面气象观测资料和高空气象探测资料。

20. ABCD　【解析】根据《环境影响评价技术导则　大气环境》（HJ 2.2—2018）附录 B.3.1，估算模型所需最高和最低环境温度，一般需选取评价区域近 20 年以上资料统计结果。最小风速可取 0.5 m/s，风速计高度取 10 m。

21. AD　【解析】当 $L_{mo} > 0$，近地面大气边界层处于稳定状态，L_{mo} 数值越小或混合层高度（h）与 L_{mo} 的比值（h/L_{mo}）越大，越稳定，混合层高度则越低；当 $L_{mo} < 0$，边界层处于不稳定状态，$|L_{mo}|$ 数值越小或 $|h/L_{mo}|$ 越大，越不稳定，混合层高度则越高；当 $|L_{mo}| \to \infty$，边界层处于中性状态，$|h/L_{mo}|=0$，此种情况下，混合层高度大约有 800 m。

22. ABC　【解析】根据《环境影响评价技术导则　地表水环境》（HJ 2.3—2018）6.6.2.1，二级评价，主要收集利用已建项目的排污许可证登记数据、环评及环保验收数据及既有实测数据，必要时补充现场监测。

23. ABD　【解析】根据《环境影响评价技术导则　地表水环境》（HJ 2.3—2018）5.1.3，水文要素影响型建设项目评价因子，应根据建设项目对地表水体水文要素影响的特征确定。河流、湖泊及水库主要评价水面面积、水量、水温、径流过程、水位、水深、流速、水面宽、冲淤变化等因子，湖泊和水库需要重点关注湖底水域面积或蓄水量及水力停留时间等因子。

24. ABD　【解析】根据技术方法教材第三章第三节，地表水环境现状调查与评价（二、水环境现状调查与监测-4 污染源调查），面源污染调查主要采样收集利用既有数据资料的调查方法，可不进行实测。

25. ABCD　【解析】根据《环境影响评价技术导则　地表水环境》（HJ 2.3—

2018）附录 C.1.1，ABCD 均属于正确的。

26. ABCD　【解析】根据《环境影响评价技术导则　地表水环境》（HJ 2.3—2018）附录 6.8，ABCD 均属于正确的。

27. ABCD　【解析】根据《地表水环境质量监测技术规范》（HJ 91.2—2022）4.2.5.4（a）（b）（d）及 4.2.5，ABCD 选项正确。

28. BD　【解析】根据《环境影响评价技术导则　地表水环境》表 3 可知，涉及入海河口的地表水二级评价项目的评价时期包括春、秋两个季节。

29. ABCD　【解析】需要调查的水质因子有 3 类：① 常规水质因子，以《地表水环境质量标准》（GB 3838—2002）中所列的 pH、溶解氧、高锰酸盐指数或化学耗氧量、五日生化需氧量、总氮或氨氮、酚、氰化物、砷、汞、铬（六价）、总磷及水温为基础，根据水域类别、评价等级及污染源状况适当增减。② 特殊水质因子，根据建设项目特点、水域类别及评价等级以及建设项目所属行业的特征水质参数表进行选择，可以适当删减。③ 其他方面的因子，被调查水域的环境质量要求较高（如自然保护区、饮用水水源地、珍贵水生生物保护区、经济鱼类养殖区等），且评价等级为一、二级，应考虑调查水生生物和底质，其调查项目可根据具体工作要求确定，或从下列项目中选择部分内容：水生生物方面主要调查浮游动植物、藻类、底栖无脊椎动物的种类和数量，水生生物群落结构等，底质方面主要调查与建设项目排污水质有关的易积累的污染物。

30. ABC　【解析】根据《环境影响评价技术导则　地表水环境》（HJ 2.3—2018）6.6.2.3，具有已审批入河排放口的主要污染物种类及其排放浓度和总量数据，以及国家或地方发布的入河排放口数据的，可不对入河排放口汇水区域的污染源开展调查。

31. BD　【解析】河流和湖泊（水库）确定监测范围应考虑的因素有：① 在确定某具体建设开发项目的地面水环境现状调查范围时，应尽量按照将来污染物排放进入天然水体后可能达到水域使用功能质量标准要求的范围，并考虑评价等级的高低（评价等级高时调查范围取偏大值，反之取偏小值）后决定；② 当下游附近有敏感区（如水源地、自然保护区等）时，调查范围应考虑延长到敏感区上游边界，以满足预测敏感区所受影响的需要。

32. AC　【解析】根据《环境影响评价技术导则　地表水环境》（HJ 2.3—2018）表 1 判断，该项目评价等级为三级 A。对于评价等级为三级 A 的项目，考核评价范围、评价时期、污染源调查、预测。

33. AD　【解析】根据《环境影响评价技术导则　地表水环境》（HJ 2.3—2018）6.7.3.2，底泥污染调查与评价的监测点位布设应能够反映底泥污染物空间分布特征的要求，根据底泥分布区域、分布深度、扰动区域、扰动深度、扰动时间等设置。

34. BCD　【解析】BOD_5、NH_3-N、COD 在降解过程中都会消耗溶解氧（DO），造成溶解氧含量降低，低于水质标准的要求。故需要在断面上游削减 BOD_5、NH_3-N、COD 的含量以使 DO 达标。DO 是指水体中的溶解氧含量，不属于污染物的范畴。

35. CD　【解析】混合泛指分子扩散、紊动扩散、剪切离散等各类分散过程及其联合产生的过程。在天然河流中，常用横向混合系数（M_y）和纵向离散系数（D_L）来描述河流的混合特性。

36. ABCD　【解析】对于非感潮河道，且在平水或枯水期，河道均匀，流动可视为恒定均匀流。这是最简单的河流流动的形态，基本方程为：$V=c\sqrt{RI}$。式中，V 为断面平均流速，m/s；R 为水力半径，m；I 为水面坡降（水力坡度）或底坡；c 为谢才系数。

37. ABD　【解析】湖泊、水库水温受湖面以上气象条件（主要是气温与风）、湖泊、水库容积和水深以及湖、库盆形态等因素的影响，呈现出具有时间与空间的变化规律，比较明显的季节性变化与垂直变化。一般容积大、水深深的湖泊、水库，水温常呈垂向分层型。对于容积和水深都比较小的湖泊，由于水能充分混合，因此往往不存在垂向分层的问题。C 项，面积大小与湖库水体垂直分层无关。

38. ABCD　【解析】根据技术方法教材第三章第三节，地表水环境现状调查与评价（三、水环境现状评价方法），DO 和 pH 标准指数计算公式，标准指数＞1，说明超标，DO 浓度低于功能区水质标准不达标；DO 浓度一般越高越好，但溶解氧过饱和太多，也有可能超标；pH 值在标准区间（如 pH=6～9）之外都不达标，小于标准下限时为酸污染，高于标准上限时为碱污染。

39. AC　【解析】流速单位一般为 m/s，一级降解系数的单位有 1/s、1/a、1/a，横向混合系数、纵向离散系数的单位一般为 m^2/s。

40. AB　【解析】设计断面平均流速是指与设计流量相对应的断面平均流速，工作中计算断面平均流速时会碰见三种情况：①实测流量资料较多时，一般如果有 15～20 次或者更多的实测流量资料，就能绘制水位—流量、水位—面积、水位—流速关系曲线。而且当它们均呈单一曲线时，就可根据这组曲线由设计流量推求相应的断面平均流速。②由于实测流量资料较少或缺乏不能获得三条曲线时，可通过水力学公式计算。③用公式计算。

41. ABD　【解析】冰封期较长且作为生活饮用水与食品加工用水的水源或有渔业用水需求的水域，应将冰封期纳入评价范围。

42. ABCD　【解析】内源污染调查包括底泥物理指标和化学指标。底泥物理指标包括力学性质、质地、含水率、粒径等；化学指标包括水域超标因子、与本项目建设排放污染物相关的因子。

43. BD　【解析】《环境影响评价技术导则　地表水环境》水文要素影响型建

设项目评价等级判定表　注 1: 影响范围涉及饮用水水源保护区、重点保护与珍稀水生生物的栖息地、重要水生生物的自然产卵场、自然保护区等保护目标，评价等级应不低于二级。注 2: 跨流域调水、引水式电站、可能受到大型河流感潮河段成潮影响的建设项目，评价等级不低于二级。注 3: 造成入海河口（湾口）宽度束窄（束窄尺度达到原宽度的 5%以上），评价等级应不低于二级。注 4: 对不透水的单方向建筑尺度较长的水工建筑物（如防波堤、导流堤等），其与潮流或水流主流向切线垂直方向投影长度大于 2 km 时，评价等级应不低于二级。注 5: 允许在一类海域建设的项目，评价等级为一级。

44. AD 【解析】生态流量是指水流区域内保持生态环境所需的水流流量，一般在建设水坝的时候有最小生态流量的要求。最小生态流量是指维持下游生物生存和生态平衡的最小的水流量，是一个理论值，当最小流量大于河流的最小生态流量时，未对生态系统造成影响，因此不会改变。建库后枯水期最小下泄流量为 150 m^3/s，河流最小生态流量 120 m^3/s，故河流最小生态流量（120<150）未减少；枯水期最小下泄流量由建库前的 300 m^3/s 变为建库后的 150 m^3/s，故枯水期稀释容量下降 50%。

45. CD 【解析】地下水分类，按埋藏条件分为包气带水、潜水和承压水；按含水层介质类型分为孔隙水、裂隙水和岩溶水。

46. ABCD 【解析】污染物质能否进入含水层取决于地质、水文地质条件。显然，承压含水层由于上部有隔水顶板，只要污染源不分布在补给区，就不会污染地下水。如果承压含水层的顶板为厚度不大的弱透水层，污染物则有可能通过顶板进入含水层，即其对地下水污染程度与地层的渗透性有关。潜水含水层到处都可以接受补给，污染的危险性取决于包气带的岩性与厚度。

47. ABD 【解析】地下水等水位线图是潜水水位或承压层水头标高相等的各点的连线图，用途：确定地下水流向（A），计算地下水的水力坡度（B），确定潜水与地表水之间的关系，确定潜水的埋藏深度，确定泉或沼泽的位置，推断含水层的岩性或厚度的变化（D），确定富水带位置。

48. ABD 【解析】监测点布点原则：①以建设厂区为重点，兼顾外围（A）；②以下游监测为重点，兼顾上游和两侧（B）；③重点放在易受污染的浅层地下水和作为饮用水水源的含水层，兼顾其他可能受建设项目影响的含水层（D）；④地下水监测每年至少两次，分丰水期和枯水期进行，重点区域和出现异常情况下应增加监测频率；⑤水质监测项目可参照《生活饮用水水质标准》和《地下水质量标准》，可结合地区情况适当增加和减少监测项目。监测项目必须包括建设项目的特征污染因子。

49. AB 【解析】分析和获取渗透系数值是水流和迁移模型的第一步工作。可以采用常规方法，如注水试验或抽水试验。

50. ABD　【解析】地下水环境现状监测主要通过对地下水水位、水质的动态监测，了解和查明地下水水流与地下水化学组分的空间分布现状和发展趋势，为地下水环境现状评价和环境影响预测提供基础资料。对于Ⅰ类建设项目，应同时监测地下水水位、水质。地下水环境现状监测井点采用控制性布点与功能性布点相结合的布设原则。监测井点应主要布设在建设项目场地、周围环樟敏感点、地下水污染源、主要现状环境水文地质问题以及对于确定边界有控制意义的点位。对于Ⅱ类Ⅲ类改、扩建项目，当现有监测井不能满足监测位置和监测深度要求时，应布设新的地下水现状监测井。

51. BCD　【解析】地下水质量评价应充分利用现状调查所获得的野外调查、试验与室内实验资料进行综合分析，对地下水环境质量现状进行评价，给出评价结果。地下水质量评价以地下水水质调查分析资料或水质监测资料为基础，可采用标准指数法、污染指数法和综合评价方法。

52. ABCD　【解析】解析：对于已经建成的工业固体废物堆放（填埋）场开展地下水污染调查时，需要调查的内容包括：固体废物的理化性质与堆存时间、堆存量；场地底部包气带渗透性能及防渗措施；场地附近地下水流场；污染物运移途径等。4 个选项涉及的内容均需调查。

53. ABCD　【解析】等水位线图主要用途：确定地下水流向（A）；计算地下水的水力坡度（B）；确定潜水与地表水之间的关系；确定潜水的埋藏深度（D）；确定泉或沼泽的位置；推断给水层的岩性或厚度的变化：在地形坡度变化不大的情况下，若等水位线由密变疏，表明含水层透水性变好或含水层变厚（C）；相反，则说明含水层透水性变差或厚度变小；确定富水带位置。

54. ABC　【解析】特征污染物在 65 天内迁移的距离 $L=K \times I/n_e \times T=100 \times 0.5\%/25\% \times 65=130$ m。污水池下游监测井中可能被检出的距离小于 130 m。

55. AD　【解析】对评价标准为定值的水质参数，其标准指数法公式中，P_i 为标准参数；c_i 为水质参数 i 的监测浓度值；S_i 为水质参数 i 的标准浓度值。当标准指数≤1 时，表示某地下水水质因子的的监测浓度值≤该水质因子的标准浓度值，即达标；此时，该分式数值越小，则该地下水水质因子越符合标准。当标准指数＞1 时，表示某地下水水质因子的监测浓度值＞该水质因子的标准浓度值，即超标；此时，该分式数值越大，则该地下水水质因子超标越严重。

56. AB　【解析】可以确定地下水水质现状和潜水水位，由于只有 2 口潜水井，只能确定水位，但无法确定潜水流向（需 3 口井）。若想判断承压含水层与潜水层之间的水力联系，必须同时具备两个条件：第一，潜水层的水位必须高出承压含水层的测压水位；第二，潜水层与含水层之间必须有联系通道。题中未给出此条件，因此不能确定。

57. ACD　【解析】评价等级为一级的建设项目，若掌握近3年内至少一个连续水文年的枯、平、丰水期地下水位动态监测资料，评价期内至少开展一期地下水水位监测。基本水质因子的水质监测频率在山前冲（洪）积区为枯、丰水期，若掌握近3年至少一期水质监测数据，基本水质因子可在评价期补充开展一期现状监测；特征因子在评价期内需至少开展一期现状值监测。

58. BC

59. BCD　【解析】《场地环境监测技术导则》6.2.2 地下水监测点位的布设。

60. ABC　【解析】地下水现状监测分析没有超标倍数之说。大气现状监测结果分析有这种说法。

61. ABD　【解析】根据《环境影响评价技术导则　地下水环境》（HJ 610—2016）8.3.3.7，地下水样品采集与现场测定，抽汲的水量不得小于3倍的井筒水（量）体积。

62. ABD　【解析】抽水试验是通过从钻孔或水井中抽水，定量评价含水层富水性，测定含水层水文地质参数和判断某些水文地质条件的一些野外试验工作方法。其目的、任务包括：①直接测定含水层的富水程度和评价井（孔）的出水能力；②抽水试验是确定含水层水文地质参数（渗透系数、导水系数、给水度、贮水系数、降水入渗系数）的主要方法；③抽水试验可为取水工程设计提供所需的水文地质数据；④通过抽水试验，可直接评价水源地的可（允许）开采量；⑤可通过抽水试验查明某些其他手段难以查明的水文地质条件，如地表水与地下水之间及含水层之间的水力联系，以及边界性质和强径流带位置。C应该是确定含水层的水文地质参数；土柱淋滤试验的目的是确定包气带的防护能力。

63. ABCDE　【解析】《环境影响评价技术导则　地下水环境》（HJ 610—2016）附录C。

64. BD　【解析】两者目的是测定包气带垂向渗透系数，故A错；直接试坑法测得的渗透系数要比双环试坑法测得的渗透系数要大，故C错。

65. AD　【解析】根据《环境影响评价技术导则　地下水环境》（HJ 610—2016）8.3.3.6，地下水环境现状监测频率要求，评价等级为二级的建设项目若掌握近3年内至少一个连续水文年的枯丰水期地下水位动态监测资料，评价期可不开展地下水水位监测；若无上述资料，依据导则表4开展水位监测；若掌握近3内至少一期水质监测数据，基本水质因子可在评价期补充开展一期现状监测，不是必需；特征因子在评价期内需至少开展一起现状值监测。

66. ABD　【解析】声环境功能区的环境质量评价量为昼间等效声级、夜间等效声级，突发噪声的评价量为最大A声级。据GB 3096—2008，各类声环境功能区夜间突发噪声，其最大声级超过环境噪声限值的幅度不得高于15 dB（A）。GB 3096—2008没有规定昼间突发噪声限值的幅度。因此，不能选C。

67. ABC 【解析】根据《环境影响评价技术导则 声环境》（HJ 2.4—2021）7.3.1，布点覆盖整个评价范围，包括厂界（场界、边界）和声环境保护目标。当声环境保护目标高于（含）三层建筑时，还应按照噪声垂直分布规律、建设项目与声环境保护目标高差等因素选取有代表性的声环境保护目标的代表性楼层设置测点。故选择ABC。

68. ABC 【解析】声环境现状调查的主要内容有：①评价范围内现有的噪声源种类、数量及相应的噪声级；②评价范围内现有的噪声敏感目标及相应的噪声功能区划和应执行的噪声标准；③评价范围内各功能区噪声现状；④边界噪声超标状况及受影响人口分布和敏感目标超标情况。所以，声环境质量现状评价应分析评价范围内的声环境保护目标分布情况、噪声标准使用区域划分情况和敏感目标处噪声超标情况。

69. ABC 【解析】当声源为移动声源，且呈现线声源特点时，例如公路、铁路噪声，现状监测点位选取应兼顾敏感目标的分布状况、工程特点及线声源噪声影响随距离衰减的特点。对于道路，其代表性的敏感目标可布设在车流量基本一致、地形状况和声屏障基本相似、距线声源不同距离的敏感目标处。既有铁路的位置用来考虑影响随距离衰减的情况。

70. CD 【解析】网格法布点按正方形划分。

71. ABCD

72. ABCD 【解析】铁路建设项目环境噪声现状调查的内容包括：①调查评价范围内有关城镇、学校、医院、居民集中区或农村生活区在沿线的分布和建筑情况以及相应执行的噪声标准；②通过测量调查环境噪声背景值，若敏感目标较多时，应分路段测量环境噪声背景值；③若存在现有噪声源（包括固定源和流动源），应调查其分布状况和对周围敏感目标影响的范围和程度。

73. ABC 【解析】根据《环境影响评价技术导则 声环境》（HJ 2.4—2021）7.5.1，环境现状评价图一般应包括评价范围内的声环境功能区划图，声环境保护目标分布图，工矿企业厂区（声源位置）平面布置图，城市道路、公路、铁路、城市轨道交通等的线路走向图，机场总平面图及飞行程序图，现状监测布点图，声环境保护目标与项目关系图等；线性工程声环境保护目标与项目关系图比例尺应不小于1∶5 000，机场项目声环境保护目标与项目关系图底图应采用近3年内空间分辨率不低于5 m的卫星影响或航拍图，声环境保护目标与项目关系图不应小于1∶10 000。

74. ABD 【解析】根据《环境影响评价技术导则 声环境》（HJ 2.4—2021）7.5，现状评价图、表要求，声环境保护目标调查表应列表给出评价范围内声环境保护目标的名称、户数、建筑物层数和建筑物数量，并明确声环境保护目标与建设项目的空间位置关系等；声环境现状评价结果表应列表给出厂界（场界、边界）各声环境保护目标现状值及超标和达标情况分析，给出不同声环境功能区或声级范围内的超标户数。

75. AB 【解析】根据《声环境质量标准》，声环境功能区监测每次至少进行一昼夜 24 h 的连续监测，得出每小时计昼间、夜间的等效声级 L_{eq}、L_d、L_n 和最大声级 L_{max}。因此，该锻造项目夜间声环境质量的评价量应包括夜间等效声级和最大 A 声级。

76. ABCD 【解析】根据《环境影响评价技术导则 声环境》（HJ 2.4—2021）附录 D 中的表 D.3，公路/城市道路噪声源强调查清单包括路段、时期、车流量、车速、源强等。

77. ABCD 【解析】根据《环境影响评价技术导则 声环境》（HJ 2.4—2021）附录 D 中的表 D.4，铁路/城市轨道交通噪声源强调查清单包括车型、车速、线路形式（桥梁/路堤/路堑）、无砟/有砟轨道、有缝/无缝、防撞墙/挡板结构高出轨面高度、噪声源强值等。

78. ABCD 【解析】根据《环境影响评价技术导则 声环境》（HJ 2.4—2021）附录 D 中的表 D.7，工业企业声环境保护目标调查表包括声环境保护目标名称、空间相对位置、距厂界最近距离、方位、执行标准/环境功能区类别、声环境保护目标情况说明（介绍声环境保护目标建筑结构、朝向、楼层、周围环境概况）。

79. ABC 【解析】公路和敏感目标间的声环境现状调查中，应调查其评价范围内的敏感目标的名称、规模、人口的分布等情况，并以图、表相结合的方式说明敏感目标与公路的关系（如方位、距离、高差等）。此外，还应调查评价范围内声源和敏感目标之间的地貌特征、地形高差及影响声波传播的环境要素。

80. ABC 【解析】建设项目环境噪声现状测量要求：①应在声源正常运行工况的条件下选择适当时段测量。②每一测点，应分别进行昼间、夜间时段的测量，以便与相应标准对照。③对于噪声起伏较大的情况（如道路交通噪声、铁路噪声、飞机机场噪声），应增加昼间、夜间的测量次数。其测量时段应具有代表性。每个测量时段的采样或读数方式以现行标准方法规范要求为准。

81. ACD 【解析】对典型工程环境噪声现状水平调查，厂区内噪声水平调查一般采用网格法，厂界噪声水平调查测量点布置在厂界外 1 m 处，线路型工程的噪声现状水平调查应重点关注沿线的环境噪声敏感目标，应调查评价范围内有关城镇、学校、医院、居民集中区或农村生活区在沿线的分布和建筑情况及相应执行的噪声标准。

82. ABCD 【解析】陆生植被调查内容包括：种类，分布，数量（种群数量、个体数目、盖度、建群种、分布面积等），生长状况，生境状况（植被、坡度坡向、土壤、土地利用等），受威胁因素，保护管理现状（是否受保护、何种保护形式等）。

83. AC　【解析】专家和公众咨询法是对现场勘察的有益补充，专家和公众咨询应与资料收集和现场勘察同步开展。遥感调查过程中必须辅助必要的现场勘察工作。

84. ABCD　【解析】在生态影响评价中需要重点关注、具有较高保护价值或保护要求的物种，包括国家及地方重点保护野生动植物名录所列的物种，《中国生物多样性红色名录》中列为极危、濒危和易危的物种，国家和地方政府列入拯救保护的极小种群物种，特有种以及古树名木等。

85. ABCD　【解析】海洋生态调查包括海洋生态要素调查和海洋生态评价两部分内容。其中海洋生态要素调查包括：① 海洋生物要素调查，包括海洋生物群落结构要素调查和海洋生态系统功能要素调查；② 海洋环境要素调查，包括海洋水温要素调查、海洋气象要素调查、海洋光学要素调查、海洋化学要素调查、海洋底质要素调查；③ 人类活动要素调查，如海水养殖生产要素调查、海洋捕捞生产要素调查、入海污染要素调查、海上油田生产要素调查和其他人类活动要素调查。

86. ACD　【解析】重要值=相对密度+相对优势度+相对频度。

87. ABDE　【解析】两栖爬行类物种调查方法包括全部计数法、样线（带）法、鸣声计数法、卵块或窝巢计数法、访问调查。需要注意的是，C 鸣叫调查法是哺乳类物种的调查方法，注意鸣叫调查法和鸣声计数法的区别。

88. BCD　【解析】通过植物样方调查可以确定物种多样性，覆盖度和密度是主要的数据，生物量也常用来评价物种的重要性，因此，这三种指标都应该调查。

89. ABC

90. ABCD　【解析】鸟类物种调查方法包括样线（线路或条带）调查法、样点调查法、分区直数法、红外相机陷阱法、访问调查法。

91. ACDE　【解析】根据技术方法教材"生态现状调查与评价"中相关内容，初级生产量的测定方法包括氧气测定法、CO_2 测定法、放射性标记物测定法、叶绿素测定法。

92. ABD　【解析】生态环境现状评价方法有列表清单法、图形叠置法、生态机理分析法、指数与综合指数法、类型分析法、系统分析法等。面积较大，属于区域性质的项目，可采用图形叠置法；列表清单法可用于物种或栖息地重要性或优先度比选；单因子指数法用于单因子评价；油气田开发，导致版块多样化，可采用景观生态学法。

93. ACD　【解析】样线（带）法适用物种不十分丰富、分布范围相对分散、种群数量较多；全查法适用于物种稀少、分布面积小、种群数量相对较少区域。

94. ABC 【解析】景观生态学法主要是针对具有区域性质的大型项目（如大型水利工程）和线性项目（铁路，输油、输气管道等），重点研究的是项目对区域景观的切割作用带来的影响。人防工程位于地下，不可采用景观生态学方法进行生态现状调查与评价。

95. ACD 【解析】景观变化的分析方法主要有三种：定性描述法、景观生态图叠置法和景观动态的定量化分析法。

96. ABCE 【解析】根据《环境影响评价技术导则 生态影响》附录，景观生态学方法对景观的功能和稳定性分析包括如下4方面内容：① 生物恢复力分析；② 异质性分析；③ 种群源的持久性和可达性分析；④ 景观组织的开放性分析。

97. AD 【解析】景观生态学在环境影响评价中的应用参见《环境影响评价技术导则 生态影响》的附录。景观生态学对生态环境质量状况的评判是通过两个方面进行的，一是空间结构分析，二是功能与稳定性分析。这是因为景观生态学认为，景观的结构与功能是相当匹配的，且增加景观的异质性和共生性也是生态学和社会学整体论的基本原则。

98. ABCD 【解析】根据《环境影响评价技术导则 生态影响》（HJ 19—2022）7.4，ABCD 选项正确。

99. ABCD 【解析】根据技术方法教材第三章第七节，生态现状调查与评价，两栖爬行类应选择在繁殖季节进行调查。在一个样点（样地）最好能进行 2 次以上的调查，特别是两栖爬行类的繁殖季节相对集中，宜以天为频度展开观察，维持至繁殖行为结束（A 项和 B 项）；样区的选择应该覆盖评价区各种栖息地类型，每种生境确定不同数量的调查点和线（C 项）；调查方法包括全部计数法、样线（带）法、鸣声计数法、卵块或窝巢计数法、访问调查法（D 项）。

100. ABCD 【解析】建设项目的水生生态调查，一般应包括水质、水温、水文和水生生物群落的调查，并且应包括鱼类产卵场、索饵场、越冬场、洄游通道、重要水生生物及渔业资源等特别问题的调查。水生生态调查内容包括：初级生产量（力）、浮游生物、底栖生物、游泳生物和鱼类资源等，有时还有水生植物调查等。

101. ABCD 【解析】生态现状调查与评价中，调查前要针对调查的对象、区域，收集整理现有相关资料，包括历史调查资料、自然地理位置，地形地貌、土壤、气候、植被、农业和林业相关资料等。

102. ABCD 【解析】生态现状调查与评价中，调查路线或调查点的设计应注意代表性、随机性整体性及可行性相结合。

103. BCD 【解析】鸟类物种调查分析与评价内容包括：①区系分析（依据资料及实地调查结果，统计分析评价区内鸟类的种类组成及所属目、科、属的多样性，分析评价区的鸟类区系组成，计算出东洋区、古北区和广布鸟种树各自所占繁殖鸟总种树的百分比）；②居留类型分析（统计分析所记录到的鸟类分别属于哪种居留类型，如留鸟、夏候鸟、冬候鸟、旅鸟、迷鸟）；③不同生境的代表种类分析（分析评价区不同生境类型的代表性鸟类，如游禽、涉禽、陆禽、猛禽、攀禽、鸣禽）；④物种分析（种类名称、分布、数量、种群密度及栖息面积、栖息生境质量、受威胁现状及因素、保护现状）等。A属于两栖爬行类中的分析与评价内容。

104. ABCD 【解析】遥感影像的预处理一般包括大气校正、几何纠正、光谱比值、主成分、植被成分、帽状转换、条纹消除和质地分析等。

105. ABC 【解析】陆生植被与植物的调查方法包括样方法、样线（带）法、全查法。

106. AC 【解析】AC比较平坦，便于行走。BD地形复杂，不适合采用样线法，可采用样点法进行现状调查。

107. ABCD 【解析】A属于自主采样，D属于渔获物调查。

标记鱼的回捕分四类：①发布消息，有偿回收；②渔获物调查；③在放流水域周边乡镇的集市上进行访问调查；④自主采样。

108. ABC 【解析】大型哺乳动物大部分属于昼行性动物，早晨或黄昏调查不便。对于夜行性动物如猫科动物，适合在早晨或黄昏时进行。

109. AB 【解析】图形叠置法有两种基本制作手段：指标法和3S叠图法。

110. ABD 【解析】《生物多样性观测技术导则 陆生维管植物》（HJ 710.1—2014）5.1.3 工具准备，根据观测方案，准备相应的仪器、设备、工具，包括：森林罗盘仪、经纬仪（全站仪）、全球定位系统（GPS）定位仪、50 m卷尺、5 m卷尺、胸径尺、锤子、记录夹、记录纸、记录笔、油漆刷、铅笔、橡皮、标本夹、测高杆、便携式激光测距仪等。C错，陆生维管植物非水生浮游生物，不能使用水生浮游生物的调查工具浮游生物网。

111. ABC 【解析】《生物多样性观测技术导则 爬行动物》（HJ 710.5—2014）6.1 爬行动物观测的内容主要包括观测区域中爬行动物的种类组成、空间分布、种群动态、受威胁程度、生境状况等。6.3 爬行动物观测指标包括爬行动物的种类组成、区域分布、种群数量、性比、繁殖习性、食性、种群遗传结构、生境类型、人为干扰活动的类型和强度、环境因子、食物丰富度等。

112. ABCD 【解析】根据《生物多样性观测技术导则 陆生维管植物》（HJ 710.1—2014）5.4.2，ABCD选项正确。

113. ABCD 【解析】根据《生物多样性观测技术导则 陆生哺乳动物》（HJ 710.3—2014），陆生哺乳动物观测方法主要有总体计数法、样方法、可变距离样线法（截线法）、固定宽度样线法、标记重捕法、指数估计法/间接调查法、红外相机自动调查法、卫星定位追踪法、非损伤性DNA检测法。

114. AC 【解析】根据《生物多样性观测技术导则 鸟类》（HJ 710.4—2014），鸟类观测方法主要有分区直数法、样线法、样点法、网捕法、领域标图法、红外相机自动拍摄法、非损伤性 DNA 检测法。

115. ABCDE 【解析】《环境影响评价技术导则 土壤环境（试行）》（HJ 964—2018）7.3.1，根据建设项目特点、可能产生的环境影响和当地环境特征，有针对性收集调查评价范围内的相关资料，主要包括以下内容：a）土地利用现状图、土地利用规划图、土壤类型分布图；b）气象资料、地形地貌特征资料、水文及水文地质资料等；c）土地利用历史情况；d）与建设项目土壤环境影响评价相关的其他资料。

116. ABD 【解析】根据《环境影响评价技术导则 土壤环境（试行）》（HJ 964—2018）附录 A，危险废物利用与处置属于 I 类。

117. ABCDE 【解析】根据《环境影响评价技术导则 土壤环境（试行）》（HJ 964—2018）7.4.2.1，土壤环境现状监测点布设应根据建设项目土壤环境影响类型、评价工作等级、土地利用类型确定。7.4.2.3，生态影响型建设项目应根据建设项目所在地的地形特征、地面径流方向设置表层样监测点。

118. ABD 【解析】根据《环境影响评价技术导则 土壤环境（试行）》（HJ 964—2018）7.4.3.2，生态影响型建设项目可优化调整占地范围内、外监测点数量，保持总数不变；占地范围超过 5 000 hm^2 的，每增加 1 000 hm^2 增加 1 个监测点。7.4.3.3 原文，污染影响型建设项目占地范围超过 100 hm^2 的，每增加 20 hm^2 增加 1 个监测点。

119. AD 【解析】根据《环境影响评价技术导则 土壤环境（试行）》（HJ 964—2018）7.4.6，a）基本因子：评价工作等级为一级的建设项目，应至少开展 1 次现状监测；评价工作等级为二级、三级的建设项目，若掌握近 3 年至少 1 次的监测数据，可不再进行现状监测；引用监测数据应满足 7.4.2 和 7.4.3 的相关要求，并说明数据有效性。

120. ACD 【解析】根据环境影响评价技术导则 土壤环境（试行）》（HJ 964—2018）附录 B，污染影响型建设项目土壤污染类型为大气沉降、垂直入渗和地面漫流。生态影响型建设项目土壤污染类型为土壤盐化、酸化和碱化。

121. ABCD 【解析】根据《环境影响评价技术导则 土壤环境（试行）》（HJ 964—2018）附录 D，土壤酸化分级标准包括极重度酸化、重度酸化、中度酸化、轻度酸化、无酸化或碱化。

122. CDE 【解析】干旱、半荒漠和荒漠地区，土壤含盐量 SSC<2 g/kg，属于未盐化。

123. ABCD 【解析】根据技术方法教材"土壤环境现状调查与评价"中土壤

理化特性调查的相关内容，ABCD 选项均正确。

124. ABCD　【解析】生态影响型建设项目根据土壤环境影响类型、建设项目特征与评价需要，除土体构型、土壤结构、土壤质地、阳离子交换量、氧化还原电位、饱和导水率、土壤容重、孔隙度、有机质、全氮、有效磷、有效钾等调查以外还应补充调查植被、地下水位埋深、地下水溶解性总固体等内容。

125. ABC　【解析】土壤环境现状调查的目的是在反映调查评价范围内的土壤理化特性、土壤环境质量状况，以及土壤环境影响源的基础上，为土壤环境现状评价和土壤环境影响预测评价提供数据支撑，可采用资料收集、现场调查和现状监测等方式完成。

126. ABC　【解析】土壤剖面调查表中应包含景观照片、土壤剖面照片、层次。

127. ABD　【解析】根据《土壤环境监测技术规范》（HJ 166—2004）6.2.3.2，棋盘式法适用于中等面积、地势平坦、土壤不够均匀的地块，设分点 10 个左右；受污泥、垃圾等固体废物污染的土壤，设分点 20 个以上。

128. BC　【解析】根据《环境影响评价技术导则　土壤环境（试行）》（HJ 964—2018）7.4.2.9，涉及大气沉降影响的改、扩建项目，可在主导风向下风向适当增加监测点位，以反映降尘对土壤环境的影响。

129. AB　【解析】土壤环境现状调查指标包括：① 土壤类型；② 土壤质地；③ 土体构型；④ 土壤结构；⑤ 土壤阳离子交换量；⑥ 氧化还原电位（Eh）；⑦ 饱和导水率；⑧ 土壤容重；⑨ 孔隙度；⑩ 有机质；⑪ 全氮；⑫ 有效磷；⑬ 地下水溶解性总固体；⑭ 植被覆盖率。

130. ABC　【解析】根据《环境影响评价技术导则　土壤环境（试行）》（HJ 964—2018）7.4.5，土壤环境现状监测因子分为基本因子和建设项目的特征因子。a）基本因子为 GB 15618、GB 36600 中规定的基本项目，分别根据调查评价范围内的土地利用类型选取；b）特征因子为建设项目产生的特有因子，根据附录 B 确定；既是特征因子又是基本因子的，按特征因子对待；c）7.4.2.2 与 7.4.2.10 中规定的点位须监测基本因子与特征因子；其他监测点位可仅监测特征因子。

131. ABC　【解析】生态影响型建设项目根据土壤环境影响类型、建设项目特征与评价需要，在调查以上土壤理化特性内容的基础上，还应补充调查植被、地下水位埋深、地下水溶解性总固体等内容。土壤理化特性包括土体构型、土壤结构、土壤质地、阳离子交换量、氧化还原电位、饱和导水率、土壤容重、孔隙度、有机质、全氮、有效磷、有效钾等。本题问的是补充调查的内容，而不是问卷调查内容。

132. ACD 【解析】进行野外现场鉴别时，可将土壤结构类型按形状分为块状、片状和柱状三大类；按其大小、发育程度和稳定性等，再分为团粒、团块、块状、凌块状、凌柱状、柱状和片状等。

133. ACD 【解析】土壤环境现状评价方法包括单污染指数法、累积指数法、污染分担率评价法和内梅罗污染指数评价法。

第三章 环境影响识别与评价因子的筛选

一、单项选择题（每题的备选选项中，只有一个最符合题意）

1. 矩阵法环境影响识别表中，建设项目各建设阶段与环境要素交叉的格点，表示的是（　　）。

　A. 影响因子　　　　B. 影响范围　　　C. 影响要素　　　D. 影响程度

2. 某炼油项目填海 7 hm^2，配套建设成品油码头及罐区，并对航道进行疏浚，施工期海域评价专题的主要评价因子是（　　）。

　A. 成品油　　　　　B. 悬浮物　　　　C. 重金属　　　　D. 溶解氧

3. 某建设项目 SO_2、NO_2、VOC_s 排放量分别为 240 t/a、320 t/a、1 700 t/a，该项目进行大气环境影响评价，二次污染物评价因子为（　　）。

　A. SO_2　　　　　B. NO_2　　　　C. O_3　　　　D. $PM_{2.5}$

4. 某生活垃圾焚烧发电项目，其大气评价因子主要包括一氧化碳、颗粒物、二氧化硫、氮氧化物、二噁英、重金属和（　　）。

　A. 氟化物　　　　　B. 氯化氢　　　　C. 氨　　　　　　D. 硫化氢

二、不定项选择题（每题的备选项中至少有一个符合题意）

1. 环境影响程度的识别中，通常按（　　）个等级来定性地划分影响程度。

　A. 2　　　　B. 3　　　　C. 4　　　　D. 5　　　　E. 6

2. 下列关于环境影响识别矩阵的构建方法说法正确的有（　　）。

　A. 矩阵法由清单法发展而来，仅具有影响识别功能

　B. 矩阵法把拟建项目的各项"活动"和受影响的环境要素组成一个矩阵，在拟建项目的各项"活动"和环境影响之间建立起直接的因果关系，以定性或半定量的方式说明拟建项目的环境影响

　C. 矩阵法通过系统的列出已建项目各阶段的各项"活动"，以及可能受已建项目各项"活动"影响的环境要素，构造矩阵，确定各项"活动"和环境要素及环境因子的相互作用关系

　D. 如果认为某项"活动"可能对某一环境要素产生影响，则在矩阵相应交叉的格点将环境影响标注出来

3．环境影响识别的主要方法有（   ）。

A．矩阵法   B．保证率法   C．叠图法

D．清单法   E．影响网络法

4．某建设项目 SO_2、NO_x、VOCs 排放量分别为 200 t/a、350 t/a、1 800 t/a，该项目进行大气环境影响评价，评价因子为（   ）。

A．SO_2 B．NO_x C．$PM_{2.5}$ D．O_3

5．湖泊和水库需要重点关注的评价因子是（   ）。

A．湖底水域面积或蓄水量   B．水力停留时间

C．叶绿素 a   D．透明度

6．拟建高速公路长 125 km，进行环境影响识别时，应考虑的因素有（   ）。

A．环境敏感目标   B．沿线生态环境特征

C．项目环保投资规模   D．沿线区域的环境保护要求

7．建设项目的环境影响识别中，在技术上一般应考虑的问题是（   ）。

A．项目的特性

B．识别主要的环境敏感区和环境敏感目标

C．项目涉及的当地环境特性及环境保护要求

D．突出对重要的或社会关注的环境要素的识别

参考答案

一、单项选择题

1．D   【解析】矩阵法是环境影响识别的一种方法，是把拟建项目各项"活动"和受影响的环境要素组成一个矩阵（行、列），在行列交叉的方格将环境影响的程度标注出来，因此交叉的格点表示影响程度。

2．B   【解析】施工期的主要评价因子为悬浮物，与成品油无关，注意：关键词"施工期"。

3．D   【解析】根据《环境影响评价技术导则 大气环境》（HJ 2.2—2018）的要求识别大气环境影响因素，并筛选出大气环境影响评价因子，大气环境影响评价因子主要为项目排放的基本污染物及其他污染物。具体如下：①建设项目：排放的 SO_2 和 NO_x 年排放量大于或等于 500 t/a 时，评价因子应增加二次污染物 $PM_{2.5}$；②规划项目：排放的 SO_2 和 NO_x 年排放量大于或等于 500 t/a 时，评价因子应增加二次污染物 $PM_{2.5}$；NO_x 和 VOCs 年排放量大于等于 2 000 t/a 时，评价因子应增加二次污染物 O_3。本项目为建设项目，答案选择 D。

4. B 【解析】根据《排污许可证申请与核发技术规范 生活垃圾》（HJ 1039—2019），焚烧（发电）生产单元污染物为颗粒物、氮氧化物、二氧化硫、氯化氢、一氧化碳、汞及其化合物、重金属及其化合物（镉、铊、锑、砷、铅、铬、钴、铜、锰、镍）、二噁英类。

二、不定项选择题

1. BD 【解析】在环境影响程度的识别中，通常按3个等级或5个等级来定性地划分影响程度。如按5级划分不利环境影响，则可以分为：① 极端不利；② 非常不利；③ 中度不利；④ 轻度不利；⑤ 微弱不利。

2. BD 【解析】矩阵法由清单法发展而来，不仅具有影响识别功能，还具有影响综合分析评价功能，故A选项错误；在环境影响识别中，一般采用相关矩阵法，即通过矩阵法系统的列出拟建项目各阶段的各项"活动"，以及可能受拟建项目各项"活动"影响的环境要素，构造矩阵，确定各项"活动"和环境要素及环境因子的相互作用关系，故C选项错误。

3. ACDE 【解析】根据《建设项目环境影响评价技术导则 总纲》（HJ 2.1—2016）3.5.1，选项B是大气日平均浓度的计算方法。

4. ABC 【解析】根据HJ 2.1或HJ 130的要求识别大气环境影响因素，并筛选出大气影响评价因子。大气环境影响评价因子主要为项目排放的基本污染物及其他污染物。当建设项目排放的SO_2和NO_x年排放量大于或等于500 t/a时，评价因子应增加二次污染物$PM_{2.5}$。

5. AB 【解析】水文要素影响型建设项目评价因子，应根据建设项目对地表水体水文要素影响的特征确定。河流、湖泊及水库主要评价水面面积、水量、水温、径流过程、水位、水深、流速、水面宽、冲淤变化等因子，湖泊和水库需要重点关注湖底水域面积或蓄水量及水力停留时间等因子。

6. ABD 【解析】环境影响识别就是通过系统地检查拟建项目的各项"活动"与各环境要素之间的关系，识别可能的环境影响，C选项环保投资与环境影响识别因素无关。

7. ABCD 【解析】建设项目的环境影响识别中，在技术上一般应考虑的问题包括：①项目的特性（如项目类型、规模等）；②项目涉及的当地环境特性及环境保护要求（如自然环境、社会环境、环境保护功能区划、环境保护规划等）；③识别主要的环境敏感区和环境敏感目标；④从自然环境和社会环境两方面识别环境影响；⑤突出对重要的或社会关注的环境要素的识别。

第四章　环境影响预测与评价

一、单项选择题（每题的备选选项中，只有一个最符合题意）

1. 根据《环境影响评价技术导则　大气环境》，有关环境空气保护目标，下列说法错误的是（　　）。

    A. 评价范围内按 GB 3095 规定的一类区的自然保护区、风景名胜区、其他需要特殊保护的区

    B. 评价范围内按 GB 3095 规定的二类区中的农村地区中人群较集中的区域

    C. 评价范围内按 GB 3095 规定的二类区中的商业交通居民混合区

    D. 评价范围内按 GB 3095 规定的二类区中的居住区、文化区

2. 两个排气筒高度分别为 24 m 及 30 m，距离为 50 m，排气筒的污染物排放速率分别为 0.44 kg/h 及 2.56 kg/h，则等效排气筒的排放速率是（　　）kg/h。

    A. 4.56　　　　　B. 4.2　　　　　C. 2.12　　　　　D. 3.0

3. 两个排气筒高度分别为 24 m 及 30 m，距离为 50 m，排气筒的污染物排放速率分别为 0.44 kg/h 及 2.56 kg/h，则等效排气筒的高度是（　　）m。

    A. 28.7　　　　　B. 30　　　　　C. 27.2　　　　　D. 24

4. 下列关于大气环境影响预测与评价的一般性要求说法正确的有（　　）。

    A. 一级、二级评价项目均应采用进一步预测模型开展大气环境影响预测与评价

    B. 二级、三级评价项目不进行进一步预测与评价

    C. 三级评价项目需对污染物排放量进行核算

    D. 二级、三级评价项目均应对污染物排放量进行核算

5. 根据《环境影响评价技术导则　大气环境》，有关大气环境影响预测范围，下列说法错误的是（　　）。

    A. 预测范围应覆盖评价范围，并覆盖各污染物短期浓度贡献值占标率大于 10% 区域

    B. 经判定需预测二次污染物的项目，预测范围应覆盖 $PM_{2.5}$ 年平均质量浓度贡献值占标率大于 10% 的区域

    C. 对于评价范围内包含环境空气功能区一类区的，预测范围应覆盖项目对一类

区最大环境影响

D. 预测范围一般以工业厂址为中心，东西向为 X 轴，南北向为 Y 轴

6. 某污染物建设项目，排放主要废气为颗粒物（以 PM_{10} 计算，日平均浓度限值为 $150\ \mu g/m^3$），采用 AERSCREEN 模型估算最大 1 h 平均地面空气质量浓度 $C_{max}=15\ \mu g/m^3$，大气环境影响评价等级应为（　　）。

A. 一级　　　　　　B. 二级　　　　　　C. 三级　　　　　　D. 简化分析

7. 适用于评价范围大于 50 km 的大气环境影响预测模式是（　　）。

A. ADMS 模式　　　　　　　　　　B. AERMAP 模式

C. AERMOD 模式　　　　　　　　　D. CALPUFF 模式

8. 下列模型中适用于对烟塔合一源进行进一步预测的模型是（　　）。

A. AEDT　　　　　　　　　　　　B. ADMS

C. 区域光化学网格模型　　　　　　D. AUSTAL2000

9. 下列模型中适用于机场源的模型有（　　）。

A. EDMS　　　　　　　　　　　　B. ADMS

C. 区域光化学网格模型　　　　　　D. CALPUFF

10. 下列模型中适用于街道窄谷的模型有（　　）。

A. EDMS　　　　　　　　　　　　B. ADMS

C. 区域光化学网格模型　　　　　　D. CALPUFF

11. 处于环境空气质量达标区的某评价项目，燃煤采暖锅炉烟气脱硫设施发生故障时，需预测评价环境空气保护目标处 SO_2 的（　　）。

A. 年平均浓度　　　　　　　　　　B. 24 h 平均浓

C. 8 h 平均浓度　　　　　　　　　D. 1 h 平均浓度

12. 某建设项目位于海岸边 3 km 范围内，存在岸边熏烟，并且估算的最大 1 h 平均质量浓度超过环境质量标准，适用该模型的有（　　）。

A. AEDT　　　　　　　　　　　　B. ADMS

C. 区域光化学网格模型　　　　　　D. CALPUFF

13. 对于实际环境影响评价项目，还应根据（　　），考虑地形、地表植被特征，以及污染物的化学变化等参数对浓度预测的影响。

A. 项目特点和复杂程度　　　　　　B. 项目特点

C. 项目复杂程度　　　　　　　　　D. 项目特点或复杂程度

14. 下列模型中不适用于模拟局地尺度的模型有（　　）。

A. AEDT　　　　　　　　　　　　B. ADMS

C. 区域光化学网格模型　　　　　　D. AERMOD

15. 下列模型中适用于模拟城市尺度的模型有（　　）。

A．AEDT
B．ADMS

C．区域光化学网格模型
D．CALPUFF

16．下列模型中适用于预测 O_3 的模型有（　　）。

A．AEDT
B．ADMS

C．区域光化学网格模型
D．AUSTAL2000

17．光化学网络模型中非道路移动源按（　　）形式模拟。

A．点源　　　　　B．线源　　　　　C．面源　　　　　D．体源

18．对于小于 1 小时的短期非正常排放，可采用（　　）进行预测。

A．估算模式
B．AERMOD 模式

C．CALPUFF 模式
D．大气环境防护距离计算模式

19．下列模式中，用于计算 SO_2 转化为硫酸盐的模式是（　　）。

A．AERMET　　　　B．CALPUFF　　　　C．AERMAP　　　　D．AERMOD

20．下列参数中，不属于大气环境影响估算模式预测面源影响所需的是（　　）。

A．面源排放速率
B．面源排放高度

C．面源长度
D．面源初始横向扩散参数

21．下列关于气象数据的选用要求错误的是（　　）。

A．AERMOD 和 ADMS 模型的地面气象数据选择距离项目最近或气象特征基本
一致的气象站的逐时地面气象数据

B．CALPUFF 模型地面气象资料应尽量获取预测范围内所有地面气象站的逐天
地面气象数据

C．CALPUFF 模型高空气象资料应获取最少 3 个站点的测量或模拟气象数据

D．光化学网格模型的气象场数据可由 WRF 或其他区域尺度气象模型提供

22．下列污染源中，必须要分析评价烟气下洗影响的污染源是（　　）。

A．电解铝车间排烟
B．电厂烟塔合一排烟

C．燃气锅炉 10 m 烟囱排烟
D．石化项目加热炉 80 m 排气筒排烟

23．根据《环境影响评价技术导则　大气环境》，下列关于大气环境防护距离
说法，正确的是（　　）。

A．在底图上标注从厂界起所有超过环境质量短期浓度标准值的网格区域，以自
厂界起至超标区域的最远直线距离作为大气环境防护距离

B．在底图上标注从厂界起所有超过环境质量短期浓度标准值的网格区域，以自
厂界起至超标区域的最远垂直距离作为大气环境防护距离

C．在底图上标注从厂界起所有超过污染物排放限值的网格区域，以自厂界起至
超标区域的最远直线距离作为大气环境防护距离

D．在底图上标注从厂界起所有超过污染物排放限值的网格区域，以自厂界起至

超标区域的最远直线距离作为大气环境防护距离

24．下列不属于一级评价环境影响报告书基本附图的是（   ）。

A．基本信息底图 　　　　　　　　　　B．网格浓度分布图

C．项目基本信息图 　　　　　　　　　D．环境监测区域图

25．大气环境影响评价时，适用于预测网格源对环境影响的模型有（   ）。

A．AERMOD 　　　　　　　　　　　　B．区域光化学网络模型

C．AERSCREEN 　　　　　　　　　　D．CALPUFF

26．某项目拟建于占地面积为 50 km^2 围海造地规划工业园区内，距海岸线 5 km，其大气环境影响评价工作等级为二级，采用 AERMOD 模式预测大气环境影响，下垫面参数选择正确的是（   ）。

A．选择城市地区的近地面参数 　　　　B．选择耕地地区的近地面参数

C．选择水面地区的近地面参数 　　　　D．选择沙漠地区的近地面参数

27．某新建生活垃圾焚烧项目选址位于达标区域，区域内有在建、拟建和区域削减污染源，大气环境影响评价等级为一级。预测评价内容包括（   ）。

A．非正常工况，项目敏感目标主要污染物 24 h 平均浓度贡献值的最大浓度占标率

B．正常工况，叠加达标年目标浓度、区域削减污染源以及在建、拟建项目的环境影响后，敏感目标和网格点主要污染物的保证率日平均质量浓度符合环境质量标准

C．非正常工况，叠加现状浓度、区域削减污染源以及在建、拟建项目的环境影响后，网格点主要污染物的年平均质量浓度符合环境质量标准

D．正常工况，项目污染物网格点短期浓度和长期浓度贡献值的最大浓度占标率

28．对于不达标区域的建设项目环境影响评价，环境影响可以接受判定条件正确的是（   ）。

A．项目环境影响符合环境功能区划或满足区域环境质量改善目标。现状浓度超标的污染物评价，预测范围内年平均质量浓度变化率≤-10%

B．新增污染源正常排放下污染物短期浓度贡献值的最大浓度占标率≤100%

C．达标规划未包含的新增污染源建设项目，无需另有替代源的消减方案

D．新增污染物正常排放下污染物年均浓度贡献值的最大浓度占标率≤30%

29．某流域枯水期为 12 月到次年 2 月，4 月份河流水质有机物浓度全年最高，8 月份 DO 全年最低，6 月份盐度最低。拟建项目废水排入该河道，常年排放污染物有 BOD$_5$、氨氮等。有机污染物水质影响预测需选择的评价时段为（   ）。

A．枯水期、4 月、8 月 　　　　　　　B．枯水期、6 月、8 月

C．4 月、6 月、8 月 　　　　　　　　D．枯水期、4 月、6 月

30．在河流中，主要是沿河纵向的对流，河流的（ ）是表征河流水体中污染物对流作用的重要参数。

A．流量和流速　　　　　　　　B．流量和水深

C．流量和河宽　　　　　　　　D．水深和河宽

31．某拟建项目，主要排放 4 种污染物进入河道，设计为水文条件下，假设初始断面完全混合，各污染物的背景浓度占标率及项目排污占标率见下表。则该项目主要影响因子选择排序应为（ ）。

污染物种类	背景浓度占标率/%	项目排污占标率/%
COD	50	40
NH₃-N	40	50
Cu	10	5
Cd	10	5

A．COD、Cd、Cu、NH$_3$-N　　　B．NH$_3$-N、COD、Cd、Cu

C．Cd、NH$_3$-N、COD、Cu　　　D．NH$_3$-N、COD、Cu、Cd

32．某企业废水排入附近河流，该企业 COD 排放量为 20 t/a，排放浓度为 60 mg/L，排放口上游 COD 背景浓度为 20 mg/L，设计水文条件下排污河段排放口断面处稀释比为 7，则排放口断面完全混合后 COD 平均浓度为（ ）mg/L。

A．25.7　　　　B．25　　　　C．19.8　　　　D．30

33．宽浅河流中，污染物输移混合的主要物理过程是（ ）。

A．推流、垂向和纵向扩散　　　　B．横向、纵向和垂向扩散

C．推流、垂向和横向扩散　　　　D．推流、横向和纵向扩散

34．宽浅河流预测模型采用（ ）。

A．零维　　　B．平面二维　　　C．纵向一维　　　D．立面二维

35．对于盐度比较高的湖泊、水库及入海河口、近岸海域，当盐度不变时，随着温度升高，饱和溶解氧浓度（ ）。

A．增大　　　　B．减小　　　　C．不变　　　　D．随大气压升高而升高

36．狄龙模型属于（ ）模型。

A．零维　　　B．垂向一维　　　C．平面二维　　　D．立面二维

37．适用于模拟预测物质在宽浅水体中垂向分层特征明显的状态的是（ ）。

A．零维模型　　　　　　　　　　B．垂向一维数学模型

C．平面二维数学模型　　　　　　D．立面二维数学模型

38．适用于模拟预测水温在面积较小、水深较大的水库中的模型为（ ）。

A．零维　　　　　　　　　　　　B．垂向一维数学模型

C. 平面二维数学模型　　　　　　　　　　D. 河网模型

39. 多条河道相互连通，使得水流运动和污染物交换相互影响的地区，应采用的预测模型是（　　）。

A. 零维模型　　　　　　　　　　　　B. 一维数学模型

C. 二维数学模型　　　　　　　　　　D. 河网模型

40. 覆盖预测范围内，所有与建设项目排放污染物相关的污染源负荷，占预测范围总污染负荷的比例应超过（　　）。

A. 70%　　　　　B. 80%　　　　　C. 90%　　　　　D. 95%

41. 当受纳水体为河流时，受回水影响的河段，建设项目污染源排放量核算断面位于排放口（　　），与排放口的距离应小于（　　）。

A. 上下游，1 km　　　　　　　　B. 上下游，2 km

C. 下游，1 km　　　　　　　　　D. 下游，2 km

42. 某建设项目污水排放量为 300 m³/h，COD_{Cr} 为 200 mg/L。污水排入附近一条小河，河水流量为 5 000 000 m³/h，排放口上游 COD_{Cr} 背景浓度为 10 mg/L，则排放口完全混合后 COD 的浓度为（　　）mg/L。

A. 22　　　　　B. 36.67　　　　　C. 25　　　　　D. 20.75

43. 某建设项目向河流排放达标废水，废水排放量为 0.05 m³/s，河流流量为 2 m³/s，排放口上游氨氮浓度为 0.7 mg/L，执行Ⅲ类水标准（标准限值为 1.0 mg/L）。假设废水排入河流后完全混合，忽略降解的影响，为满足 2 km 处水环境安全余量（10%）要求，可作为建设项目氨氮允许排放的最大浓度为（　　）mg/L。

A. 32.8　　　　　B. 18.8　　　　　C. 13.0　　　　　D. 8.9

44. 当某河流 O'Connor 数 α 和贝克莱数 Pe 满足（　　）时，可以采用对流降解模型求解排放口上下游污染物的浓度。

A. $\alpha \leq 0.027$，$Pe \geq 1$　　　　　　B. $\alpha \leq 0.027$，$Pe < 1$

C. $0.027 < \alpha \leq 380$　　　　　　　D. $\alpha > 380$

45. 关于 S-P 模式，下列说法不正确的是（　　）。

A. 是研究河流溶解氧与 BOD 关系最早、最简单的耦合模型

B. 其基本假设为氧化和复氧都是一级反应

C. 可以用于计算河段的最大容许排污量

D. 河流中的溶解氧不只是来源于大气复氧

46. 某项目向河道型水库排放污染物，该污染物在断面上均匀混合，预测模型应选用（　　）。

A. 纵向一维模型　　　　　　　　　　B. 立面二维模型

C. 平面二维模型　　　　　　　　　　D. 零维模型

47．某项目涉及水环境保护目标的水域，安全余量应按照项目污染源排放量核算断面处环境质量标准、受纳水体环境敏感性等确定，当受纳水体为 GB 3838 的IV类水域时，安全余量应不低于环境质量标准的（　　）。

A．5%　　　　　B．8%　　　　　C．15%　　　　　D．20%

48．在进行水环境影响预测时，应优先考虑使用（　　），在评价工作级别较低，评价时间短，无法取得足够的参数、数据时，可用（　　）。

A．物理模型法、数学模式法　　　　　B．物理模型法、类比分析法

C．数学模式法、类比分析法　　　　　D．类比分析法、物理模型法

49．当某条河流流速为 1.0 m/s，O'Connor 数 $\alpha \leqslant 0.027$ 和贝克莱数 Pe≥1，排放口 COD 初始断面混合浓度为 10 mg/L，COD 衰减系数为 5×10^{-5}/s，则排污口下游 2 km 出 COD 浓度为（　　）mg/L。

A．8　　　　　B．9　　　　　C．7　　　　　D．6

50．稳定分层湖泊中，易缺氧的水层是（　　）。

A．表层　　　　　　　　　　　B．温跃层上部

C．温跃层下部　　　　　　　　D．底层

51．流向不定的河网地区和潮汐河段水环境影响预测时，合理的初始水文条件为（　　）。

A．90%保证率最枯月流量或近 10 年最枯月平均流量

B．90%保证率流速为零时的低水位相应水量

C．95%保证率最枯月流量或近 10 年最枯月平均流量

D．90%保证率最枯月流量或近 20 年最枯月平均流量

52．感潮河段、入海河口及近岸海域建设项目，应考虑（　　）对污染物运移扩散的影响，一级评价时间精度不得低于 1 h。

A．水温　　　　　B．总磷　　　　　C．叶绿素 a　　　　　D 盐度

53．某建设项目排入河流的主要源有 COD、氨氮、TP，河流背景中各污染物浓度占标率分别为 70%、40%、60%，按背景浓度选择水质预测因子时排序正确的是（　　）。

A．TP＞氨氮＞COD　　　　　B．氨氮＞COD＞TP

C．COD＞TP＞氨氮　　　　　D．COD＞氨氮＞TP

54．垂向一维数学模型水量平衡的基本方程为：

$$\frac{\partial (wA)}{\partial z} = (\mu_i - \mu_o)B$$

式中，w 为（　　）。

A．入流速度　　　　　　　　　B．垂向速度

C. 横向速度　　　　　　　　　　D. 出流流速

55. 下列有关污染源排放量核算的一般要求说法错误的是（　　）。

A. 污染源排放量是新（改、扩）建项目申请污染物排放许可的依据

B. 对改建、扩建项目，除应核算新增源的污染物排放量外，还应核算项目建成后全厂的污染物排放量，污染源排放量为污染物的小时排放量

C. 规划环评污染源排放量核算与分配应遵循水陆统筹、河海兼顾、满足"三线一单"约束要求的原则

D. 综合考虑水环境质量改善目标、水环境功能区或水功能区、近岸海域环境功能区管理要求、经济社会发展、行业排污绩效等因素，确保发展不超载，底线不突破

56. 间接排放建设项目污染源排放量核算根据（　　）核算确定。

A. 依托污水处理设施的控制要求

B. 污染源源强核算技术指南

C. 排污许可申请与核发技术规范

D. 建设项目达标排放的地表水环境影响

57. 直接排放建设项目污染源排放量核算，下列说法错误的是（　　）。

A. 根据建设项目达标排放的地表水环境影响、污染源源强核算技术指南及排污许可申请与核发技术规范进行核算，并从严要求

B. 污染源排放量的核算水体为有水环境功能要求的水体

C. 建设项目排放的污染物属于现状水质不达标的，包括本项目在内的区（流）域污染源排放量应调减至满足区（流）域水环境质量改善目标要求

D. 当受纳水体为河流时，不受回水影响的河段，建设项目污染源排放量核算断面位于排放口下游，与排放口的距离应小于 1.5 km

E. 当受纳水体为河流时，受回水影响的河段，应在排放口的上下游设置建设项目污染源排放量核算断面，与排放口的距离应小于 1 km

58. 关于生态流量确定的一般要求，下列说法错误的是（　　）。

A. 根据河流、湖库生态环境保护目标的流量及过程需求确定生态流量，河流和湖库均应确定生态流量

B. 根据河流和湖库的形态、水文特征及生物重要生境分布，选取代表性的控制断面综合分析评价河流和湖库的生态环境状况、主要生态环境问题等

C. 生态流量控制断面或点位选择应结合重要生境和重要环境保护对象等保护目标的分布、水文站网分布以及重要水利工程位置等统筹考虑

D. 依据评价范围内各水环境保护目标的生态环境需水确定生态流量

59. 鱼类繁殖期的水生生态需水，下列计算方法正确的是（　　）。

　　A．水力学法　　　　　　　　　　B．生境分析法

　　C．生态水力学法　　　　　　　　D．水文学法

60．采用河流一维水质模型进行水质预测，至少需要调查（　　）等水文、水力学特征值。

　　A．流量、水面宽、粗糙系数　　　B．流量、水深、坡度

　　C．水面宽、水深、坡度　　　　　D．流量、水面宽、水深

61．采用两点法估算河道的一阶耗氧系数。上游断面 COD 实测浓度 30 mg/L。COD 浓度每 5 km 下降 10%，上、下游断面距离 8.33 km，上游断面来水到达下游断面时间为 1 d，则耗氧数估值为（　　）。

　　A．0.10 d^{-1}　　　　B．0.16 d^{-1}　　　　C．0.17 d^{-1}　　　　D．0.18 d^{-1}

62．地下水环境地下水流场预测中，解析法的计算过程不包括（　　）。

　　A．对建设项目所在地进行环境现状调查

　　B．利用勘察试验资料确定计算所需的水文地质参数

　　C．根据水文地质条件进行边界概化，同时依需水量拟定开采方案，选择公式

　　D．按设计的单井开采量、开采时间计算各井点特别是井群中心的水位降落值

63．地下水量均衡法适用于（　　）。

A．Ⅰ类建设项目对地下水污染的预测评价

B．Ⅱ类建设项目对地下水水位的预测评价

C．Ⅲ类建设项目对地下水污染的预测评价

D．Ⅰ类和Ⅱ类建设项目对地下水污染及地下水水位的预测评价

64．地下水水文地质条件的概化原则不包括（　　）。

A．概念模型应尽量简单明了

B．概念模型应尽量详细、完整

C．概念模型应能被用于进一步的定量描述

D．所概化的水文地质概念模型应反映地下水系统的主要功能和特征

65．某项目区基岩为碳酸岩，岩溶暗河系统十分发育，水文地质条件较复杂，地下水评价等级为一级，下列地下水流模拟预测方法选择中，正确的是（　　）。

　　A．概化为等效多孔介质，优先采用数值法

　　B．概化为等效多孔介质，优先采用解析法

　　C．概化为地表河流系统，优先采用数值法

　　D．概化为地表河流系统，优先采用解析法

66．根据《环境影响评价技术导则　地下水环境》，关于地下水环境影响预测源强确定的依据，下列说法错误的是（　　）。

　　A．正常状况下，预测源强应结合建设项目工程分析和相关设计规范确定

B．非正常状况下，预测源强应结合建设项目工程分析确定

C．非正常状况下，预测源强可根据工艺设备系统老化或腐蚀程度设定

D．非正常状况下，预测源强可根据地下水环境保护措施系统老化或腐蚀程度设定

67．某油罐因油品泄漏导致下伏潜水含水层污染，在污染物迁移模型的边界条件划定中，积累油类污染物的潜水面应划定为（　　）。

A．定浓度边界

B．与大气连通的不确定边界

C．定浓度梯度或弥散通量边界

D．定浓度和浓度梯度或总通量边界

68．下列关于地下水环境影响预测方法的说法中，正确的是（　　）。

A．一级评价应采用数值法

B．三级评价须采用解析法

C．三级评价须采用类比分析法

D．二级评价中，水文地质条件复杂且适宜采用数值法时，建议优先采用数值法

69．根据《环境影响评价技术导则　地下水环境》，通过对照数值解法进行检验和比较，并能拟合观测资料以求得水动力弥散系数的预测方法是（　　）。

A．数值法

B．地下水量均衡法

C．地下水溶质运移解析法

D．回归分析

70．根据《环境影响评价技术导则　地下水环境》，采用数值法预测前，应先（　　）。

A．进行参数识别和模型验证

B．进行地下水流场的调查

C．进行地下水质识别

D．进行回归分析

71．根据《环境影响评价技术导则　地下水环境》，（　　）不适合采用解析模型预测污染物在含水层中的扩散。

A．污染物的排放对地下水流场没有明显的影响

B．污染物的排放对地下水流场有明显的影响

C．评价区内含水层的基本参数（如渗透系数、有效孔隙度等）不变

D．评价区内含水层的基本参数（如渗透系数、有效孔隙度等）变化很小

72．根据《环境影响评价技术导则　地下水环境》，对采用类比分析法时，应给出类比分析对象与拟预测对象之间的条件，（　　）不是类比分析法的条件。

A．二者的环境水文地质条件相似

B．二者的工程类型、规模及特征因子对地下水环境的影响具有相似性

C．二者的水动力场条件相似

D．二都的投资规模相似

73．数值法可以预测各种开采方案条件下地下水位的变化，但不适用于（　　）。

　　A．岩溶暗河系统　　　　　　　　B．包气带厚度大于 100 m 的项目

　　C．渗透系数小于 $1.0×10^{-6}$ cm/s 的项目　　D．水文地质条件复杂的区域

74．根据《环境影响评价技术导则　地下水环境》，地下水环境影响预测的范围、时段、内容和方法应根据（　）确定。

　　A．评价工程特征与环境特征　　　　B．评价工作等级与环境特征

　　C．当地环境功能和环保要求　　　　D．评价工作等级、工程特征与环境特征

75．某建设项目地下水环境影响评价工作等级为一级，其地下水环境影响预测应采用的方法是（　）。

　　A．数值法　　　　B．解析法　　　　C．水量均衡法　　　　D．类比分析法

76．根据《环境影响评价技术导则　地下水环境》，地下水环境影响预测方法包括数学模型法和类比分析法。其中，数学模型法包括（　）。

　　A．数值法、解析法　　　　　　　　B．数值法、均衡法

　　C．解析法、时序分析　　　　　　　D．均衡法、时序分析

77．某建设项目地下水评价工作等级为二级，符合地下水水位现状监测频率要求的是（　）。

　　A．若有近 3 年内至少一个连续水文年的枯、丰期水位动态监测资料，应在评价期内至少进行一次地下水水位监测

　　B．若有近 3 年内至少一个连续水文年的枯、丰期水位动态监测资料，评价期内可不再开展地下水水位现状监测

　　C．若有 3 年内至少一期的水位监测资料，评价期内可不再进行现状水位监测

　　D．若有 3 年内的枯、丰期水位监测资料，评价期内可不再进行现状水位监测

78．根据《建设项目环境风险评价技术导则》，下列地下水功能敏感性分区属于敏感的是（　）。

　　A．应急水源准保护区

　　B．规划的集中式饮用水水源准保护区以外的补给径流区

　　C．未规划准保护区的集中式饮用水水源，其保护区以外的补给径流区

　　D．分散式饮用水水源地

79．根据《环境影响评价技术导则　声环境》，下列说法错误的是（　）。

　　A．预测和评价建设项目在施工期和运营期厂界的噪声贡献值和叠加值

　　B．对工程设计文件给出的代表性评价水平年噪声级可能发生变化的建设项目，应分别预测

　　C．需预测单架航空器通过时在声环境保护目标处的最大 A 声级（L_{Amax}）

　　D．某铁路建设项目，应预测列车通过时段内声环境保护目标处的等效连续 A 声级（$L_{Aeq.\ Tp}$）

80. 机场项目应给出评价范围内（　　）。

A. 不同声级范围覆盖下的面积　　　　B. 不同声级范围覆盖下的人数

C. 不同声级范围覆盖下的敏感目标　　D. 相同声级范围覆盖下的面积

81. 风机的尺寸 10 m×10 m，风机外侧 1 000 Hz 处测得的声压级为 85 dB（A），风机中心点处 1 000 Hz 的声功率级（　　）dB（A）。

A. 85　　　　　　B. 95　　　　　　C. 65　　　　　　D. 105

82. 室内有两个噪声源，同时工作时总声压级为 73 dB，当其中一个声源停止工作时，测得室内声压级为 72 dB，另一声源的声压级是（　　）dB。

A. 62　　　　　　B. 67　　　　　　C. 78　　　　　　D. 66

83. 某声源最大尺寸为 2 m，可利用 $L_{A(r)}=L_{A(r_0)}-20\lg(r/r_0)$ 公式预测不同距离处声级的条件是（　　）。

A. $r_0 \geqslant 2\,m$, $r>2\,m$　　　　　　　B. $r_0>4\,m$, $r>4\,m$

C. $r_0 \geqslant 4\,m$, $r<4\,m$　　　　　　　D. $r_0<4\,m$, $r>4\,m$

84. 某工厂冷却塔外 1 m 处，噪声级为 100 dB（A），厂界值要求标准为 60 dB（A），在不考虑屏障衰减的情况下，厂界与冷却塔的最小距离应为（　　）m。

A. 80　　　　　　B. 100　　　　　　C. 50　　　　　　D. 60

85. 某预测点与直径 3 m 的风机相距 20 m，风机噪声声动功率为 90 dB（A），假设风机位于半自由空间，在仅考虑几何发散衰减时，预测点处声级为（　　）dB（A）。

A. 55　　　　　　B. 54　　　　　　C. 56　　　　　　D. 58

86. 已知某厂房靠近窗户处的声压级为 85 dB（1 000 Hz），窗户对 1 000 Hz 声波的隔声量（TL）为 15 dB，窗户面积为 3 m^3，则从窗户透射的声功率级（1 000 Hz）是（　　）dB。

A. 73　　　　　　B. 69　　　　　　C. 67　　　　　　D. 64

87. 已知某敏感点昼间现状声级为 57 dB（A），执行 2 类声环境功能区标准，企业拟新增一处点声源，靠近该声源 1 m 处的声级为 77 dB（A），为保障敏感点昼间达标，新增声源和敏感点的距离至少应大于（　　）m。

A. 2.8　　　　　　B. 4.0　　　　　　C. 10　　　　　　D. 100

88. 上题中如居民楼执行的噪声标准是 55 dB，如果要达标，则居民楼应离鼓风机的距离是（　　）m。

A. 65　　　　　　B. 85　　　　　　C. 75　　　　　　D. 95

89. 某工厂机器噪声源附近测得噪声声压级为 67 dB，背景值为 60 dB，机器的噪声是（　　）dB。

A. 62　　　　　　B. 60　　　　　　C. 66　　　　　　D. 64

90．扩建项目声环境影响评价一级，声源源强数据的来源（　　）。

A．类比监测　　　　　　　　　B．能量守恒

C．经验估算系数　　　　　　　D．资料分析

91．某机场扩建项目进行声环境影响评价，关于飞机噪声影响评价的说法，正确的是（　　）。

A．应分析评价范围内现状昼夜等效声级

B．应分析评价飞机不同速度产生的噪声影响

C．应分析机场范围内各类建筑物中的现状噪声级

D．应分析评价范围内受噪声影响人口的分布情况

92．已知某线声源长 10 km，在距线声源 10 m 处测得噪声值为 90 dB，则 30 m 处的噪声值为（　　）dB。

A．78　　　　　　B．81　　　　　　C．80.5　　　　　　D．85.2

93．在声环境影响预测中除几何发散衰减外，需考虑的其他衰减因素，下列说法错误的是（　　）。

A．空气吸收　　　　B．地面效应　　　　C．屏障　　　　　D．声环境功能区划

94．有一列 500 m 火车正在运行。若距铁路中心线 600 m 处测得声压级为 70 dB，距铁路中心线 1 200 m 处有疗养院，则该疗养院的声压级是（　　）dB。

A．67　　　　　　B．70　　　　　　C．64　　　　　　D．60

95．拟建 220 kV 变电站项目环境影响评价中，评价范围内某敏感点噪声现状监测结果为 49.0 dB（A），预测变电站运营后该敏感点的噪声值为 50.4 dB（A）。则变电站对该敏感点的噪声贡献值为（　　）dB（A）。

A．52.8　　　　　B．50.4　　　　　C．47.6　　　　　D．44.8

96．距某一线声源 r 处的声级为 50 dB，$2r$ 处的声级为 47 dB，在 $r\sim2r$ 距离范围内该线声源可视作（　　）。

A．点声源　　　　B．面声源　　　　C．有限长线声源　　　D．无限长线声源

97．某车间一窗户面积为 20 m²，已知室内靠近窗户处的声压级为 90 dB，靠近窗户处的室内和室外声压级差为 15 dB，等效室外声源的声功率级应为（　　）dB。

A．28　　　　　　B．75　　　　　　C．88　　　　　　D．103

98．某污水处理厂罗茨风机是影响最大的噪声源，罗茨风机噪声源表达正确的是（　　）。

A．距离罗茨风机 5 m 处的 A 声压级

B．距离罗茨风机 5 m 处的 A 声功率级

C．距离罗茨风机 5 m 处的 0～2 000 Hz 的倍频带声压级

D．距离罗茨风机 5 m 处的 0～2 000 Hz 的倍频带声功率级

99. 在一开阔地面上作业的大型挖掘机声功率级为 95 dB，在只考虑几何发散衰减并忽略背景噪声情况下，利用点声源模式计算挖掘机 50 m 处噪声级为（　　）dB。

    A. 70　　　　　　　B. 67　　　　　　　C. 53　　　　　　　D. 50

100. 某加气站封闭车间外墙长 9 m，高 4.5 m，墙外侧中轴线 1 m 测得声压值为 62.4 dB（A），则距离该墙同侧中轴线 15 m 处噪声级为（　　）dB（A）。

    A. 38.9　　　　　　B. 45　　　　　　　C. 50.6　　　　　　D. 52.9

101. 根据《环境影响评价技术导则　声环境》，关于绘制等声级线图，下列说法错误的是（　　）。

    A. 说明噪声超标的范围和程度

    B. 按叠加值绘制代表性路段的等声级线图

    C. 飞机噪声等声级线图比例尺应和环境现状评价图一致，局部放大图底图应采用近 3 年内空间分辨率一般不低于 1.5 m 的卫星影像或航拍图，比例尺不应小于 1∶5 000

    D. 一级、二级评价均应绘制运行期代表性评价水平年噪声贡献值等声级线图

102. 某拟建污水处理厂距厂界门卫值班室 100 m 的曝气风机位于室外地面，厂家提供的风机声功率级为 102 dB（A），若将风机视为半自由空间中的点声源，在只考虑几何发散衰减情况下，该风机在门卫值班室处产生的噪声级是（　　）dB（A）。

    A. 51.0　　　　　　B. 54.0　　　　　　C. 76.0　　　　　　D. 79.0

103. 某厂房结构内靠近护围结构处的室内声级为 90 dB（A）（1 000 Hz），透声面积为 100 m^2，护围结构的隔声量为 30 dB（A）（1 000 Hz）。该厂房室外等效声源的声功率级是（　　）dB（A）（1 000 Hz）。

    A. 54　　　　　　　B. 60　　　　　　　C. 74　　　　　　　D. 80

104. 某高速公路项目穿越自然公园，其生态保护措施平面布置图成图比例尺合适的为（　　）。

    A. 1∶250 000　　　　　　　　　　B. 1∶50 000

    C. 1∶5 000　　　　　　　　　　　D. 1∶500

105. 公路建设项目对动物的影响分析，应重点关注的问题是（　　）。

    A. 动物栖息地　　　　　　　　　　B. 动物种群数量

    C. 动物年龄结构　　　　　　　　　D. 动物繁殖能力

106. 根据调查，某样地内共有 4 种植物（S_1、S_2、S_3、S_4），各植物在样方中分布情况为：S_1 数量为 10 株、S_2 数量为 4 株、S_3 数量为 8 株、S_4 数量为 9 株，则该样地群落的优势度指数为（　　）。

    A. 0.73　　　　　　B. 0.69　　　　　　C. 0.71　　　　　　D. 0.70

107. 根据调查，某样地内共有 4 种植物（S_1、S_2、S_3、S_4），各植物在样方中

分布情况为：S_1 数量为 10 株、S_2 数量为 4 株、S_3 数量为 8 株、S_4 数量为 9 株，则该样地群落的多样性指数为（　　）。

    A．1.37　　　　　　B．1.62　　　　　　C．1.54　　　　　　D．1.39

108．关于生态影响评价制图与成图精度要求的说法，正确的是（　　）。

    A．比例尺不能低于 1∶1 000

    B．涉及生态敏感区时，应分幅单独成图

    C．可采用任何类型相关图件作为工作底图

    D．精度可略低于工程设计制图精度

109．以下属弱影响程度等级的有（　　）。

    A．某种群数量损失 80%

    B．某生态修复难度较大

    C．施工粉尘遮挡植物影响其光合作用

    D．修建拦河筑坝影响水系连通性

110．根据《环境影响评价技术导则　生态影响》，根据建设项目的特点和受其影响的动、植物的生物学特征，依照生态学原理分析、预测工程生态影响的方法称为（　　）。

    A．生产力法　　　　　　　　　　B．生物多样性法

    C．景观生态学法　　　　　　　　D．生态机理分析法

111．根据《环境影响评价技术导则　生态影响》，三级评价可采用（　　）预测分析工程对土地利用、植被、野生动植物等的影响。

    A．资料收集法　　　　　　　　　B．列表清单法

    C．生态机理分析法　　　　　　　D．综合指数法

112．根据《环境影响评价技术导则　生态影响》，生态综合指数法评价公式 $\Delta E = \sum (\mathrm{Eh}_i - \mathrm{Eh}_{qi}) \times W_i$ 中 W_i 表示（　　）。

    A．斑块 i 出现的样方数　　　　　B．群落的多样性指数

    C．i 因子的权值　　　　　　　　D．种数

113．某水库项目建设征占地涉及猕猴生境，下列因项目建设产生的生态影响中，属于长期生态影响的是（　　）。

    A．水库淹没缩减猕猴生境　　　　B．施工噪声惊扰猕猴栖息

    C．临时弃渣场影响植被覆盖度　　D．施工粉尘影响周边植物光合作用

114．根据《环境影响评价技术导则　生态影响》，生态影响评价中，类比分析法是一种比较常用的（　　）评价方法。

    A．定量和半定量　　　　　　　　B．定性和半定量

    C．定性和定量　　　　　　　　　D．半定性和半定量

115. 图形叠置法是把两个以上的生态信息叠合到一张图上，构成复合图，目的是（　　）。

　　A. 生态变化的方向和程度

　　B. 对系统要素进行综合分析，找出解决问题的可行方案

　　C. 依照生态学原理分析、预测建设项目生态影响

　　D. 进行开发建设活动对生态因子的影响分析

116. 根据《环境影响评价技术导则　生态影响》，公式 $H = -\sum_{i=1}^{S} p_i \ln(p_i)$ 用以表达（　　）。

　　A. 丰富度指数　　　　　　　　B. 辛普森多样性指数

　　C. 优势度指数　　　　　　　　D. 香农-威纳指数

117. 评价范围内的植被状况，基于遥感数据并采用（　　）估算得到的植被覆盖度空间分布情况。

　　A. 丰富度指数　　　　　　　　B. 辛普森多样性指数

　　C. 归一化植被指数（NDVI）　　D. 香农-威纳指数

118. 某公路建设项目环境影响评价中，根据路由地段野生动物种类、分布、栖息和迁徙的多年调查资料，分析评价公路建设与运行对野生动物的影响，该环评所采用的方法是（　　）。

　　A. 类比法　　　　　　　　　　B. 综合指数法

　　C. 生态机理分析法　　　　　　D. 系统分析法

119. 下列工程活动导致的生态影响中，属于短期生态影响的是（　　）。

　　A. 水库运行调度对鱼类的影响

　　B. 水库淹没对库区动生境的影响

　　C. 公路运输噪声对邻近动物的影响

　　D. 公路隧洞爆破对邻近动物的影响

120. 全国可分为 3 个一级土壤侵蚀类型区，下列错误的是（　　）。

　　A. 水力　　　　B. 沙力　　　　C. 风力　　　　D. 冻融

121. 风蚀强度分级按植被覆盖度（%）、年风蚀厚度（mm）、侵蚀模数 [t/（km²·a）]三项指标划分，以下三项指标属中度风蚀强度的是（　　）t/（km²·a）。

　　A. 70～50、2～10、200～2 500　　　B. 50～30、10～25、2 500～5 000

　　C. 10～30、25～50、5 000～8 000　　D. <10、50～100、8 000～15 000

122. 在我国东北地区，容许土壤流失量为（　　）t/（km²·a）。

　　A. 500　　　　B. 1 000　　　　C. 200　　　　D. 1 500

123. 土壤侵蚀强度以（　　）表示。

A．土壤侵蚀模数[t/（m²·a）]　　　　B．土壤容许流失量[t/（m²·a）]

C．土壤侵蚀模数[t/（km²·a）]　　　　D．植被覆盖度（mm）

124．通用水土流失方程式 $A=R·K·L·S·C·P$ 中，A 表示（　　）。

A．土壤侵蚀模数　　　　　　　　B．土壤容许流失量

C．土壤侵蚀面积　　　　　　　　D．单位面积多年平均土壤侵蚀量

125．当考虑化学耗氧量、总氮、总磷和叶绿素 a 时，海水富营养化时营养指数为（　　）。

A．>1　　　　　　B．>3　　　　　　C．>4　　　　　　D．>5

126．用营养物质负荷法预测富营养化时，当 TP 为 15 mg/m³ 时，湖泊富营养化等级为（　　）。

A．富营养　　　　　B．中营养　　　　　C．贫营养　　　　　D．一般营养

127．用营养状况指数法预测富营养化时，当 TSI 为 35 时，湖泊富营养化等级为（　　）。

A．富营养　　　　　B．中营养　　　　　C．贫营养　　　　　D．一般营养

128．一般认为春季湖水循环期间的总磷浓度在（　　）mg/m³ 以下时基本不发生藻花和降低水的透明度。

A．1　　　　　　　B．2　　　　　　　C．10　　　　　　D．20

129．列表清单法是一种定性的分析方法，可以应用于（　　）。

A．栖息地优先度比选　　　　　　B．生态系统演替方向

C．生态系统功能评价　　　　　　D．生态问题发展趋势

130．以下不是物种多样性常用评价指标的是（　　）。

A．物种丰富度　　　　　　　　　B．Simpson 均匀度指数

C．香农-威纳多样性指数　　　　　D．Simpson 优势度指数

131．生境评价方法中常用的物种分布模型是（　　）。

A．MaxEnt 模型　　B．Miami 模型　　　C．BEPS 模型　　　D．CASA 模型

132．指数法分为单因子指数法和综合指数法，其可应用于（　　）。

A．生物多样性评价　　　　　　　B．生态影响识别

C．生态保护措施的筛选　　　　　D．生态系统功能评价

133．在陆地堆积或简单填埋的固体废物，经过雨水的浸渍和废物本身的分解，将会产生含有有害化学物质的（　　），从而形成水污染。

A．渗滤液　　　　B．重金属　　　　C．有毒、有害气体　　　D．有机体

134．固体废物堆放、贮存和处置场的污染物可以通过（　　）方式释放到环境中。

A．固态　　　　B．气态　　　　C．液态　　　　D．上述形态的一种或多种

135. 堆放的固体废物产生的大气主要污染物是（　　）。

    A. 细微颗粒、粉尘、毒气、恶臭

    B. 二氧化硫、二氧化氮、一氧化碳、氯气

    C. 细微颗粒、粉尘、BOD_5、氨氮

    D. 三氧化硫、一氧化二氮、二氧化碳、重金属

136. 下列哪个公式表达的是填埋场污染物迁移速度？（　　）。

    A. $v = \dfrac{q}{\eta_e}$ B. $v' = \dfrac{v}{R_d}$ C. $v = C\sqrt{R_i}$ D. $v' = C\sqrt{R_v}$

137. 垃圾填埋场渗滤液通常可根据填埋场"年龄"分为两类，"年轻"填埋场的填埋时间在（　　）年以下。

    A. 2   B. 3   C. 4   D. 5

138. 一般情况，"年轻"填埋场的渗滤液的 pH（　　），BOD_5 及 COD 浓度（　　）。

    A. 较高，较高   B. 较低，较高   C. 较高，较低   D. 较低，较低

139. 城市生活垃圾填埋场产生的气体主要为（　　）。

    A. 氨气和一氧化碳   B. 甲烷和二氧化碳

    C. 甲烷和二氧化氮   D. 氮气和氨气

140. 一般情况，"年老"填埋场的渗滤液的 pH（　　），BOD_5 及 COD 浓度（　　）。

    A. 接近中性或弱碱性，较低   B. 接近中性或弱碱性，较高

    C. 接近酸性或弱酸性，较高   D. 较低，较低

141. 废物填埋场对大气环境影响评价的难点是（　　）。

    A. 确定大气污染物排放强度   B. 计算污染防治措施投资指标

    C. 工程污染因素分析   D. 施工期影响的确定

142. 填埋场恶臭气体的预测和评价通常选择（　　）作为预测评价因子。

    A. CO、H_2S B. CO、NH_3

    C. NO_2、NH_3 D. H_2S、NH_3

143. 生活垃圾填埋场，产生的甲烷排放控制要求，下列说法错误的是（　　）。

    A. 生活垃圾填埋场应采取甲烷减排措施

    B. 填埋工作面上 2 m 以下高度范围内甲烷的体积分数应不大于 0.1%

    C. 填埋工作面上 2 m 以下高度范围内甲烷的体积分数应不大于 0.5%

    D. 当通过导气管道直接排放填埋气体时，导气管排放口的甲烷的体积分数不大于 5%

144. 某城市垃圾填埋场封场前地下水污染调查，垃圾渗滤液向地下水渗漏的过程中，"三氮"沿地下水流向出现峰值的先后顺序，正确的是（　　）。

    A. $NH_4^+ \rightarrow NO_2^- \rightarrow NO_3^-$ B. $NO_3^- \rightarrow NO_2^- \rightarrow NH_4^+$

C．$NH_4^+ \rightarrow NO_3^- \rightarrow NO_2^-$　　　　　　　　　　D．$NO_3^- \rightarrow NH_4^+ \rightarrow NO_2^-$

145．垃圾填埋场大气环境影响预测及评价的主要内容是（　　）。

A．释放气体对环境的影响　　　　　B．恶臭对环境的影响

C．渗滤液对环境的影响　　　　　　D．释放气体及恶臭对环境的影响

146．下列废物不可以直接进入生活垃圾填埋场填埋处置的是（　　）。

A．生活垃圾堆肥处理产生的固态残余物

B．生活垃圾焚烧飞灰

C．服装加工、食品加工以及其他城市生活服务行业产生的性质与生活垃圾相近的一般工业固体废物

D．由环境卫生机构收集或者自行收集的混合生活垃圾

147．设计填埋量大于（　　）t 且垃圾填埋厚度超过（　　）m 生活垃圾填埋场，应建设甲烷利用设施或火炬燃烧设施处理含甲烷填埋气体。

A．250 万，10　　　　　　　　　　B．250 万，20

C．150 万，35　　　　　　　　　　D．150 万，20

148．根据建设项目对土壤环境可能产生的影响，将土壤环境影响类型划分为（　　）。

A．生态影响型与污染影响型　　　　B．污染影响型或累积影响型

C．生态影响型或累积影响型　　　　D．累积影响型

149．根据《环境影响评价技术导则　土壤环境（试行）》，可能造成土壤盐化、酸化、碱化影响的建设项目，至少应分别选取（　　）等作为预测因子。

A．土壤盐分含量、pH　　　　　　　B．土壤盐分含量、氧化还原电位

C．阳离子交换量、氧化还原电位　　D．阳离子交换量、pH

150．土壤环境影响分析可（　　）说明建设项目对土壤环境产生的影响及趋势。

A．定量　　　　B．定性或半定量　　　C．定性　　　　D．半定量

151．根据《环境影响评价技术导则　土壤环境（试行）》，建设项目导致土地沙漠化的，可根据土壤环境特征，结合建设项目的特点，分析（　　）。

A．地下水环境可能受影响的程度

B．土壤环境可能受影响的范围和程度

C．土壤环境可能受影响的程度

D．土壤环境直接受影响的范围和程度

152．根据《环境影响评价技术导则　土壤环境（试行）》，根据建设项目（　　），确定重点预测时段。

A．工程分析结果　　　　　　　　　B．土壤环境保护目标

C．各阶段具体特征　　　　　　　　D．土壤环境影响识别结果

153．污染影响型建设项目进行土壤环境影响预测时，应根据环境影响识别出的（　　）选取关键预测因子。

A．基本因子及特征因子　　　　　　B．特征因子

C．基本因子　　　　　　　　　　　D．周边企业产生的特征因子

154．根据《环境影响评价技术导则　土壤环境（试行）》，污染影响型的（　　）项目，预测方法可参见附录 E 或进行类比分析。

A．一级、二级　　　　　　　　　　B．三级

C．一级　　　　　　　　　　　　　D．一级、二级、三级

155．土壤盐化影响因素为土壤本底含盐量（SSC）、地下水埋深（GWD）、干燥度（EPR）、地下水溶解性总固体（TDS）、土壤质地（ST）等，下列土壤盐化综合评分权重排序正确的是（　　）。

A．GWD＞EPR＞SSC＞TDS＞ST　　B．GWD＞EPR＞SSC＝TDS＞ST

C．GWD＞EPR＞TDS＞SSC＞ST　　D．ST＞SSC＞EPR＞TDS＞GWD

156．水库项目（　　），土壤环境敏感目标处且占地范围内各评价因子均满足 GB 15618、GB 36600，或附录 D、附录 F 中相关标准要求，则该项目土壤环境影响可接受。

A．建设期　　B．服务期满后　　　C．运营期　　　D．各不同阶段

157．建设用地土壤污染风险筛选值和管制值的必选项目不包括下列的（　　）风险筛选值。

A．镉　　　　　　B．六价铬　　　　C．钒　　　　　D．四氯化碳

158．根据《环境影响评价技术导则　土壤环境（试行）》，可通过工程分析计算土壤中某种物质的（　　）。

A．淋溶或径流排出　　　　　　　　B．土壤缓冲消耗

C．输入量　　　　　　　　　　　　D．输出量

159．某建设项目单位质量土壤中铅的增量为 0.000 3 g/kg，铅的现状值为 0.000 1 g/kg，则预测值为（　　）g/kg。

A．0.000 2　　　B．0.000 4　　　C．0.000 3　　　D．0.000 1

160．农用地土壤污染污染风险筛选值的必选项目不包括下列的（　　）风险筛选值。

A．镉　　　　　　B．铬　　　　　　C．汞　　　　　D．苯并芘

161．公式 $\Delta S = n(I_S - L_S - R_S)/(\rho_b \times A \times D)$ 中，R_S 是指（　　）。

A．单位年份表层土壤中某种物质的输入量

B．单位年份表层土壤中某种物质经径流排出的量

C．单位年份表层土壤中某种物质经淋溶排出的量

D．单位年份深层土壤中某种物质的输入量

162．公式 $\Delta S = n(I_S - L_S - R_S)/(\rho_b \times A \times D)$，适用于某种物质可以概化为以（　）形式进入土壤环境的影响预测。

A．点源　　　　　B．面源　　　　　C．非连续点源　　　　D．连续点源

163．北方某微咸水灌溉区土壤环境影响可能有（　）。

A．盐化、碱化　　　　　　　　　B．石漠化、盐化

C．酸化、碱化　　　　　　　　　D．盐化、酸化

164．根据《环境影响评价技术导则　土壤环境（试行）》，不属于土壤盐化影响因素的是（　）。

A．地下水位埋深　　　　　　　　B．干燥度

C．土壤质地　　　　　　　　　　D．土壤容重

165．公式 $Sa = \sum\limits_{i=1}^{n} W_{x_i} \times I_{x_i}$ 中，W_{x_i} 是指（　）。

A．影响因素 i 指标评分　　　　B．影响因素指标数目

C．预测值　　　　　　　　　　　D．影响因素 i 指标权重

166．某建设项目预测出土壤盐化综合评分值为3，则预测结果应判定为（　）。

A．轻度盐化　　B．中度盐化　　C．重度盐化　　D．极重度盐化

167．根据《建设项目环境风险评价技术导则》，有毒有害在大气中的扩散，大气影响风险的预测范围一般不超过（　）km。

A．1　　　　　　B．10　　　　　　C．25　　　　　　D．50

168．某项目环境风险为级一评价，选取最不利气象条件时稳定度应取（　）类。

A．F　　　　　　B．D　　　　　　C．E　　　　　　D．C

169．大气影响风险的影响范围和程度由（　）来决定，明确影响范围的人口分布情况。

A．气毒性终点浓度　　　　　　　B．最大浓度

C．平均浓度　　　　　　　　　　D．最小浓度

170．大气环境风险存在（　）时，应开展关心点概率分析。

A．高度危害　　B．极高危害　　C．中度危害　　D．轻度危害

171．SLAB 模型适用于（　）排放的扩散模拟，下列说法错误的是（　）。

A．平坦地形下中性气体排放　　　　B．平坦地形下重质气体排放

C．平坦地形下轻质气体排放　　　　D．液池蒸发气体

二、不定项选择题（每题的备选项中至少有一个符合题意）

1．根据《环境影响评价技术导则　大气环境》，属于点源调查内容的有（　）。

A. 排气筒底部中心坐标   B. 排气筒几何高度

C. 排气筒出口内径   D. 排气筒出口处烟气温度

2. 某电厂粉煤灰堆场可视为面源，下列参数中属于该灰场污染源调查参数的是（   ）。

A. 面源初始排放高度   B. 初始纵向扩散参数

C. 初始横向扩散参数   D. 废气排放速度

3. 对于大气环境影响评价项目，需附上（   ）基本附件。

A. 估算模型相关文件   B. 环境质量现状监测报告

C. 气象、地形原始数据文件   D. 进一步预测模型相关文件

4. 根据《环境影响评价技术导则   大气环境》，属于火炬源调查内容的有（   ）。

A. 底部中心坐标   B. 火炬底部的海拔高度

C. 火炬等效内经   D. 年排放小时数

5. 根据《环境影响评价技术导则   大气环境》，属于体源调查内容的有（   ）。

A. 体源中心点坐标   B. 体源排放速率

C. 体源有效高度   D. 初始横向扩散参数

6. 根据《环境影响评价技术导则   大气环境》，有关环境空气非正常排放说法，下列说法错误的是（   ）。

A. 生产过程中开停车（工、炉）

B. 生产过程中设备检修

C. 生产过程中工艺设备运转异常

D. 污染物排放控制措施达不到应有效率

7. 根据《环境影响评价技术导则   大气环境》，属于线源调查内容的有（   ）。

A. 线源几何尺寸   B. 线源宽度   C. 平均车速   D. 车型比例

8. 某规划项目，SO_2 和 NO_x 年平均排放量之和为 1 500 t，预测 $PM_{2.5}$ 对环境影响应选用的模型有（   ）。

A. AERMOD   B. AUSTAL2000   C. EDMS/AEDT   D. CALPUFF

9. 根据《环境影响评价技术导则   大气环境》，适用于 CALPUFF 模型污染源的有（   ）。

A. 点源   B. 面源   C. 线源   D. 体源

10. 根据《环境影响评价技术导则   大气环境》，适用于光化学网格模型污染源的有（   ）。

A. 点源   B. 体源   C. 网格源   D. 烟塔合一源

11. 下列属于 AERMOD 预测模式需要输入的点源参数的是（   ）。

A. 排气筒几何高度   B. 烟气出口速度

C．排气筒出口处环境温度　　　　　　D．排气筒底部中心坐标

12．下列参数中 AERMOD、CALPUFF 模式均需要输入的参数有（　　）。

A．植物代码　　　B．污染源参数　　C．最小 M-O 长度　　D．高空气象数据

13．某规划项目，污染物排放量为 SO_2：240 t/a；NO_x：360 t/a；VOCs：1 640 t/a；该项目需要进行预测的污染物有（　　）。

A．SO_2　　　　　　B．NO_2　　　　　　C．O_3　　　　　　D．$PM_{2.5}$

14．某规划项目，经判定大气需要预测二次污染物 O_3，下列可预测该污染物的模型有（　　）。

A．ADMS　　　　　B．网格模型　　　　C．AERMOD　　　D．CALPUFF

15．关于大气预测范围，下面说法正确的有（　　）。

A．预测范围应覆盖评价范围，并覆盖各污染物短期浓度贡献值占标率大于 10%的区域

B．对于经判定需预测二次污染物的项目，预测范围应覆盖 $PM_{2.5}$ 年平均质量浓度贡献值占标率大于 1%的区域

C．对于评价范围内包含环境空气功能区一类区的，预测范围应覆盖项目对一类区最大环境影响

D．预测范围一般以项目厂址为中心，东西向为 X 坐标轴、南北向为 Y 坐标轴

16．属于达标区域新建项目，新增污染源正常排放状况下大气预测内容包括（　　）。

A．短期浓度　　　B．正常排放　　C．长期浓度　　D．1 h 平均质量浓度

17．某水泥项目应编制环境影响报告书，利用估算模式计算 P_{max} 为 4.5%，下列关于预测要求说法正确的有（　　）。

A．应采用进一步预测模型开展大气环境影响预测与评价

B．不进行进一步预测与评价，只对污染物排放量进行核算

C．选取有环境质量标准的评价因子作为预测因子

D．评价结果表达不需绘制网格浓度分布图

18．预测评价项目建成后各污染物对预测范围的环境影响，预测值计算方式正确的是（　　）。

A．$C_{叠加}=C_{本项目}+C_{区域削减}+C_{拟在建}-C_{现状}$（达标区）

B．$C_{叠加}=C_{本项目}-C_{区域削减}+C_{拟在建}+C_{现状}$（达标区）

C．$C_{叠加}=C_{本项目}-C_{区域削减}+C_{拟在建}+C_{规划}$（非达标区）

D．$C_{叠加}=C_{本项目}-C_{区域削减}+C_{拟在建}-C_{规划}$（非达标区）

19．大气环境影响预测情景设定时，污染源包括（　　）。

A．新增污染源　　　　　　　　　　　B．"以新带老"污染源

　　C．区域消减污染源　　　　　　　　D．其他在建、拟建污染源

20．拟建化工项目，大气环境影响评价等级为一级，评价区内环境空气现状监测点应重点设置在（　　）。

　　A．商业区　　　　　B．学校　　　　　C．居民点　　　　　　D．一类功能区

21．下列参数中属于大气估算模型需要输入的参数有（　　）。

　　A．近 20 年以上资料统计的最高环境温度

　　B．项目周边 3 km 范围内的农村人口数

　　C．近 20 年以上资料统计的最低环境温度

　　D．正常排放情况下污染物参数

22．属于区域规划项目，不同规划年叠加现状浓度后，大气评价内容包括（　　）。

　　A．主要污染物保证率日平均质量浓度的占标率　　B．短期浓度

　　C．主要污染物年均浓度的占标率　　　　　　　　D．年平均质量浓度变化率

23．可用预测煤堆场 $PM_{2.5}$ 的模型有（　　）。

　　A．AERMOD　　　B．ADMS　　　C．CALPUFF　　　D．EDMS

24．大气环境预测模型 AERMOD 和 CALPUFF 均需输入的高空气象数据有（　　）。

　　A．气压和离地高度　　　　　　　B．干球温度

　　C．风速和风向　　　　　　　　　D．云量

25．大气评价结果表达时，应在项目基本信息底图上标示的内容有（　　）。

　　A．项目边界　　　　　　　　　　B．总平面布置

　　C．项目位置　　　　　　　　　　D．环境空气保护目标

26．估算模型 AERSCREEN，模型所需的最高和最低温度，一般需选取评价区域近（　　）年以上资料统计结果。最小风速可取 0.5 m/s，风速计高度 10 m。

　　A．20　　　　　　B．15　　　　　　C．4　　　　　　D．10

27．属于大气评价结果中污染物排放量核算表的内容有（　　）。

　　A．有组织排放量　　　　　　　　B．无组织排放量

　　C．年排放量　　　　　　　　　　D．非正常排放量

28．属于大气环境一级评价结果图表的有（　　）。

　　A．基本信息底图　　　　　　　　B．项目基本信息图

　　C．网格浓度分布图　　　　　　　D．大气环境防护区域图

29．采用 AERMOD 模型进行大气预测，地面气象数据所需的要素有（　　）。

　　A．风速　　　　　B．风向　　　　　C．干球温度　　　　D．低云量

30．AERSCREEN、AERMOD、ADMS 和 CALPUFF，都可以预测的污染源是（　　）。

A．点源　　　　　B．线源　　　　　C．面源　　　　　D．体源

31．采用 AUSTAL2000 模型进行大气预测，地面气象数据所需的要素有（　　）。

A．风速　　　　　B．风向　　　　　C．干球温度　　　D．相对湿度

32．采用 CALPUFF 模型进行大气预测，高空气象数据所需的要素有（　　）。

A．气压　　　　　B．离地高度　　　C．干球温度　　　D．风速

33．采用进一步预测模型考虑建筑物下洗时，需要输入的建筑物参数有（　　）。

A．建筑物高度　　　　　　　　　　B．建筑物角点横坐标

C．建筑物宽度　　　　　　　　　　D．建筑物方位角

34．CALPUFF 模型在考虑化学转化时，应输入下列（　　）现状浓度数据。

A．SO_2　　　　　B．O_3　　　　　C．NH_3　　　　D．NO_2

35．使用 AERMOD 模型计算考虑颗粒物干沉降时，地面气象数据中需包括的参数有（　　）。

A．干沉降速度　　B．降雨量　　　　C．相对湿度　　　D．站点气压

36．根据《环境影响评价技术导则　大气环境》，下列关于大气环境防护距离的确定原则和要求的说法，正确的是（　　）。

A．大气环境防护区域应以厂址中心为起点确定

B．项目厂界浓度超标，须调整工程布局，待满足厂界浓度限值后，再核算大气环境防护距离

C．大气环境防护距离是考虑全厂的所有污染源，包括点源、面源、有组织、无组织排放等

D．以自厂界起至超标区域的最远垂直距离作为大气环境防护区域

37．在项目基本信息图上绘制最终确定的大气环境防护区域，并标示的内容包括（　　）。

A．大气环境防护距离预测网格　　　B．厂界污染物贡献浓度

C．超标区域　　　　　　　　　　　D．敏感点分布

38．估算废气无组织排放源排放量的方法有（　　）。

A．物料衡算法　　　　　　　　　　B．A-P 值法

C．类比法　　　　　　　　　　　　D．反推法

39．环境空气质量现状评价中，需采用参比状态下浓度表示的污染物有（　　）。

A．SO_2　　　　　B．NO_2　　　　　C．CO　　　　　D．苯并[a]芘

40．水污染影响型建设项目，地表水预测内容应包括的有（　　）。

A．各关心断面水质预测因子浓度及变化

B．到达水环境保护目标处污染物浓度

C．各污染物最大影响范围

D．排放口混合区范围

41．水库水文情势预测分析应包含的内容有（ ）。

A．水域形态 B．径流条件 C．水力条件 D．冲淤变化

42．某海域水环境影响评价，应调查的海域资料有（ ）。

A．盐度 B．潮位 C．潮流流向 D．养殖区分布

43．大型畜禽养殖场地表水环境影响分析中面源的内容有（ ）。

A．农村生活污水排放情况 B．农田农药和化肥使用情况

C．农村散养畜禽养殖种类及数量 D．城镇污水处理厂排口废水排放

44．水污染影响型建设项目，重点预测时期为（ ）。

A．水体自净能力最不利时期 B．现状补充监测时期

C．水质状况相对较差的不利时期 D．水体自净能力多年平均时期

45．对某排污企业进行水环境影响评价时，需考虑（ ）污染源强进行预测分析。

A．一类污染物的车间或车间处理设施排放口 B．企业总排口

C．温排水排放口 D．雨水排放口

46．受人工调控的河段设计流量可采用（ ）。

A．最小下泄流量 B．90%保证率最枯月流量

C．河道内生态流量 D．近 10 年最枯月平均流量

47．关于地表水预测模型参数说法正确的有（ ）。

A．糙率系数可采用经验公式估算 B．降解系数可通过实验测定

C．模型参数可任意给定 D．扩散系数可通过模型率定确定

48．下列属于地表水影响预测模型水文参数的有（ ）。

A．流量 B．坡降 C．扩散系数 D．流速

49．下列作为地表水预测重点预测点位的有（ ）。

A．常规监测点 B．特征监测点 C．补充监测点

D．水环境保护目标 E．控制断面

50．某水体为宽浅河流，其影响预测内容正确的有（ ）。

A．应预测下游控制断面等关心断面处各预测因子的浓度

B．应预测下游评价范围内水环境保护目标处各预测因子的浓度等

C．应给出建设项目最大影响范围

D．应给出排放口混合区范围

51．生态流量确定的一般要求，下列说法正确的是（ ）。

A．根据河流、湖库生态环境保护目标的流量（水位及过程需求河流应确定生态流量，湖库应确定生态水位

B. 根据河流和湖库的形态、水文特征及生物重要生境分布，选取代表性的控制断面综合分析评价河流和湖库的生态环境状况、主要生态环境问题等

C. 生态流量控制断面或点位选择应结合重要生境和重要环境保护对象等保护目标的分布、水文站网分布以及重要水利工程位置等统筹考虑

D. 依据评价范围内各水环境保护目标的生态环境需水确定生态流量

52. 下列有关水生生态需水说法正确的是（　　）。

A. 水生生态需水计算中，应采用水力学法、生态水力学法、水文学法等方法

B. 水生生态流量可以只采用一种方法计算

C. 水生生态流量最少采用两种方法计算，合理选择水生生态流量成果

D. 水生生态需水应为水生生态流量与鱼类繁殖期所需水文过程的外包线

53. 下列有关河流生态环境需水说法正确的是（　　）。

A. 景观需水应综合考虑水文特征和景观保护目标要求，确定景观需水

B. 河口压咸需水应根据调查成果，确定河口类型，可采用附录 E 中的相关数学模型计算河口压咸需水

C. 湿地需水应综合考虑湿地水文特征生态保护目标需水特征，综合不同方法合理确定湿地需水

D. 河道内湿地补给水量采用水量平衡法计算

E. 河岸植被需水量采用单位面积用水量法、潜水蒸发法、间接计算法、彭曼公式法等方法计算

54. 某排放口向河流排放废水，当 COD 在河流中达到完全混合后，与 COD 浓度沿程变化有关的参数有（　　）。

A. 河流平均流速
B. COD 降解系数
C. 河流横向扩散系数
D. 河流垂向扩散系数

55. 用两点法估算河流的一阶降解系数，需要测定的基本数据有（　　）。

A. 两断面的浓度
B. 两断面之间的平均流速
C. 两断面的间距
D. 两断面之间的平均河宽

56. 有关直接排放建设项目污染源排放量核算，下列说法正确的是（　　）。

A. 当受纳水体为湖库时，建设项目污染源排放量核算点位应布置在以排放口为中心、半径不超过 50 m 的扇形水域内，且扇形面积占湖面积比例不超过 5%，核算点位应不少于 3 个

B. 当受纳水体为湖库时，建设项目污染源排放量核算点位应布置在以排放口为中心、半径不超过 50 m 的扇形水域内，且扇形面积占湖面积比例不超过 5%，核算点位应不少于 2 个

C. 遵循地表水环境质量底线要求，主要污染物需预留必要的安全余量

D. 安全余量可按地表水环境质量标准、受纳水体环境敏感性等确定；受纳水体为 GB 3838 Ⅲ类水域，以及涉及水环境保护目标的水域，安全余量按照不低于建设项目污染源排放量核算断面

57. 有关直接排放建设项目污染源排放量核算，下列说法正确的是（　　）。

A. 受纳水体为 GB 3838 Ⅲ类水域，以及涉及水环境保护目标的水域安全余量按照不低于建设项目污染源排放量核算断面（点位）处环境质量标准的 10% 确定

B. 受纳水体水环境质量标准为 GB 3838 Ⅳ、Ⅴ类水域，安全余量按照不低于建设目污染源排放量核算断面（点位）环境质量标准的 8% 确定，如有更严格的环境管理要求，按地方要求执行

C. 当排放口污染物进入受纳水体在断面混合不均匀时，应以污染物排放量核算断面污染物平均浓度作为评价依据

D. 建设项目排放的污染物属于现状水质不达标的，包括本项目在内的区（流）域污染源排放量应调减至满足区（流）域水环境质量改善目标要求

58. 对地下水环境影响预测评价，下列说法正确的是（　　）。

A. 地下水环境影响评价范围与现状调查范围一致

B. 采用标准指数法对建设项目地下水水质影响进行评价

C. 建设项目地下水环境影响预测方法包括数学模型法和类比法

D. 一级评级采用数值法，不宜概括为等效多孔介质的地区除外

59. 采用数值法预测地下水环境影响，地下水模型识别与验证的依据主要有（　　）。

A. 模拟的地下水流场要与实际地下水流场基本一致

B. 模拟水位过程线与实际地下水位过程线形状相似

C. 实际地下水量的变化量应接近于计算的含水层储量的变化量

D. 识别的水文地质参数要符合实际水文地质条件

60. 根据《环境影响评价技术导则　地下水环境》，采用解析模型预测污染物在含水层中的扩散时，一般应满足（　　）条件。

A. 污染物的排放对地下水流场没有明显的影响

B. 污染物的排放对地下水流场有明显的影响

C. 评价区内含水层的基本参数变化很大

D. 评价区内含水层的基本参数不变或变化很小

61. 采用数值法对地下水承压含水层预测，需要输入的参数有（　　）。

A. 渗透系数　　　　　　　　　　B. 水动力弥散系数

C. 给水度　　　　　　　　　　　D. 弥散度

62．地下水环境污染物运移预测中，数值法适用于（ ）的地下水系统。

A．均质含水层　　　　　　　　B．非均质含水层

C．复杂的边界条件　　　　　　D．多个含水层

63．地下水环境影响预测重点区有（ ）。

A．已有、拟建和规划的地下水供水水源区

B．固体废物堆放处的地下水下游区

C．湿地退化、土壤盐渍化区

D．污水存储池（库）区

64．在地下水环境影响评价中，下列确定污水池及管道正常状况泄漏源强的方法，正确的有（ ）。

A．按湿周面积 5% 确定

B．不产生泄漏，无须确定

C．按《给水排水管道工程施工及验收规范》（GB 50268）确定

D．按《给水排水构筑物工程施工及验收规范》（GB 50141）确定

65．地下水影响预测中，采用解析模型预测污染物在含水层中的扩散，一般应满足的条件有（ ）。

A．评价区含水层基本参数不变

B．评价区含水层为非均质各异性

C．污染物在含水层具有一维迁移特征

D．污染物的排放对地下水流场没有明显影响

66．垃圾填埋场水环境影响预测与评价的主要工作内容有（ ）。

A．正常排放对地表水的影响　　B．正常排放对地下水的影响

C．非正常渗漏对地下水的影响　　D．非正常渗漏对地表水的影响

67．某污水池下伏潜水含水层渗透系数为 100 m/d，有效空隙度为 25%，水力坡度为 0.5%，在该污水池下伏潜水主径流方向上的下游分布有系列监控井（1-4 号井），若该污水厂发生泄漏，其特征污染物 65 天内在污水池下游监测井中可能被检出的有（ ）。

A．下游 30 m 处 1 号井　　　　B．下游 60 m 处 2 号井

C．下游 120 m 处 3 号井　　　　D．下游 240 m 处 4 号井

68．某项目开展地下水环境影响预测，其预测模型概化应包括（ ）。

A．水文地质条件概化　　　　　B．污染源概化

C．水文地质参数初始值的确定　　D．预测情形确定

69．潜水含水层污染物迁移的稳定水流预测过程中，数值不变的有（ ）。

A．边界水位
B．边界溶质的浓度
C．污染源水量
D．污染源溶质浓度

70．数值法过程中，判断模型识别与验证的依据主要有（　）。

A．模拟的地下水流场要与实际地下水流场基本一致

B．模拟地下水的动态过程要与实测的动态过程基本相似

C．从均衡的角度出发，模拟的地下水均衡变化与实际要素基本相符

D．识别的水文地质参数要符合实际水文地质条件

71．水文地质条件的概化通常包括（　）。

A．边界性质的概化
B．含水层性质的概化
C．地质范围的概化
D．计算区几何形状的概化

72．污染物在松散孔隙中水动力弥散产生的原因主要有（　）。

A．浓度场梯度
B．孔隙介质密度
C．孔隙结构的非均质
D．孔隙通道的弯曲度

73．下列地下水环境影响预测方法中，适用于Ⅱ类建设项目的有（　）。

A．地下水量均衡法
B．大井法
C．地下水溶质运移解析法
D．地下水流解析法

74．下列界线（面）中，可作为水文地质单元边界的有（　）。

A．隔水层界线（面）

B．行政边界

C．阻水断层

D．与含水层有水力联系的大型地表水体边界

75．下列能运用解析法进行地下水环境影响预测评价的条件有（　）。

A．无限边界条件
B．均质性的承压含水层
C．均质性的潜水含水层
D．不规则的边界条件

76．下列属于地下水预测内容的是（　）。

A．给出预测期内建设项目场地边界常规因子随时间的变化规律

B．给出特征因子不同时段的影响范围、程度、最大迁移距离

C．污染场地修复治理工程项目应给出污染物变化趋势或污染控制的范围

D．当建设项目场地天然包气带垂向渗透系数小于 1.0×10^{-5} cm/s 或厚度超过 100 m 时，须考虑包气带阻滞作用，预测特征因子在包气带中的迁移规律

E．给出预测期内地下水环境保护目标处特征因子随时间的变化规律

77．采用数值法预测地下水环境影响，地下水模型识别与验证的依据主要有（　）。

A．模拟的地下水流场要与实际地下水流场基本一致

B. 模拟水位过程线与实际地下水位过程线形状相似

C. 实际地下水量的变化量应接近于计算的含水层储量的变化量

D. 设别的水文地质参数要符合实际水文地质条件

78. 下列选项中，可反应溶质迁移的参数有（　　）。

A. 储水系数　　　　B. 给水度　　　　C. 孔隙度　　　　D. 弥散度

79. 根据《建设项目环境风险评价技术导则》依据地下水功能敏感性与包气带防污性能，地下水环境敏感程度分级为环境高度敏感区的是（　　）。

A. 集中式饮用水水源准保护区，包气带防污性能：Mb≥1.0 m，$K \leqslant 1.0 \times 10^{-6}$ cm/s，且分布连续、稳定

B. 集中式饮用水水源准保护区，包气带防污性能：0.5 m≤Mb<1.0 m，$K \leqslant 1.0 \times 10^{-6}$ cm/s，且分布连续、稳定

C. 分散式饮用水水源地，包气带防污性能：Mb<0.5 m，$K \leqslant 1.0 \times 10^{-6}$ cm/s，且分布连续、稳定

D. 备用的集中式饮用水水源准保护区，包气带防污性能：Mb≥1.0 m，$1.0 \times 10^{-6} < K \leqslant 1.0 \times 10^{-4}$ cm/s，且分布连续、稳定

80. 根据《建设项目环境风险评价技术导则》，下列属于地下水功能敏感性分区属于较敏感的是（　　）。

A. 在建或规划的饮用水水源准保户区

B. 规划的集中式饮用水水源准保护区以外的补给径流区

C. 未规划准保护区的集中式饮用水水源，其保护区以外的补给径流区

D. 分散式饮用水水源地

81. 根据《建设项目环境风险价技术导则》，依据地下水功能敏感性与包气带防污性能，地下水环境敏感程度分级包括（　　）。

A. 环境高度敏感区　　　　　　　　B. 环境中度敏感区

C. 环境低度敏感区　　　　　　　　D. 环境较低度敏感区

82. 时速为 200～350 km/h 的铁路噪声预测模型中，预测列车通过时的噪声贡献值，应考虑的主要噪声源有（　　）。

A. 集电系统声源　　　　　　　　　B. 车间区域声源

C. 轮轨区域声源　　　　　　　　　D. 环境背景噪声源

83. 声环境影响预测的模型有（　　）。

A. 参数模型　　　　　　　　　　　B. 经验模型

C. 三维模型　　　　　　　　　　　D. 半经验模型

84. 面声源的影响因素包括（　　）。

A. 长方形墙体长度　　　　　　　　B. 长方形墙体宽度

C. 长方形墙体抗震等级　　　　　　D. 长方形墙体表面粗糙程度

85. 飞机噪声影响预测所需的参数有（　　）。

A. 日均飞行架次　　　　　　　　　B. 机型组合比例

C. 起飞架次昼夜比例　　　　　　　D. 降落架次昼夜比例

86. 某工厂厂房三面墙夹角处放有一台设备，设备声功率为 120 dB，房间常数 R 为 300 m^2，则车间内距离这台设备 20 m 处噪声级为（　　）dB。

A. 102　　　　　　B. 113　　　　　　C. 118　　　　　　D. 130

87. 拟建四车道公路项目近期设计车流量为 200 辆/h，预测点距离车道中心线 15 m，该项目交通运输噪声预测基本模型中的距离衰减量是（　　）dB（A）。

A. 3.0　　　　　　B. 4.5　　　　　　C. 4.8　　　　　　D. 7.2

88. 以下关于等声级线，说法正确的是（　　）。

A. 等声级线应当平行　　　　　　　B. 等声级等线可以交叉

C. 等声级线是声级相同的连线　　　D. 等声级线间距不得大于 5 dB

89. 根据《环境影响评价技术导则　生态影响》，一级、二级评价应根据现状评价内容选择以下全部或部分内容开展预测评价，下列说法正确的是（　　）。

A. 采用图形叠置法分析工程占用的植被类型、面积及比例

B. 涉及国家重点保护野生动植物、极危、濒危物种的，可采用生境评价方法预测分析物种适宜生境的分布及面积变化、生境破碎化程度等，图示建设项目实施后的物种适宜生境分布情况

C. 采用生态机理分析法、类比分析法等方法分析植物群落的物种组成、群落结构等变化情况

D. 分析建设项目通过时间或空间的累积作用方式产生的生态影响，如生境丧失、退化及破碎化、生态系统退化、生物多样性下降等

90. 根据《环境影响评价技术导则　生态影响》，物种多样性常用评价指标为（　　）。

A. 物种丰富度　　　　　　　　　　B. 香农-威纳多样性指数

C. Pielou 均匀度指数　　　　　　　D. Simpson 优势度指数

E. 生物完整性指数

91. 根据《环境影响评价技术导则　生态影响》，采用（　　）方法分析植物群落的物种群落的物种组成、群落结构等变化情况。

A. 图形叠置法　　　　　　　　　　B. 生态机理分析法

C. 类比分析法　　　　　　　　　　D. 资料收集法

92. 不同行业常用的生态环境影响预测与评价的方法，下列评价说法正确的是（　　）。

A．水电站建设：类比法

B．水电梯级开发：类比法

C．道路建设（铁路、公路）：生态机理分析法

D．矿产资源开发：类比法

93．生态环境影响预测与评价的方法有哪些（　　）。

A．列表清单法　　　　　　　　　B．图形叠置法

C．生态机理分析法　　　　　　　D．景观生态学法

E．指数法与综合指数法　　　　　F．典型生态保护措施平面布置示意图

94．根据《环境影响评价技术导则　生态影响》，生态影响评价图件应包括主图以及图名、（　　）、成图时间等要素。

A．比例尺　　　　　　B．方向标　　　　　　C．图例

D．注记　　　　　　　E．制图数据源

95．根据《环境影响评价技术导则　生态影响》，在进行生态机理分析法时，需要做的是（　　）。

A．识别有无珍稀濒危物种、特有种等需要特别保护的物种

B．调查环境背景现状，收集工程组成、建设、运行等有关资料

C．调查植物和动物分布，动物栖息地和迁徙、洄游路线

D．预测项目建成后该地区动物、植物生长环境的变化

96．以下是生物完整性指数评价工作步骤的是（　　）。

A．结合工程影响特点和所在区域生态系统特征，选择指示物种

B．评价项目建设前所在区域生态系统状况，预测分析项目建设前后生态系统变化情况

C．确定每种参数指标值以及生物完整性指数的计算方法，分别计算参考点和干扰点的指数值

D．调查环境背景现状，收集工程组成、建设、运行等有关资料

97．根据《环境影响评价技术导则　生态影响》，生态机理分析法可以预测（　　）。

A．项目对动物个体、种群和群落的影响　　　B．项目对生态系统功能的评价

C．项目对植物个体的影响　　　　　　　　　D．生态系统演替方向

98．根据《环境影响评价技术导则　生态影响》，关于生态机理分析法的说法，下列说法正确的是（　　）。

A．该方法不能预测生态系统演替方向

B．该方法无须与其他学科合作评价，就能得出较为客观的结果

C．该方法需与生物学、地理学及其他多学科合作评价，才能得出较为客观的

结果

D. 评价过程中有时要根据实际情况进行相应的生物模拟试验

99. 根据《环境影响评价技术导则　生态影响》，下列关于生物多样性说法正确的是（　　）。

A. 物种多样性常用的评价指标包括物种丰富度、香农-威纳多样性指数、Pielou 均匀度指数、Simpson 优势度指数等

B. 基因多样性（或遗传多样性）指一个物种的基因组成中遗传特征的多样性，包括种内不同种群之间或同一种群内不同个体的遗传变异性

C. 物种多样性指物种水平的多样化程度，包括物种丰富度和物种多度

D. 生态系统多样性指生态系统的多样化程度，包括生态系统的类型、结构、组成、功能和生态过程的多样性等

100. 根据《环境影响评价技术导则　生态影响》，生态影响评价中，综合指数法评价要求做的有（　　）。

A. 分析研究评价的生态因子的性质及变化规律

B. 建立表征各生态因子特性的指标体系

C. 确定评价标准

D. 建立评价函数曲线

E. 根据各评价因子的相对重要性赋予权重

101. 根据《环境影响评价技术导则　生态影响》，图形叠置法的两种基本制作手段包括（　　）。

A. 指标法　　　　　B. 定性　　　　　C. 半定量　　　　　D. 3S 叠图法

102. 用类比法预测河流筑坝对鱼类的影响时，类比调查应重点考虑（　　）。

A. 工程特性与水文情势　　　　　B. 饵料生物丰度

C. 鱼类组成　　　　　D. 鱼类生态习性

103. 采用 TSI 预测湖泊富营养化，在非固体悬浮物和水体透明度较低的情况下，与透明度高度相关的指标有（　　）。

A. 总磷　　　　　B. 溶解氧　　　　　C. 叶绿素 a　　　　　D. 水流速度

104. 生态环境影响评价中，属于鸟类居留类型的有（　　）。

A. 广布鸟　　　　　B. 留鸟　　　　　C. 冬候鸟　　　　　D. 旅鸟

105. 根据《环境影响评价技术导则　生态影响》，关于香农-威纳指数公式 $H = -\sum_{i=1}^{s} p_i \ln(p_i)$，下列参数说法正确的是（　　）。

A. H 为群落的多样性指数　　　　　B. H 为种群的多样性指数

C. p_i 为样品中属于第 i 种的个体比例　　　　　D. S 为种数

106．根据《环境影响评价技术导则 生态影响》，（ ）等线性工程应对植物群落及植被覆盖度变化、重要物种的活动、分布及重要生境变化、生境连通性及破碎化程度变化、生物多样性变化等开展重点预测与评价。

A．公路 B．农业 C．铁路 D．管线

107．风蚀强度分级按（ ）三项指标划分。

A．植被覆盖度（%） B．年风蚀厚度（mm）

C．侵蚀模数 [t/（km^2·a）] D．生物量

108．拟采用生态因子类比法对建设项目进行生态影响分析评价，类比工程的选择需考虑的因素有（ ）。

A．相似地貌 B．相似植物群落

C．相似气候类型 D．相似经济指标

109．采用侵蚀模数预测水土流失时，常用方法包括（ ）。

A．已有资料调查法 B．现场调查法 C．水文手册查算法

D．数学模型法 E．物理模型法

110．通用水土流失方程式 $A=R·K·L·S·C·P$ 中的计算因子是（ ）。

A．降雨侵蚀力因子 B．土壤可蚀性因子

C．气象因子 D．坡长和坡度因子

E．水土保持措施因子

111．关于水体富营养化的说法，正确的是（ ）。

A．富营养化是一个动态的复杂过程

B．富营养化只与水体磷的增加相关

C．水体富营养化主要指人为因素引起的湖泊、水库中氮、磷增加对其水生生态产生不良的影响

D．水体富营养化与水温无关

E．富营养化与水体特征有关

112．在稳定状况下，湖泊总磷的浓度与（ ）因子有关。

A．湖泊水体积 B．湖水深度 C．输入与输出磷

D．年出湖水量 E．湖泊海拔

113．风力侵蚀的强度分级按（ ）指标划分。

A．植被覆盖度 B．年风蚀厚度 C．生物生产量 D．侵蚀模数

114．隧道施工可能对生态环境产生影响的因素有（ ）。

A．弃渣占地 B．施工涌水 C．施工粉尘 D．地下水疏干

115．Carlson 的营养状况指数法预测富营养化，其认为湖泊中总磷与（ ）之间存在一定的关系。

A. 年出湖水量　　　B. 透明度　　　C. 输入与输出磷　　　D. 叶绿素 a

116. 矿产资源开发项目中生态影响预测与评价中应对（　　）等开展重点预测与评价。

A. 植物群落和植被覆盖度变化　　　　B. 重要物种的活动、分布

C. 重要生境变化　　　　　　　　　　D. 生物多样性变化

117. 固体废物按其污染特性可分为（　　）。

A. 农业固体废物　　　　B. 一般废物　　　　C. 工业固体废物

D. 危险废物　　　　　　E. 城市固体废物

118. 固体废物按其来源可分为（　　）。

A. 农业固体废物　　　　　B. 工业固体废物　　　　C. 一般废物

D. 危险废物　　　　　　　E. 城市固体废物

119. 固体废弃物填埋场渗滤液的来源包括（　　）。

A. 降水直接落入填埋场　　　　B. 地表水进入填埋场

C. 部分固体废弃物挥发　　　　D. 处置在填埋场中的废弃物中含有部分水

120. 固体废物填埋场污染物在衬层和包气带土层中的迁移速度受（　　）的影响。

A. 地下水的运移速度　　　　　B. 地表径流的运移速度

C. 土壤堆积容重　　　　　　　D. 土壤—水体系中的吸附平衡系数

E. 多孔介质的有效空隙度

121. 下列有关生活垃圾填埋场的设计、施工与验收要求，说法正确的是（　　）。

A. 生活垃圾填埋场应建设渗滤液导排系统，该导排系统应确保在填埋场的运行期内防渗衬层上的渗滤液深度不大于 30 cm

B. 生活垃圾填埋场渗滤液处理设施应设渗滤液调节池，并采取封闭等措施防止恶臭物质的排放

C. 生活垃圾填埋场周围应设置绿化隔离带，其宽度不小于 10 m

D. 如果天然基础层饱和渗透系数小于 1.0×10^{-7} cm/s，且厚度不小于 2 m，可采用天然黏土防渗衬层

122. 下列废物不得在生活垃圾填埋场中填埋处置的选项是（　　）。

A. 生活垃圾堆肥处理产生的固态残余物　　　B. 未经处理的粪便

C. 电子废物及其处理处置残余物　　　　　　D. 禽畜养殖废物

123. 某平原城市拟在已运行五年以上的老填埋场附近新建一座规模及条件相同的新填埋场，与老填埋场相比，新填埋场渗滤液具有的特点包括（　　）。

A. COD 浓度更高　　　　　　　B. NH_3-N 浓度更高

C. 重金属浓度更高　　　　　　　D. BOD_5/COD 比值更高

124. 城市垃圾填埋场产生的气体主要为（　　）。

A. 氨气　　B. 二氧化碳　　C. 硫化物　　D. 氮气　　E. 甲烷

125. 下列关于垃圾填埋场产生的气体，说法错误的有（　）。

A. 接受工业废物的垃圾填埋场产生的气体中可能含有微量挥发性有毒气体

B. 城市垃圾填埋场产生的气体主要为甲烷和二氧化碳

C. 垃圾填埋场产生的微量气体很小，成分也不多

D. 城市垃圾填埋场产生的气体主要为氮气和氨气

126. 一般情况，属"年老"填埋场的渗滤液的水质特点的是（　）。

A. 各类重金属离子浓度开始下降　　　　B. BOD_5 及 COD 浓度较低

C. pH 接近中性或弱碱性　　　　　　　D. NH_4^+-N 的浓度较高

E. BOD_5/COD 的比值较高

127. 下列关于运行中的垃圾填埋场对环境的主要影响，说法正确的有（　）。

A. 流经填埋场区的地表径流可能受到污染

B. 填埋场滋生的昆虫、啮齿动物以及在填埋场的鸟类和其他动物可能传播疾病

C. 填埋场工人生活噪声对公众产生一定的影响

D. 填埋作业及垃圾堆体可能造成滑坡、崩塌、泥石流等地质环境影响

E. 填埋场产生的气体排放可能发生的爆炸对公众安全的威胁

128. 除（　）外，以下物质不作为固体废物管理。

A. 任何不需要修复和加工即可用于其原始用途的物质，或者在产生点经过修复和加工后满足国家、地方制定或行业通行的产品质量标准并且用于其原始用途的物质

B. 不经过贮存或堆积过程，而在现场直接返回到原生产过程或返回其产生过程的物质

C. 修复后作为土壤用途使用的污染土壤

D. 供实验室化验分析用或科学研究用固体废物样品

129. 填埋场恶臭气体的预测和评价通常选择的预测评价因子包括（　）。

A. 硫化氢　　　　B. 氨　　　　C. 一氧化碳　　　　D. 甲烷

130. 根据《危险废物贮存污染控制标准》，下列有关危险废物贮存设施选址，说法正确的是（　）。

A. 应满足生态环境保护法律法规、规划和"三线一单"生态环境分区管控的要求，建设项目应依法进行环境影响评价

B. 贮存设施场址的位置以及其与周围环境敏感目标的距离应依据环境影响评价文件确定

C. 贮存设施不应选在江河、湖泊、运河、渠道、水库及其最高水位线以下的滩地和岸坡，以及法律法规规定禁止贮存危险废物的其他地点

D. 集中贮存设施不应选在生态保护红线区域、永久基本农田和其他需要特别
保护的区域内

E. 贮存设施不应建在溶洞区或易遭受洪水、滑坡、泥石流、潮汐等严重自然
灾害影响的地区

131. 垃圾焚烧厂的废气产生的主要污染物有（　　）。

A. 粉尘（颗粒物）　　　　　　　　B. 酸性气体（HCl、HF、SO_x 等）

C. 重金属（Hg、Pb、Cr 等）　　　D. 二噁英　　　　E. 恶臭气体

132. 关于建设项目土壤环境影响预测评价，以下说法正确的是（　　）。

A. 重点预测对占地范围内土壤的累积影响

B. 重点预测评价建设项目对占地范围外土壤环境敏感目标的累积影响

C. 兼顾对占地范围内的土壤的影响预测

D. 重点预测评价园区外土壤环境敏感目标的累积影响

133. 根据《环境影响评价技术导则　土壤环境（试行）》，建设项目导致土壤
（　　）等影响的，可根据土壤环境特征，结合建设项目特点，分析土壤环境可能受到
影响的范围和程度。

A. 潜育化　　　　B. 土地沙漠化　　　C. 沼泽化　　　　D. 潴育化

134. 可能造成土壤（　　）影响的建设项目，分别选取土壤盐分含量、pH 值等
作为预测因子。

A. 潴育化　　　　B. 盐化　　　　　　C. 酸化　　　　　D. 碱化

135. 级一评价的污染影响型建设项目，占地范围内还应根据（　　）等分析其可
能影响的深度。

A. 土体构型　　　B. 地下水位埋深　　C. 土壤质地　　　D. 饱和导水率

136. 某项目土壤环境影响评价等级为三级，可采用（　　）进行预测。

A. 定性描述　　　　　　　　　　　B. 类比分析法

C. 一维非饱和溶质运移模型　　　　D. 综合评分法

137. 项目土壤环境影响预测同意评价方法应根据建设项目的（　　）确定。

A. 土壤环境敏感度　　　　　　　　B. 项目类型

C. 土壤环境影响类型　　　　　　　D. 评价等级

138. 可能造成土壤盐化、酸化、碱化影响的建设项目，分别选取（　　）等作为
预测因子。

A. 特征因子　　　B. 常规因子　　　　C. pH　　　　　　D. 土壤盐分含量

139. 根据《环境影响评价技术导则　土壤环境（试行）》，以下情况可得出污
染影响型建设项目土壤环境影响可接受的结论的是（　　）。

A. 项目各不同阶段，土壤环境敏感目标处且占地范围内各评价因子均满足

GB 15618、GB 36600，或附录 D、附录 F 中相关标准要求的

B. 生态影响型建设项目各不同阶段，出现土壤盐化的问题，但采取防控措施后，可满足相关标准要求的

C. 各不同阶段，土壤环境敏感目标处或占地范围内有个别点位、层位或评价因子出现超标，但采取必要措施后，可满足 GB 15618、GB 36600 或其他土壤污染防治相关管理规定的

D. 各不同阶段，土壤环境敏感目标处或占地范围内各点位、层位或评价因子均未出现超标

140. 土壤中某种物质的输出量主要包括（　　）。

A. 淋溶或径流排出　　　　　　　B. 植物吸收量

C. 有机物挥发　　　　　　　　　D. 土壤缓冲消耗

141. 根据建设项目对土壤环境可能产生的影响，将土壤环境影响类型划分为（　　）。

A. 生态影响型　　　　　　　　　B. 土壤酸化

C. 污染影响型　　　　　　　　　D. 累积影响型

142. 污染影响型建设项目土壤环境污染源类型包括（　　）。

A. 大气沉降　　B. 土壤酸化　　C. 垂向入渗　　　D. 地面漫流

143. 土壤盐化主要影响因素有（　　）。

A. 地下水位埋深　　　　　　B. 干燥度　　　　C. 土壤本底含盐量

D. 地下水溶解性总固体　　　E. 土壤质地

144. 某新建化工项目位于半干旱地区，土壤调查发现项目场地土壤含盐量为 4.2 g/kg，该土壤盐化级别为（　　）。

A. 未盐化　　　B. 极轻度盐化　　C. 轻度盐化　　　D. 重度盐化

145. 关于土壤环境影响评价自查表，以下说法正确的是（　　）。

A. 土地利用类型仅需识别建设项目所占土地利用类型

B. 评价因子根据现状监测因子确定

C. 根据不同土壤环境影响类型选取适当的预测方法并记录，预测方法可根据实际需要多选

D. 跟踪监测应按要求确定监测点数、监测指标、监测频次并记录

参考答案

一、单项选择题

1. C

2. D　【解析】等效排气筒虽然在新的大气导则中没有此方面的要求，但笔者认为其仍属技术方法的内容。据《大气污染物综合排放标准》（GB 16297—1996），两个排放相同污染物（不论其是否由同一生产工艺过程产生）的排气筒，若其距离小于其几何高度之和，应合并视为一根等效排气筒。若有 3 根以上的近距离排气筒，且排放同一种污染物时，应以前两根的等效排气筒，依次与第 3 根、第 4 根排气筒取等效值，等效排气筒的有关参数按下式公式计算：

等效排气筒污染物排放速率计算公式：

$$Q = Q_1 + Q_2$$

式中：Q——等效排气筒某污染物排放速率，kg/h；

Q_1，Q_2——等效排气筒 1 和排气筒 2 的某污染物的排放速率，kg/h。

等效排气筒高度计算公式：

$$h = \sqrt{\frac{1}{2}\left(h_1^2 + h_2^2\right)}$$

式中：h——等效排气筒高度，m；

h_1，h_2——排气筒 1 和排气筒 2 的高度，m。

3. C　【解析】$h = \sqrt{\frac{1}{2}\left(24^2 + 30^2\right)} = \sqrt{738} \approx 27.2$（m）。

4. B　【解析】根据《环境影响评价技术导则　大气环境》，二级评价项目不进行进一步预测与评价，只对污染物排放量进行核算；三级评价项目不进行进一步预测与评价。

5. B

6. B　【解析】本题考点：大气环境影响评价等级判定。

7. D　【解析】CALPUFF 模式适用于评价范围大于等于 50 km 的一级评价项目，以及复杂风场下的一级、二级评价项目。AERMOD 适用于评价范围小于等于 50 km 的一级、二级评价项目；ADMS 适用于评价范围小于等于 50 km 的一级、二级评价项目。

8. D　【解析】烟塔合一源利用 AUSTAL2000 进行进一步预测。

9. A　【解析】EDMS/AEDT 模型适用于机场源进一步预测。

10．B　【解析】ADMS 模型可以模拟建筑物下洗、干湿沉降，包含街道窄谷模型。

11．D　【解析】非正常工况的短期浓度，1 h 平均浓度。

12．D　【解析】如果存在岸边熏烟，并且估算的最大 1 h 平均质量浓度超过环境质量标准，应采用 CALPUFF 模型进行进一步模拟。

13．A　【解析】对于实际环境影响评价项目，还应根据项目特点和复杂程度，考虑地形、地表植被特征，以及污染物的化学变化等参数对浓度预测的影响，并结合环境质量现状监测结果，对区域及各环境空气敏感点进行叠加背景浓度综合分析，从项目选址、污染源排放度与排放方案、大气污染控制措施及总量控制等多方面综合评价，并最终给出大气环境影响可行性的结论。

14．C　【解析】《环境影响评价技术导则　大气环境》（HJ 2.2—2018）附录 A.2 内容。

15．D　【解析】《环境影响评价技术导则　大气环境》（HJ 2.2—2018）附录 A.2 内容。

16．C　【解析】《环境影响评价技术导则　大气环境》（HJ 2.2—2018）附录 A.2 内容。

17．C　【解析】《环境影响评价技术导则　大气环境》（HJ 2.2—2018）附录 B.2 内容。

18．A　【解析】估算模式可计算点源、面源和体源等污染源的短期浓度最大值及对应距离。对于小于 1 h 的短期非正常排放，可采用估算模式进行预测。

19．B　【解析】CALPUFF 模型中"化学转化"模块，考虑了硫氧化物转化为硫酸盐、氨氧化物转化为硝酸盐的二次 $PM_{2.5}$ 化学机制，可以作为二次 $PM_{2.5}$ 的预测模式。

20．D　【解析】面源参数：面源排放速率、排放高度、长度、宽度。D 选项是体源参数，还包括体源排放速率、排放高度、初始垂向扩散参数。

21．B　【解析】《环境影响评价技术导则　大气环境》（HJ 2.2—2018）附录 B.3 内容。

22．B　【解析】当烟羽的垂直动量大于环境风的水平动量的 2 倍时，不会发生烟羽下洗。下洗量与排烟速度 w、风速 u 及烟囱口径 D 有关。烟气下洗降低了烟羽的有效源高，使地面浓度增高。烟囱出口的烟气流速过低，会在环境风速高时造成烟气下洗。B 项的方式烟塔的烟气出口速度较低，容易产生烟气下洗。ACD 三项均属于常规烟囱排烟。

23．B　【解析】《环境影响评价技术导则　大气环境》（HJ 2.2—2018）8.8.5.2 内容。

24. D 【解析】不同评价等级的环境影响报告书基本附图要求如下表所示。由表可知，评价等级为一级，其环境影响报告书基本附图包括基本信息底图、项目基本信息图、网格浓度分布图、大气环境防护区域图。

序号	名称	一级评价	二级评价	三级评价
1	基本信息底图	√	√	√
2	项目基本信息图	√	√	√
3	网格浓度分布图	√		
4	大气环境防护区域图	√		

25. B 【解析】《环境影响评价技术导则　大气环境》（HJ 2.2—2018）8.5.1.2。

26. C 【解析】要求型。AERMOD 模式系统适用于农村或城市、简单或复杂地形。注意题干中的关键词：围海造地、距海岸线 5 km。这个题很容易错选 A，原因在于一看适用范围中有"城市"就容易冲动。

27. D 【解析】《环境影响评价技术导则　大气环境》（HJ 2.2—2018）8.7.1。

28. B 【解析】《环境影响评价技术导则　大气环境》（HJ 2.2—2018）10.1.2。

29. A 【解析】《环境影响评价技术导则　地表水环境》（HJ 2.3—2018）7.3预测时期。

30. A 【解析】在河流中，影响污染物输移的最主要的物理过程是对流和横向、纵向扩散混合。对流是溶解态或颗粒态物质随水流的运动。可以在横向、垂向、纵向发生对流。在河流中，主要是沿河流纵向的对流，河流的流量和流速是表征对流作用的重要参数。河流流量可以通过测流、示踪研究或曼宁公式计算得到。对于较复杂的水流，要获得可靠的流量数据，需要进行专门的水动力学实测及模拟计算。

31. B 【解析】对于河流水体，可按照下式将水质参数排序后从中选取：$ISE = c_{pi} Q_{pi} / (c_{si} - c_{hi}) Q_{hi}$。把 ISE 的分子分母全部除以 C_{si}，即得到 ISE = 排污染负荷占标率/（1-背景浓度占标率）×Q_{pi} / Q_{hi}。同一个污染源不同污染物的 ISE 比较，可以认为 Q_{pi} / Q_{hi} 为常数 1，则分别带入，COD=0.8，NH_3=0.833，Cu=Cd=0.055，由于 Cd 为第一类污染物，比 Cu 毒性更大，故在 ISE 相同时，预测因子先选 Cd，故选 B。

32. B 【解析】排放量为 20 t/a 为干扰信息，稀释比为 7，即可假设河流上游来水流量为 7，排污口排污量为 1，完全混合，运用河流零维稳态模型（60×1+20×7）/（7 + 1）= 25。

33. D 【解析】河流中，影响污染物输移的最主要的物理过程是对流（也称推流或移流）和横向、纵向扩散混合。

设计断面平均流速是指与设计流量相对应的断面平均流速，工作中计算断面平均流速时会碰见三种情况。

（1）实测量资料较多时，一般如果有 15～20 次或者更多的实测流量资料，就能绘制水位—流量、水位—面积，水位—流速关系曲线。而且当它们均呈单一曲线时，就可根据这组曲线由设计流量推求相应的断面平均流速。

（2）由于实测流量资料较少或缺乏不能获得 3 条曲线时，可通过水力学公式计算。

（3）用公式计算。

34. B 【解析】考查地表水预测模型的适用。宽浅河流在 Y 和 X 方向进行预测，即平面二维模型。平面二维数学模型适用于模拟预测物质在宽浅水体（大河、湖库、入海河口及近岸海域）中，在垂向均匀混合的状况。

35. B 【解析】《环境影响评价技术导则 地表水环境》（HJ 2.3—2018）附录 D，对于盐度比较高的湖泊、水库及入海河口、近岸海域，$DO_f = （491-2.65S）/（33.5+T）$，其中 S 为实用盐度符号，量纲一。

36. A 【解析】《环境影响评价技术导则 地表水环境》（HJ 2.3—2018）附录 E，E.2 零维数学模型，E.2.3 狄龙模型。

37. D 【解析】《环境影响评价技术导则 地表水环境》（HJ 2.3—2018）7.6 表 4。

38. B 【解析】《环境影响评价技术导则 地表水环境》（HJ 2.3—2018）E.5，垂向一维数学模型适用于模拟预测水温在面积较小、水深较大的水库或湖泊水体中，除太阳辐射外没有其他热源交换的状况。

39. D 【解析】《环境影响评价技术导则 地表水环境》（HJ 2.3—2018）7.6.3.2，水动力模型及水质模型。a）河流数学模型。河流数学模型选择要求见表 4。

40. D 【解析】《环境影响评价技术导则 地表水环境》（HJ 2.3—2018）7.10.2.2，应覆盖预测范围内的所有与建设项目排放污染物相关的污染源或污染源负荷占预测范围总污染负荷的比例超过 95%。

41. A 【解析】《环境影响评价技术导则 地表水环境》（HJ 2.3—2018）8.3.3.1，直接排放建设项目污染源排放量核算应在满足 8.2.2 的基础上，遵循以下原则要求：c）当受纳水体为河流时，不受回水影响的河段，建设项目污染源排放量核算断面位于排放口下游，与排放口的距离应小于 2 km；受回水影响的河段，应在排放口的上下游设置建设项目污染源排放量核算断面，与排放口的距离应小于 1 km。

42. D 【解析】《环境影响评价技术导则 地表水环境》（HJ 2.3—2018）E.2.1，河流均匀混合模型（200 mg/L×300 m³/h+ 10 mg/L× 5 000 m³/h）/（300 m³/h+ 5 000 m³/h）= 20.75 mg/L。

43. D 【解析】完全混合浓度 $C_0=1×（1-10\%）$；

且 C_0=（0.05×C_1+2×0.7）÷（0.05+2）；

则（0.05×C_1+2×0.7）÷（0.05+2）=1×（1−10%）；

解得 C_1=8.9 mg/L。

44. A 【解析】《环境影响评价技术导则　地表水环境》（HJ 2.3−2018）E.3.2.1，连续稳定排放。根据河流纵向一维水质模型方程的简化、分类判别条件（即 O'Connor 数 α 和贝克莱数 Pe 的临界值），选择相应的解析解公式。当 α≤0.027、Pe≥1 时，适用对流降解模型；当 α≤0.027、Pe<1 时，适用对流扩散降解简化模型；当 0.027<α≤380 时，适用对流扩散降解模型。

45. D 【解析】Streeter-Phelps 模式（S-P 模式）是研究河流溶解氧与 BOD 关系最早、最简单的耦合模型。S-P 模式迄今仍得到广泛的应用，也是研究各种修正模型和复杂模型的基础。它的基本假设为：河流为一维恒定流，污染物在河流横断面上完全混合；氧化和复氧都是一级反应，反应速率常数是定常的，河流中的溶解氧仅来源于大气复氧，氧亏的净变化仅是水中有机物耗氧和通过液-气界面的大气复氧的函数。

46. A 【解析】《环境影响评价技术导则　地表水环境》（HJ 2.3−2018）7.6 表 5。

47. B 【解析】《环境影响评价技术导则　地表水环境》（HJ 2.3−2018）8.3.3.1，直接排放建设项目污染源排放量核算应在满足 8.2.2 的基础上，遵循以下原则要求：e）遵循地表水环境质量底线要求，主要污染物（化学需氧量、氨氮、总磷、总氮）需预留必要的安全余量。安全余量可按地表水环境质量标准、受纳水体环境敏感性等确定：受纳水体为 GB 3838 Ⅲ类水域，以及涉及水环境保护目标的水域，安全余量按照不低于建设项目污染源排放量核算断面（点位）处环境质量标准的 10%确定（安全余量≥环境质量标准×10%），受纳水体为 GB 3838 Ⅳ、Ⅴ类水域，以及涉及水环境保护目标的水域，安全余量按照不低于建设项目污染源排放量核算断面（点位）处环境质量标准的 8%确定（安全余量≥环境质量标准×8%）。

48. C 【解析】预测地表水水质变化的方法包括：①数学模式法，比较简便，应首先考虑；②物理模型法，在无法利用数学模式法预测，而评价级别较高，对预测结果要求较严时选用；③类比分析法，多在评价工作级别较低，且评价时间较短，无法取得足够的参数、数据时选用；④专业判断法，当水环境影响问题较特殊，一般环评人员难以准确识别其环境影响特征或者无法利用常用方法进行环境影响预测，或者由于建设项目环境影响评价的时间无法满足采用上述其他方法进行环境影响预测等情况下，可选用此种方法。

49. B 【解析】《环境影响评价技术导则　地表水环境》E.3.2.1，连续稳定排放。当 α≤0.027、Pe≥1 时，适用对流降解模型：

$$C = C_0 \exp\left(-\frac{kx}{u}\right) = 10 \text{ mg/L} \times \exp\left(-\frac{0.000\,05/\text{s} \times 2\,000 \text{ m}}{1.0 \text{ m/s}}\right) = 10 \text{ mg/L} \times 0.9 = 9 \text{ mg/L}$$

50. D 【解析】水中溶解氧在温跃层以上比较多，甚至可接近饱和，而温跃层以下，大气中溶解进水中的氧很难到达，加之有机污染物被生物降解消耗了水中的氧，因此下层（即底层）的溶解氧较低，成为缺氧区。

51. B 【解析】《环境影响评价技术导则　地表水环境》（HJ 2.3—2018）7.10.1.1，河流、湖库设计水文条件要求：a）河流不利枯水条件宜采用 90%保证率最枯月流量或近 10 年最枯月平均流量；流向不定的河网地区和潮汐河段，宜采用 90%保证率流速为零时的低水位相应水量作为不利枯水水量；湖库不利枯水条件应采用近 10 年最低月平均水位或 90%保证率最枯月平均水位相应的蓄水量，水库也可采用死库容相应的蓄水量。其他水期的设计水量则应根据水环境影响预测需求确定。

52. D 【解析】《环境影响评价技术导则　地表水环境》（HJ 2.3—2018）7.8.1.1，水文数据应采用水文站点实测数据或根据站点实测数据进行推算，数据精度应与模拟预测结果精度要求匹配。河流、湖库建设项目水文数据时间精度应根据建设项目调控影响的时空特征，分析典型时段的水文情势与过程变化影响，涉及日调度影响的，时间精度宜不小于 1 小时。感潮河段、入海河口及近岸海域建设项目应考虑盐度对污染物运移扩散的影响，一级评价时间精度不得低于 1 h。

53. C

54. B 【解析】《环境影响评价技术导则　地表水环境》（HJ 2.3—2018）附录 E.5。

55. B 【解析】《环境影响评价技术导则　地表水环境》（HJ 2.3—2018）8.3.1，污染源排放量核算的一般要求。

56. A 【解析】《环境影响评价技术导则　地表水环境》（HJ 2.3—2018）8.3.2。

57. D 【解析】《环境影响评价技术导则　地表水环境》（HJ 2.3—2018）8.3.3.1。

58. A 【解析】《环境影响评价技术导则　地表水环境》（HJ 2.3—2018）8.4.1。

59. B 【解析】《环境影响评价技术导则　地表水环境》（HJ 2.3—2018）8.4.2.1。

60. D 【解析】对于溶解态污染物，当污染物在河流横向上达到完全混合后，描述污染物的输移、转化的微分方程为：

$$\frac{\partial(Ac)}{\partial T} + \frac{\partial(Qc)}{\partial x} = \frac{\partial}{\partial x}\left(D_L A \frac{\partial}{\partial x}\right) + A(S_L + S_B) + AS_K$$

式中，A 为河流横断面面积；Q 为河流流量；c 为水质组分浓度；D_L 为综合的纵向离散系数；S_L 为直接的点源或非点源强度；S_B 为上游区域进入的源强；S_K 为动力学转化率，正为源，负为汇。可见采用河流一维水质模型进行水质预测，至少需要调查流量、水面宽、水深等水文、水力学特征值。

61. D 【解析】根据《环境影响评价技术导则　地表水环境》（HJ 2.3—2018）规定，河流水质模型参数的确定方法中，耗氧系数 K_1 的单独估值方法中的两点法计算公式为：$K_1 = (86\,400u/\Delta x) \ln (c_A/c_B)$，式中，$u$ 的单位为 m/s，Δx 的单位为 s。若上游断面来水到达下游断面时间为 1 d，则 $K_1 = \ln (c_A/c_B)$。根据题中已知条件，计算出在下游断面 COD 实测浓度为 $30 - (8.33/5) \times 30 \times 10\% = 25$（mg/L），则 $K_1 = 1 - \ln (c_A/c_B) - \ln (30/25) = 0.18$ d^{-1}。

62. A 【解析】地下水流场预测中，应用地下水流解析法可以给出在各种参数值的情况下渗流区中任意一点上的水位（水头）值。但是，这种方法有很大的局限性，只适用于含水层几何形状规则、方程式简单、边界条件单一的情况。解析法的计算过程，一般分三步进行：①利用勘察试验资料确定计算所需的水文地质参数，如渗透系数 K（或导水系数 T）、导压系数 a、释水系数（贮水系数）、重力给水度等；②根据水文地质条件进行边界概化，同时依需水量拟定开采方案，选择公式；③按设计的单井开采量、开采时间计算各井点特别是井群中心的水位降落值。

63. B 【解析】水量均衡法应用范围十分广泛，是Ⅱ类项目（如矿井涌水量，矿床开发对区域地下水资源的影响等）的地下水评价与预测中最常用、最基本的方法。水量均衡法既可用于区域又可用于局域水量计算，既可估算补、排总量又可计算某一单项补给量。

64. B 【解析】水文地质条件的概化原则包括：①根据评价的要求，所概化的水文地质概念模型应反映地下水系统的主要功能和特征；②概念模型应尽量简单明了；③概念模型应能被用于进一步的定量描述，以便于建立描述符合研究区地下水运动规律的微分方程解决定解问题。

65. D 【解析】AB 两项，该项目区的岩溶暗河系统十分发育，故不宜将其概化为等效多孔介质。C 项，数值法可以解决许多复杂水文地质条件和地下水开发利用条件下水资源评价问题，但不适用于管道流（如岩溶暗河系统）的模拟评价。

66. B 【解析】非正常状况下，预测源强可根据工艺设备或地下水环境保护措施因系统老化或腐蚀程度等设定。

67. A 【解析】迁移模型的边界条件有三类：①指定浓度；②指定浓度梯度或弥散通量；③同时指定浓度及浓度梯度，或总通量。泄漏的原油在潜水面大量积聚区的模型单元通常可按指定浓度单元处理，这是因为可以预期，在原油积聚区附近的地下水中，原油的溶解浓度长期围绕特征组分的溶解度波动，基本可视为常数。

68. D 【解析】根据《环境影响评价技术导则　地下水环境》（HJ 610—2016）规定，建设项目地下水环境影响预测方法的选取应根据建设项目工程特征、水文地质条件及资料掌握程度来确定，当数值方法不适用时，可用解析法或其他方法预测。

一般情况下，一级评价应采用数值法，不宜概化为等效多孔介质的地区除外；二级评价中水文地质条件复杂且适宜采用数值法时，建议优先采用数值法；三级评价可采用解析法或类比分析法。

69. C　【解析】《环境影响评价技术导则　地下水环境》（HJ 610—2016）附录 D.1.1。

70. A　71. B　72. D

73. A　【解析】《环境影响评价技术导则　地下水环境》（HJ 610—2016）附录 D.2.1。

74. D　【解析】根据《环境影响评价技术导则　地下水环境》（HJ 610—2016），地下水环境影响预测的范围、时段、内容和方法应根据评价工作等级、工程特征与环境特征确定。

75. A　【解析】对于一级评价项目，地下水环境影响预测应优先采用数值法，因为数值法可以更精确地模拟复杂的地下水流动和污染物迁移过程。

76. A　【解析】根据《环境影响评价技术导则　地下水环境》（HJ 610—2016）9.7.1，建设项目地下水环境影响预测方法包括数学模型法和类比分析法。其中，数学模型法包括数值法、解析法等方法。

77. B　【解析】根据《环境影响评价技术导则　地下水环境》（HJ 610—2016）8.3.3.6，评价等级为二级的建设项目，若掌握近 3 年内至少一个连续水文年的枯、丰水期地下水位动态监测资料，评价期可不再开展现状地下水位监测。

78. A　【解析】《建设项目环境风险评价技术导则》（HJ 169—2018）附录 D3。

79. A

80. A　【解析】《环境影响评价技术导则　声环境》（HJ 2.4—2021）8.6.1，机场项目还应给出评价范围内不同声级范围覆盖下的面积。

81. D　【解析】声功率级和声压级之间的转换

$L_{声功率级} = L_{声压级} + 10 \lg S = 85 + 10 \times \lg(10 \times 10) = 105$ dB（A）。

82. D　【解析】由于 $73 - 72 = 1$（dB），则另一声源声压级 $= 72 - 6 = 66$（dB）。

83. B　【解析】声源中心到预测点之间的距离超过声源最大几何尺寸 2 倍时，该声源可近似为点声源。$r > 2d_{max}$（无等于）。

84. B　【解析】根据点声源衰减公式 $\Delta L = 20 \lg(r / r_0)$，$100 - 60 = 20 \lg(r / 1)$，$r = 100$ m。

85. C　【解析】《环境影响评价技术导则　声环境》（HJ 2.4—2021）附录 A，点声源组可以用处在组的中部的等效点声源来描述，特别是声源具有：从单一等效点声源到接收点间的距离 d 超过声源的最大尺寸 H_{max} 二倍（$d > 2H_{max}$）。

如果声源处于半自由声场，则式（A.5）等效为式：$L_{A(r)}=L_{WA}-20\lg r-8$

式中：$L_A(r)$——距声源 r 处的 A 声级，dB（A）；

L_{Aw}——点声源 A 计权声功率级，dB；

r——预测点距声源的距离。

86. B 【解析】根据《环境影响评价技术导则 声环境》（HJ 2.4—2021）附录 B 中 B.1.3 "室内声源等效室外声源功率级计算方法"，L_{p1} 为室内某倍频带的声压级，L_{p2} 为室外某倍频带的声压级，其关系可近似为：$L_{p1}-L_{p2}=TL+6$，式中，TL 为隔墙（或窗户）倍频带的隔声量，dB。根据题意，$L_{p2}=L_{p1}-(TL+6)=85-(15+6)=64$（dB），则等效室外声源的声功率级 $L_w=L_{p2}+10\lg S=L_{p2}+10\lg 3=64+5=69$（dB）。

87. C 【解析】昼间现状声级 57 dB（A），标准 60 dB（A）。

敏感点处的贡献值不大于 57 dB（A），1 m 处的声级为 77 dB（A）。

$\Delta L=20\lg(r/r_0)=77-57=20\lg(r/r_0)=1$，$r/r_0=10$。

88. D 【解析】要达标，则衰减值应为 30 dB，$30=20\lg(r/3)$，$r\approx 95$（m）。

89. C 【解析】此题是一个噪声级（分贝）的相加问题。有两种方法解此题，一种是通过查表法，查表法在考试时不提供，但有两个数字是需记住，一是声压级差为 0 时（相同的声压级），增值 3 dB；二是两声压级差为 6 时，增值 1 dB，从题中可知只有 C 选项符合题干。另一种是用公式法计算。

$$L=10\lg(10^{66/10}+10^{60/10})=10\lg(10^{6.6}+10^6)=10\lg 4\,981\,071.7=67\ (dB)。$$

90. A 【解析】评价等级为一级，必须采用类比测量法；评价等级为二级、三级，可引用已有的噪声源声级数据。

91. D 【解析】2020 年考题。参考技术方法教材中"声环境影响预测与评价"中的机场飞机噪声环境影响评价相关内容；针对项目不同运行阶段，依据《机场周围飞机噪声环境标准》（GB 9660）评价 WECPNL 评价量 70 dB、75 dB、80 dB、85 dB、90 dB 等值线范围内各敏感目标（城镇、学校、医院、集中生活区等）的数目和受影响人口的分布情况。

92. D 【解析】当 $r/l<1/10$ 时，可视为无限长线声源，其计算公式为：$10\lg(r_1/r_2)=10\lg(10/30)=-10\lg 3=-4.8$ dB。

93. D 【解析】《环境影响评价技术导则 声环境》（HJ 2.4—2021）附录 A.2，户外声传播衰减包括几何发散（A_{div}）、大气吸收（A_{atm}）、地面效应（A_{gr}）、障碍物屏蔽（A_{bar}）、其他多方面效应（A_{misc}）引起的衰减。

94. C 【解析】该题也是一个有限长线声源的题目。按《环境影响评价技术导则 声环境》，当 $r>l_0$ 且 $r_0>l_0$ 时，按点声源处理。此题 600>500 且 1 200>500，因此可按点声源衰减公式计算：该疗养院的声压级 $L_p(1\,200)=L_p(600)-20\times\lg(1\,200/600)=70-6=64$（dB）。

95. D　【解析】根据《环境影响评价技术导则　声环境》，$L_{1+2}=10\lg\left(10^{L_1/10}+10^{L_2/10}\right)$，贡献值=预测值-背景$=10\lg\left(10^{5.04}-10^{4.99}\right)=44.8$ dB（A）。

96. D　【解析】$2r$ 处比 r 处衰减值为 3 dB，符合无限长线声源的计算公式。

97. C　【解析】$L_{w2}=L_2\left(T\right)+10\lg S=90-15+10\lg20=88$ dB（A）。

98. A

99. C　【解析】由题意可知，声源处于半自由空间，依据公式 $L_A(r)=L_{AW}-20\lg r-8$ 计算，$L_A(r)=95-20\lg50-8=53$ dB。

100. B　【解析】

a/π 之内不衰减：$4.5/\pi$ 处的声压级 62.4 dB（A）。

$4.5/\pi\sim9/\pi$ 处按线声源衰减：$62.4-10\lg[9/(4.5/\pi)]=59.4$。

$9/\pi\sim15$ 处按点声源衰减：$59.4-20\lg[15/(9/\pi)]=45$。

预测点距离	衰减	概化	距离加倍衰减值
$R<a/\pi$	$A_{div}\approx0$	面源	0
$a/\pi<R<b/\pi$	$A_{div}\approx10\lg(r/r_0)$	无限长线声源	3
$R>b/\pi$	$A_{div}\approx20\lg(r/r_0)$	点源	6

101. D

102. B　【解析】$L_A(r_0)=L_{Aw}-20\lg r_0-8=102-40-8=54$ dB。

103. C　【解析】$NR=L_1-L_2=TL+6$，$L_2=90-(30+6)=54$，$L_{w2}=L_2(T)+10\lg S$，$L_{W2}=54+10\lg100=74$。

式中，TL——窗户（隔墙）的隔音量，dB；

NR——室内和室外的声级差，或称插入损失，dB。

104. C　【解析】《环境影响评价技术导则　生态影响》（HJ 19—2022）附录 D.2，调查样方、样线、点位、断面等布设图、生态监测布点图、生态保护措施平面布置图、生态保护措施设计图等应结合实际情况选择适宜的比例尺，一般为 1：10 000～1：2 000。

105. A　【解析】动物栖息地和迁徙路线的调查重点关注建设项目对动物栖息地和迁徙路线的切割作用，导致动物生境的破碎化，种群规模的变小，繁殖行为受到影响，近亲繁殖的可能性增加，动物的存活和进化受到影响。

106. A　【解析】Simpson 优势度指数计算公式为：

$$D=1-\sum_{i=1}^{s}P_i^2$$

107. A　【解析】生物多样性指数采用香农-威纳指数表征，其计算公式为：

$$H = -\sum_{i=1}^{s} P_i \ln P_i$$

式中，H——香农-威纳多样性指数；

　　　　S——调查区域内物种种类总数；

　　　　P_i——为调查区域内属于第 i 种的个体的比例。

108. B　【解析】考查生态影响评价制图与成图精度要求。《环境影响评价技术导则　生态影响》（HJ 19—2022）附录 D.2 生态影响评价制图应采用标准地形图作为工作底图，精度不低于工程设计的制图精度，比例尺一般在 1∶50 000 以上。调查样方、样线、点位、断面等布设图、生态监测布点图、生态保护措施平面布置图、生态保护措施设计图等应结合实际情况选择适宜的比例尺，一般为 1∶10 000～1∶2 000。当工作底图的精度不满足评价要求时，应开展针对性的测绘工作。生态影响评价成图应能准确、清晰地反映评价主题内容，满足生态影响判别和生态保护措施的实施。当成图范围过大时，可采用点线面相结合的方式，分幅成图；涉及生态敏感区时，应分幅单独成图。

109. C　【解析】C 属于弱影响程度等级，施工期，暂时性影响，不会影响生长。

110. D

111. C　【解析】《环境影响评价技术导则　生态影响》（HJ 19—2022）8.2.2，三级评价可采用图形叠置法、生态机理分析法、类比分析法等预测分析工程对土地利用、植被、野生动植物等的影响。

112. C

113. A　【解析】考查生态影响评价因子筛选——长期影响。A 属于长期影响，项目建成后猕猴生境仍难以恢复；BCD 属于短期影响，施工期结束后可恢复。

114. B　115. A

116. D　【解析】香农-威纳指数用以表达生物多样性的一种方法，在香农-威纳多样性指数计算公式中，包含两个因素影响生物多样性的大小：① 种类数目，即丰富度；② 种类中个体分配上的平均性或均匀性。种类数目多，可增加多样性；同样，种类之间个体分配的均匀性增加也会使多样性提高。

117. C　【解析】《环境影响评价技术导则　生态影响》（HJ 19—2022）附录 C.8.1，植被覆盖度。

118. C　【解析】生态机理分析法是根据建设项目的特点和受其影响的动植物的生物学特征，依照生态学原理分析、预测工程生态影响的方法。A 项，类比法是一种比较常见的定性和半定量结合的方法，根据已有的开发建设活动（项目、工程）对生态系统产生的影响来分析或预测拟进行的开发建设活动（项目、工程）可能产生的影响。B 项，指数法是利用同度量因素的相对值来表明因素变化状况的方法。

D 项，系统分析法是指把要解决的问题作为一个系统，对系统要素进行综合分析，找出解决问题的可行方案的咨询方法。本题中建设项目环评所采用的方法是生态机理分析法。

119. D　【解析】施工期影响是暂时的，其他是长期的。

120. B

121. B　【解析】《土壤侵蚀分类分级标准》，风力侵蚀强度分级表。

122. C　【解析】《土壤侵蚀分类分级标准》，各侵蚀类型区容许土壤流失量。

123. C　124. D

125. C　【解析】根据技术方法教材，第一种方法考虑化学耗氧量、总氮、总磷和叶绿素 a，当营养指数大于 4 时，认为海水达到富营养化；第二种方法考虑化学耗氧量、溶解无机氮、溶解无机磷，当营养指数大于 1 时，认为水体富营养化。

126. B　【解析】根据技术方法教材，TP 浓度 $<10\ mg/m^3$，为贫营养；$10\sim20\ mg/m^3$，为中营养；$>20\ mg/m^3$，为富营养。

127. C　【解析】TSI<40，为贫营养；$40\sim50$，为中营养；>50，为富营养。

128. C　【解析】根据技术方法教材中生态影响预测与评价的相关内容。

129. A　【解析】《环境影响评价技术导则　生态影响》（HJ 19—2022）附录 C.1，列表清单法可应用于：①进行开发建设活动对生态因子的影响分析；②进行生态保护措施的筛选；③进行物种或栖息地重要性或优先度比选。

130. B　【解析】《环境影响评价技术导则　生态影响》（HJ 19—2022）附录 C.7，物种多样性常用的评价指标包括物种丰富度、香农-威纳多样性指数、Pielou 均匀度指数、Simpson 优势度指数等。

131. A　【解析】《环境影响评价技术导则　生态影响》（HJ 19—2022）附录 C.10，基于最大熵模型（maximum entropy model，MaxEnt），可以在分布点相对较少的情况下获得较好的预测结果，是目前使用频率最多的物种分布模型之一。

132. D　【解析】《环境影响评价技术导则　生态影响》（HJ 19—2022）附录 C.3，指数法应用于：①生态因子单因子质量评价；②生态多因子综合质量评价；③生态系统功能评价。

133. A　134. D　135. A　136. B

137. D　【解析】垃圾填埋场渗滤液通常可根据填埋场"年龄"分为两大类：①"年轻"填埋场（填埋时间在 5 年以下）渗滤液的水质特点是，pH 值较低，BOD_5 和 COD 浓度较高，色度大，且 BOD_5/COD 的比值较高，同时各类重金属离子浓度也较高（因为较低的 pH 值）；②"年老"的填埋场（填埋时间一般在 5 年以上）渗滤液的主要水质特点是，pH 值接近中性或弱碱性（一般在 6~8），BOD_5 和 COD 浓度较低，且 BOD_5/COD 的比值较低，而 NH_4^+-N 的浓度高，重金属离子浓度则开始下降（因为此阶段 pH 值开始下降，不利于重金属离子的溶出），渗滤液的可生化性差。

138．B

139．B　【解析】根据技术方法教材中"固体废物环境影响评价"相关内容，城市生活垃圾填埋场产生的气体主要为甲烷和二氧化碳，另外还含有少量的一氧化碳、氢、硫化氢、氨、氮和氧等，接收工业废物的城市生活垃圾填埋场其气体中还可能含有微量挥发性有毒气体。

140．A

141．A　【解析】废物填埋场对大气环境影响评价的难点是确定大气污染物排放强度。城市生活垃圾填埋场在污染物排放强度的计算中采取下述方法：①根据垃圾中废物的主要元素含量确定概化分子式，求出垃圾的理论产气量；②然后综合考虑生物降解度和对细胞物质的修正，求出垃圾的潜在产气量；③在此基础上分别取修正系数为 60% 和 50% 计算实际产气量；④最后根据实际产气量计算垃圾的产气速率，利用实际回收系数修正得出污染物源强。

142．D　【解析】填埋场恶臭气体的预测和评价通常选择 H_2S、NH_3 作为预测评价因子。此外，填埋场产生的 CO 也是重要的环境空气污染源，预测因子中也包括了 CO，H_2S、NH_3 和 CO 在填埋场气体中的含量范围通常小于理论计算值，原因是垃圾中的氮并不能全部转化为氨。

143．C　144．A　145．D　146．B　147．B　148．A

149．A　【解析】《环境影响评价技术导则　土壤环境（试行）》8.5.2。

150．B　【解析】根据《环境影响评价技术导则　土壤环境（试行）》8.1.4，土壤环境影响分析可定性或半定量地说明建设项目对土壤环境产生的影响及趋势。

151．B　【解析】根据《环境影响评价技术导则　土壤环境（试行）》8.1.5，建设项目导致土壤潜育化、沼泽化、潴育化和土地沙漠化等影响的，可根据土壤环境特征，结合建设项目特点，分析土壤环境可能受到影响的范围和程度。

152．D　【解析】根据《环境影响评价技术导则　土壤环境（试行）》8.3，根据建设项目土壤环境影响识别结果，确定重点预测时段。

153．B　【解析】根据《环境影响评价技术导则　土壤环境（试行）》8.5.1，污染影响型建设项目应根据环境影响识别出的特征因子选取关键预测因子。

154．A　【解析】根据《环境影响评价技术导则　土壤环境（试行）》8.7.3，污染影响型建设项目，其评价工作等级为一级、二级的，预测方法可参见附录 E 或进行类比分析。

155．B　【解析】《环境影响评价技术导则　土壤环境（试行）》附录 F.2。

156. D　【解析】根据《环境影响评价技术导则　土壤环境（试行）》8.8.1，以下情况可得出建设项目土壤环境影响可接受的结论：a）建设项目各不同阶段，土壤环境敏感目标处且占地范围内各评价因子均满足8.6中相关标准要求的。

157. B

158. C　【解析】根据《环境影响评价技术导则　土壤环境（试行）》附录E.1.2，可通过工程分析计算土壤中某种物质的输入量；涉及大气沉降影响的，可参照HJ 2.2相关技术方法给出。

159. B　【解析】《环境影响评价技术导则　土壤环境（试行）》附录E.1.3，单位质量土壤中某种物质的预测值可根据其增量叠加现状值进行计算。

160. D

161. B　【解析】根据《环境影响评价技术导则　土壤环境（试行）》附录E.1.3，I_S——单位年份表层土壤中某种物质的输入量，g；L_S——单位年份表层土壤中某种物质经淋溶排出的量，g；R_S——单位年份表层土壤中某种物质经径流排出的量，g。

162. B　【解析】《环境影响评价技术导则　土壤环境（试行）》附录E.1.1。

163. A

164. D　【解析】《环境影响评价技术导则　土壤环境（试行）》附录F.1。

165. D　【解析】《环境影响评价技术导则　土壤环境（试行）》附录 F.1，W_{x_i}——影响因素i指标权重。

166. C　【解析】《环境影响评价技术导则　土壤环境（试行）》附录F.3。

167. B　【解析】《建设项目环境风险评价技术导则》9.1.1.2，有毒有害在大气中的扩散，大气影响风险的预测范围一般不超过10 km。

168. A　【解析】《建设项目环境风险评价技术导则》9.1.1.4，最不利气象条件取 F 类稳定度，1.5 m/s 风速，温度25℃，相对湿度50%。

169. A　【解析】《建设项目环境风险评价技术导则》9.2。

170. B　【解析】《建设项目环境风险评价技术导则》9.1.1.6，对于存在极高大气环境风险的建设项目，应开展关心点概率分析，即有毒有害气体（物质）剂量负荷对个体的大气伤害概率、关心点处气象条件的频率、事故发生概率的乘积，以反映关心点处人员在无防护措施条件下受到伤害的可能性。

171. B　【解析】《建设项目环境风险评价技术导则》附录C。

二、不定项选择题

1. ABCD　【解析】《环境影响评价技术导则　大气环境》附录C.4。

2. A　【解析】《锅大气污染物排放标准》4.5 表4。

3. ABCD　【解析】根据《环境影响评价技术导则　大气环境》（HJ 2.2—2018），

对大气环境影响评价项目，需附上估算模型相关文件（电子版）；环境质量现状监测报告（扫描件）；气象、地形原始数据文件（电子版）；进一步预测模型相关文件（电子版）等基本附件。

4. ABCD　【解析】《环境影响评价技术导则　大气环境》附录C.4。

5. ABCD　【解析】《环境影响评价技术导则　大气环境》附录C.4。

6. ABCD

7. ABCD　【解析】《环境影响评价技术导则　大气环境》附录C.4。

8. AD　【解析】《环境影响评价技术导则　大气环境》8.6.2表4。

9. ABCD　【解析】《环境影响评价技术导则　大气环境》附录A.2。

10. C　【解析】《环境影响评价技术导则　大气环境》附录A.2。

11. ABD　【解析】AERMOD属于大气推荐模式中的进一步预测模式，适用的污染源包括点源、面源、体源。对于各级项目，点源调查内容均为排气筒底部中心坐标、排气筒底部的海拔高度（m）、排气筒几何高度（m）及排气筒出口内径（m）、烟气出口速度（m/s）、排气筒出口处烟气温度（K）、各主要污染物正常排放量（g/s）、排放工况、年排放小时数（h）、毒性较大物质的非正常排放量（g/s）、排放工况、年排放小时数（h）。

12. BD　【解析】《环境影响评价技术导则　大气环境》附录B.1和B.3。

13. ABCD　【解析】该项目 $SO_2+NO_x \geqslant 500$ t/a，$NO_x+VOC_s \geqslant 2\,000$ t/a，因此需要预测 $PM_{2.5}$ 和 O_3，基本污染物均需进行预测。

14. B　【解析】《环境影响评价技术导则　大气环境》附录A.2。

15. ABCD　【解析】《环境影响评价技术导则　大气环境》8.3 预测范围，8.3.1 预测范围应覆盖评价范围，并覆盖各污染物短期浓度贡献值占标率大于10%的区域。8.3.2 对于经判定需预测二次污染物的项目，预测范围应覆盖 $PM_{2.5}$ 年平均质量浓度贡献值占标率大于1%的区域。8.3.3 对于评价范围内包含环境空气功能区一类区的，预测范围应覆盖项目对一类区最大环境影响。8.3.4 预测范围一般以项目厂址为中心，东西向为 X 坐标轴、南北向为 Y 坐标轴。

16. AC　【解析】《环境影响评价技术导则　大气环境》8.7.6表5。

17. AC　【解析】《环境影响评价技术导则　大气环境》，编制环境影响报告书的水泥项目，评价等级应提高一级，因此，本项目为一级评价项目。一级评价项目应采用进一步预测模型开展大气环境影响预测与评价；二级评价项目不进行进一步预测与评价，只对污染物排放量进行核算。

18. BC　【解析】达标区域预测值计算方法为：$C_{叠加}=C_{本项目}-C_{区域削减}+C_{拟在建}+C_{现状}$，非达标区预测值计算方法为：$C_{叠加}=C_{本项目}-C_{区域削减}+C_{拟在建}+C_{规划}$。

19. ABCD　【解析】《环境影响评价技术导则　大气环境》8.7.6表5。

20. BCD　【解析】预测关心点的选择应该包括评价范围内所有的环境空气质量敏感点（区）和环境质量现状监测点。需要注意的是，环境空气质量敏感区是指评价范围内按 GB3095 规定划分为一类功能区的自然保护区、风景名胜区和其他需要特殊保护的地区，二类功能区中的居民区、文化区等人群较集中的环境空气保护目标，以及对项目排放大气污染物敏感的区域，包括文物古迹建筑等。

21. AC　【解析】《环境影响评价技术导则　大气环境》附录 B1、B3、B6 中使用估算模型的参数要求。

22. ACD　【解析】《环境影响评价技术导则　大气环境》8.7.6 预测内容与评价要求。

23. AB　【解析】《环境影响评价技术导则　大气环境》附录 A2.3，模型的适用情况，表 A.1。

24. ABCD　【解析】《环境影响评价技术导则　大气环境》附录 B3.4。

25. AB　【解析】基本信息图内容应在基本信息底图上标识，应标注项目边界、总平面布置、大气排放口位置等信息。

26. A

27. ABCD　【解析】《环境影响评价技术导则　大气环境》8.9，评价结果表达。

28. ABCD　【解析】《环境影响评价技术导则　大气环境》8.9，评价结果表达。

29. ABC　【解析】《环境影响评价技术导则　大气环境》附录 B.3，AERMOD 和 ADMS 地面气象数据所需的要素有风向、风速、干球温度和总云量。

30. ACD　【解析】根据《环境影响评价技术导则　大气环境》附录 A 中的表 A.1，AERSCREEN 适用于电源（含火炬源）、面源（矩形或圆形）、体源，不能预测线源。

31. ABCD　32. ABCD　33. ABCD　34. BC　35. A　36. CD

37. ABCD　【解析】《环境影响评价技术导则　大气环境》附录 C.5.9。

38. ACD 【解析】无组织排放源的统计，其确定方法主要有三种：①物料衡算法（A）。通过全厂物料的投入产出分析，核算无组织排放量。②类比法（C）。与工艺相同、使用原料相似的同类工厂进行类比，在此基础上，核算本厂无组织排放量。③反推法（D）。通过对比同类工厂，正常生产时无组织监控点进行现场监测，利用面源扩散模式反推，以此确定工厂无组织排放量。故选 ACD。

39. ABC 【解析】《环境空气质量标准》（GB 3095—2012）修改单（生态环境部公告 2018 年第 29 号）：3.14 "标准状态 standardstate 指温度为 273 K，压力为 101.325 kPa 时的状态。本标准中的污染物浓度均为标准状态下的浓度"修改为："参比状态 referencestate 指大气温度为 298.15 K，大气压力为 1 013.25 hPa 时的状态。本标准中的二氧化硫、二氧化氮、一氧化碳、臭氧、氮氧化物等气态污染物浓度为参比状态下的浓度。颗粒物（粒径小于等于 10 μm）、颗粒物（粒径小于等于 2.5 μm）、总悬浮颗粒物及其组分铅、苯并[a]芘等浓度为监测时大气温度和压力下的浓度"。

40. ABCD 【解析】《环境影响评价技术导则 地表水环境》7.5.2，水污染影响型建设项目，主要包括：a）各关心断面（控制断面、取水口、污染源排放核算断面等）水质预测因子的浓度及变化；b）到达水环境保护目标处的污染物浓度；c）各污染物最大影响范围；d）湖泊、水库及半封闭海湾等，还需关注富营养化状况与水华、赤潮等；e）排放口混合区范围。

41. ABCD 【解析】《环境影响评价技术导则 地表水环境》7.5.3，水文要素影响型建设项目，主要包括：河流、湖泊及水库的水文情势预测分析主要包括水域形态、径流条件、水力条件以及冲淤变化等内容，具体包括水面面积、水量、水温、径流过程、水位、水深、流速、水面宽、冲淤变化等，湖泊和水库需要重点关注湖库水域面积或蓄水量及水力停留时间等因子。

42. ABCD 【解析】包括水文情势资料 ABC 和水资源开发利用资料 D。参考《环境影响评价技术导则 地表水环境》（HJ 2.3—2018）附录 B。

43. ABC 【解析】D 为点源。

44. ABC 【解析】《环境影响评价技术导则 地表水环境》7.3，预测时期，水环境影响预测的时期应满足不同评价等级的评价时期要求。水污染影响型建设项目，水体自净能力最不利以及水质状况相对较差的不利时期、水环境现状补充监测时期应作为重点预测时期；水文要素影响型建设项目，以水质状况相对较差或对评价范围内水生生物影响最大的不利时期为重点预测时期。

45. ABCD 【解析】《环境影响评价技术导则 地表水环境》7.10.2.1，根据预测情景，确定各情景下建设项目排放的污染负荷量，应包括建设项目所有排放口（涉及一类污染物的车间或车间处理设施排放口、企业总排口、雨水排放口、温排水排放口等）的污染物源强。

46. AC 【解析】《环境影响评价技术导则 地表水环境》7.10.1.1，河流、湖库设计水文条件要求：a）河流不利枯水条件宜采用 90%保证率最枯月流量或近 10 年最枯月平均流量；流向不定的河网地区和潮汐河段，宜采用 90%保证率流速为零时的低水位相应水量作为不利枯水水量；湖库不利枯水条件应采用近 10 年最低月平均水位或 90%保证率最枯月平均水位相应的蓄水量，水库也可采用死库容相应的蓄水量。其他水期的设计水量则应根据水环境影响预测需求确定。b）受人工调控的河段，可采用最小下泄流量或河道内生态流量作为设计流量。c）根据设计流量，采用水力学、水文学等方法，确定水位、流速、河宽、水深等其他水力学数据。

47. ABD 【解析】考查地表水预测模型参数的确定方法。
C 错，环评工作需要严谨，不可"任意"。ABD 用"可"+具体的可行方式，说法严谨，因此答案为 ABD。

水质模型参数。在利用水质模型进行水质预测时，需要根据建模、验模的工作程序确定水质模型参数的数值。确定水质模型参数的方法有实验测定法、经验公式估算法、物理模型试验、现场实测法及模型率定等，可以采用多类方法比对确定模型参数。当采用数值解模型时，宜采用模型率定法核定模型参数。

48. ABD　【解析】水文及水力学参数：流量、流速、坡度、糙率、河宽、平均水深等；水质参数：综合衰减系数、扩散系数、耗氧系数、复氧系数、蒸发散热系数等。

49. ACDE　【解析】《环境影响评价技术导则　地表水环境》7.12.1，预测点位设置要求：应将常规监测点、补充监测点、水环境保护目标、水质水量突变处及控制断面等作为预测重点。

50. ABCD　【解析】考查地表水影响预测的内容。

根据《地表水导则》7.5.1 水污染影响型建设项目预测内容包括：a）各关心断面（控制断面、取水口、污染源排放核算断面等）水质预测因子的浓度及变化；b）到达水环境保护目标处的污染物浓度；c）各污染物最大影响范围；d）湖泊、水库及半封闭海湾等，还需关注富营养化状况与水华、赤潮等；e）排放口混合区范围

51. ABCD　【解析】《环境影响评价技术导则　地表水环境》8.4.1，生态流量确定的一般要求。

52. ACD　【解析】《环境影响评价技术导则　地表水环境》8.4.2.1，河流生态环境需水。

53. ABCDE　【解析】《环境影响评价技术导则　地表水环境》8.4.2.1，河流生态环境需水。

54. AB　【解析】因完全混合所以不需考虑横向扩散、垂向扩散；完全混合段可采用一维稳态水质模型，需考虑河流平均流速、COD 降解系数。

结合一维稳态模式公式：$c=c_0\exp[-Kx/（86\,400u）]$，该公式 c_0 为初始浓度（由背景浓度 c_u 和污染物排放浓度 c_e 计算，选 A），设计流速 u（即设计的水文条件）衰减系数 K（水质模型参数），稳态（排放方式）说明污染物是连续稳定排放，如果瞬时或间歇排放，就得采用动态模式预测。因此 ABCD 都要确定。

55. ABC　【解析】本题考点为河流水质模型参数的确定方法。

$$K_1 = \frac{86\,400u}{\Delta x}\ln\frac{c_A}{c_B}$$

式中：u —— 两点间的平均流速；

　　　x —— 两点间的距离；

　　　c_A —— A 点的污染物浓度；

c_B——B 点的污染物浓度；为需要测定的基本数据，与河宽无关。

56. ACDE 　【解析】《环境影响评价技术导则　地表水环境》8.3.3.1。

57. ABD 　【解析】《环境影响评价技术导则　地表水环境》8.3.3.1。

58. ABCD

59. ABCD 　【解析】地下水模型识别与验证的依据包括：①模拟的地下水流场要与实际地下水流场基本一致，即要求地下水模拟等值线与实测地下水位等值线形状相似。②模拟地下水的动态过程要与实测的动态过程基本相似，即要求模拟水位过程线与实际地下水位过程线形状相似。③从均衡的角度出发，模拟的地下水均衡变化与实际要基本相符，即实际地下水量（溶质、热）的变化量（补排差）应接近于计算的含水层储量的变化量。④识别的水文地质参数结果准确，符合实际水文地质条件。

60. AD 　【解析】本题考点：地下水解析模型预测要求。

61. AD

62. BCD 　【解析】对于地下水环境污染物运移预测，数值法的适用条件为：复杂边界条件、含水层非均质、多个含水层的地下水系统。

63. ABC 【解析】本题主要考察地下水环境影响预测重点区。污水存储池（库）区是污染源所在区域，不是影响预测重点区，应是该处的地下水下游区。

64. CD 　【解析】2016 年考题，根据技术方法教材"地下水环境影响评价与防护"中地下水污染源正常渗透量计算的相关内容。

65. AD 　【解析】采用解析模型预测污染物在含水层中的扩散时，一般应满足下列条件：污染物的排放对地下水流场没有明显的影响；评价区内含水层的基本参数不变或者变化很小。

66. AC 　【解析】垃圾填埋场水环境影响预测与评价主要是评价填埋场衬里结构的安全性以及渗滤液排出对周围水环境影响的两方面内容：①正常排放对地表水的影响，主要评价渗滤液经处理达到排放标准后排出，经预测并利用相应标准评价是否会对受纳水体产生影响或影响程度如何；②非正常渗漏对地下水的影响，主要评价衬里破裂后渗滤液下渗对地下水的影响，包括渗透方向、渗透速度、迁移距离、土壤的自净能力及效果等。

67. ABC 　【解析】计算型。关键要计算出其特征污染物 65 天内可以到达多远。由达西定律：渗透流速，实际平均流速，所以 65 天可达到 2 m/d×65 d=130 m，1、2、3 号井均可被检出，选 ABC。

68. ABC 　【解析】地下水环境影响预测模型概化的内容包括：①水文地质条件概化；②污染源概化；③水文地质参数初始值的确定。

69. AB 　【解析】潜水含水层是指地表以下，第一个稳定隔水层以上具有自由水面的地下水。模型预测时，对于定水头、定浓度边界，预测过程中数值可以不变，而经模型识别和验证后的参数在预测过程中是不允许改变的，与污染源无关的源汇项（如降雨入渗、开采量、蒸发等）处理方法与边界条件相同。对于与污染源有关的源汇项，需根据预测方案（不同状况）采用定浓度或浓度函数表示。故选 AB 两项。

70. ABCD　【解析】参数识别与模型验证是数值法过程最为关键的一个环节，是水文地质条件分析及水文地质概念模型建立正确与否再认识的过程，是建立数值模型的两个阶段，必须使用相互独立的不同时间段的资料分别完成。判断模型识别与验证的依据主要有：①模拟的地下水流场要与实际地下水流场基本一致；②模拟地下水的动态过程要与实测的动态过程基本相似；③从均衡的角度出发，模拟的地下水均衡变化与实际要素基本相符；④识别的水文地质参数要符合实际水文地质条件。

71. ABD　【解析】水文地质条件的概化通常包括：①计算区几何形状的概化；②含水层性质的概化，如承压、潜水或承压转无压含水层，单层或多层含水层系统等；③边界性质的概化；④参数性质（均质或非均质、各向同性或各向异性）的概化；⑤地下水流状态的概化，如二维流或三维流。

72. ACD　【解析】根据技术方法教材"地下水环境影响评价与防护"中污染物在地下水中的迁移与转化的相关内容。产生水动力弥散的原因主要有：首先，浓度场作用下存在质点的分子扩散运动；其次，在微观上，孔隙结构的非均质性和孔隙通道的弯曲性导致了污染物的弥散现象；最后，孔隙介质宏观上的非均质性加剧了弥散现象。

73. AD　【解析】Ⅱ类建设项目的地下水环境影响预测方法包括地下水量均衡法、地下水流解析法和数值法；Ⅰ类建设项目的地下水环境影响预测方法包括地下水流解析法和数值法。

74. ACD　【解析】水文地质单元是指根据水文地质条件的差异性（包括地质结构、岩石性质、含水层和隔水层的产状、分布及其在地表的出露情况、地形地貌、气象和水文因素等）而划分的若干个区域，是一个具有一定边界和统一的补给、径流、排泄条件的地下水分布的区域。有时，地表流域与水文地质单元是重合的，地表分水岭就是水文地质单元的边界。

75. ABC　【解析】应用地下水流解析法可以给出在各种参数值的情况下渗流区中任意一点上的水位（水头）值。但这种方法有很大的局限性，只适用于含水层几何形状规则、方程式简单、边界条件单一的情况。由于实际情况要复杂得多，例如，介质结构要求均质；边界条件假定是无限或直线或简单的几何形状，而自然界常是不规则的边界；在开采条件下，补给条件会随时间变化，而解析法的公式则难以反映，只能简化为均匀、连续的补给等。

76. BCE　【解析】《环境影响评价技术导则　地下水环境》9.9，预测内容包括：①给出特征因子不同时段的影响范围、程度、最大迁移距离；②给出预测期内建设项目场地边界或地下水环境保护目标处特征因子随时间的变化规律；③当建设项目场地天然包气带垂向渗透系数小于 1.0×10^{-6} cm/s 或厚度超过 100 m 时，须考虑包气带阻滞作用，预测特征因子在包气带中的迁移规律；④污染场地修复治理工程项目应给出污染物变化趋势或污染控制的范围。

77. ABCD　【解析】本题考点：地下水参数识别与模型验证的依据。

78. CD

79. BC　【解析】《建设项目环境风险评价技术导则》附录 D.3。

80. BCD　【解析】《建设项目环境风险评价技术导则》附录 D.3。

81. ABC　【解析】《建设项目环境风险评价技术导则》附录 D.3。

82. ABC　【解析】考查典型建设项目（铁路和城市轨道交通）声环境影响预测模型及关键影响因素。根据声导则附录 B.3.2：铁路（时速为 200～350 km/h）噪声源声功率计算应考虑的声源包括集电系统声源、车间区域声源、轮轨区域声源。

83. ABD　84. AB　85. ABCD

86. A　【解析】《环境影响评价技术导则　声环境》附录 B.1.3 中的 B.2 公式有关内容。厂房三面墙夹角处：$Q=8$，$L=120+10 \lg[8/（4 \times 3.14 \times 20^2）+4/300]=120-18=102$ dB。

87. B　【解析】《环境影响评价技术导则　声环境》附录 B.2.1。

88. CD　【解析】等声级线不可以交叉，曲线不需要平行。

89. ABCD

90. ABCD　【解析】《环境影响评价技术导则　生态影响》C.7，物种多样性常用评价指标包括物种丰富度、香农-威纳多样性指数、Pielou 均匀度指数、Simpson 优势度指数等。

91. BC　【解析】根据《环境影响评价技术导则　生态影响》8.2.1 原文，通过引起地表沉陷或改变地表径流、地下水水位、土壤理化性质等方式对植被产生影响的，采用生态机理分析法、类比分析法等方法分析植物群落的物种组成、群落结构等变化情况。

92. ABCD

93. ABCDE　【解析】生态影响预测与评价常用的方法，包括列表清单法、图形叠置法、生态机理分析法、景观生态学法、指数法与综合指数法、类比分析法、系统分析法和生物多样性评价等。

94. ABCDE　95. ABCD　96. ABC　97. ACD　98. CD　99. ABCD

100. ABCDE　101. AD　102. ABCD

103. AC　【解析】2019 年考题，根据技术方法教材"生态影响预测与评价"中营养状况指数法预测富营养化的相关内容。Carlson 根据透明度、总磷和叶绿素 a 三个指标发展了一种简单的营养状况指数（TSI）。

104. BCD　【解析】根据鸟类的居留情况，通常大致可以分成 5 类：留鸟、夏候鸟、冬候鸟、旅鸟（过境鸟）和迷鸟。留鸟：终年生活在某地，不随季节更替而迁徙的鸟；冬候鸟：秋天飞来某地越冬，翌年春天飞往北方繁殖的鸟；夏候鸟：春天飞来某地繁殖，秋天飞往南方越冬的鸟；旅鸟：在迁徙途中，经过某地作短暂停留，再继续南迁或北返的鸟。

105. ACD　【解析】香农-威纳指数主要用以比较不同群落生物多样性大小。*H* 超大，说明该群落生物多样性越高。

106. ACD　107. ABC　108. ABC　109. ABCDE

110. ABDE　【解析】通用水土流失方程式 $A=R \cdot K \cdot L \cdot S \cdot C \cdot P$ 中，*R*——降雨侵蚀力因子；*K*——土壤可蚀性因子；*L*——坡长因子；*S*——坡度因子；*C*——植被和经营管理因子；*P*——水土保持措施因子。

111. ACE　【解析】水体富营养化主要指人为因素引起的湖泊、水库中氮、磷增加对其水生生态产生不良的影响。富营养化是一个动态的复杂过程。一般认为，水体磷的增加是导致富营养化的主因，但富营养化也与氮含量、水温及水体特征有关。

112. ABCD　113. ABD

114. ABCD　【解析】隧道穿越方式：除隧道工程弃渣（A）外，还可能对隧道区域的地下水（BD）和坡面植被（C）产生影响。其实考查的是对原文的深度理解。

115. BD

116. ABCD　【解析】《环境影响评价技术导则　生态影响》8.2.2，矿产资源开发项目应对开采造成的植物群落及植被覆盖度变化、重要物种的活动、分布及重要生境变化以及生态系统结构和功能变化、生物多样性变化等开展重点预测与评价。

117. BD　118. ABE

119. ABD　【解析】废物填埋场渗滤液的来源有：①降水（包括降雨和降雪）直接落入填埋场；②地表水进入填埋场；③地下水进入填埋场；④在填埋场中处置的废物中含有部分水。

120. ACDE　121. ABCD　122. BCD

123. ACD　【解析】一般来说，渗滤液的水质随填埋场使用年限的延长将发生变化。垃圾填埋场渗滤液通常可根据填埋场"年龄"分为两类：①"年轻"填埋场（填埋时间在 5 年以下）渗滤液的水质特点是，pH 值较低，BOD$_5$ 及 COD 浓度较高，色度大，且 BOD$_5$/COD 的比值较高，同时各类重金属离子浓度也较高（因为较低的 pH 值）；②"年老"的填埋场（填埋时间一般在 5 年以上）渗滤液的主要水质特点是，pH 值接近中性或弱碱性（一般在 6~8），BOD$_5$ 和 COD 浓度较低，且 BOD$_5$/COD 的比值较低，而 NH$_4^+$-N 的浓度高，重金属离子浓度则开始下降（因为此阶段 pH 值开始下降，不利于重金属离子的溶出），渗滤液的可生化性差。

124. BE　125. CD　126. ABCD

127. ABDE　【解析】运行中的垃圾填埋场对环境的主要影响有 8 点，归纳起来应从水（地表径流、地下水）、气、声、景观、地质、疾病、健康和安全、二次固废（塑料袋、尘土）关键词去记，然后联想，用自己的语言去表达，中心思想不会相差太大。

128. ABCD

129. ABC　【解析】根据技术方法教材，生态影响预测与评价，垃圾填埋场环境影响评价的污染物排放强度。

130. ABCDE　131. ABCD

132. BC　【解析】《环境影响评价技术导则　土壤环境（试行）》8.1.3 原文，应重点预测评价建设项目对占地范围外土壤环境敏感目标的累积影响，并根据建设项目特征兼顾对占地范围内的影响预测。

133. ABCD　【解析】《环境影响评价技术导则　土壤环境（试行）》8.1.5 原文，建设项目导致土壤潜育化、沼泽化、潴育化和土地沙漠化等影响的，可根据土壤环境特征，结合建设项目特点，分析土壤环境可能受到影响的范围和程度。

134. BCD　【解析】《环境影响评价技术导则　土壤环境（试行）》8.5.2 原文，可能造成土壤盐化、酸化、碱化影响的建设项目，分别选取土壤盐分含量、pH 值等作为预测因子。

135. ACD　【解析】《环境影响评价技术导则　土壤环境（试行）》8.7.3 原文，污染影响型建设项目，其评价工作等级为一级、二级的，预测方法可参见附录 E 或进行类比分析；占地范围内还应根据土体构型、土壤质地、饱和导水率等分析其可能影响的深度。

136. AB　【解析】《环境影响评价技术导则　土壤环境（试行）》8.7.4 原文，评价工作等级为三级的建设项目，可采用定性描述或类比分析法进行预测。

137. CD　【解析】参见《环境影响评价技术导则　土壤环境（试行）》8.7.1。

138. CD　【解析】《环境影响评价技术导则　土壤环境（试行）》8.5.2 原文，可能造成土壤盐化、酸化、碱化影响的建设项目，分别选取土壤盐分含量、pH 值等作为预测因子。

139. ABC　【解析】《环境影响评价技术导则　土壤环境（试行）》8.8.1 原

文，以下情况可得出建设项目土壤环境影响可接受的结论：a）建设项目各不同阶段，土壤环境敏感目标处且占地范围内各评价因子均满足 8.6 中相关标准要求的；b）生态影响型建设项目各不同阶段，出现或加重土壤盐化、酸化、碱化等问题，但采取防控措施后，可满足相关标准要求的；c）污染影响型建设项目各不同阶段，土壤环境敏感目标处或占地范围内有个别点位、层位或评价因子出现超标，但采取必要措施后，可满足 GB 15618、GB 36600 或其他土壤污染防治相关管理规定的。

140. AD 【解析】《环境影响评价技术导则 土壤环境（试行）》E.1.2 原文，b）土壤中某种物质的输出量主要包括淋溶或径流排出、土壤缓冲消耗等两部分；植物吸收量通常较小，不予考虑；涉及大气沉降影响的，可不考虑输出量。

141. AC

142. ACD 【解析】2020 年考题，见《环境影响评价技术导则 土壤环境（试行）》附录 B。

143. ABCDE 【解析】《环境影响评价技术导则 土壤环境（试行）》F.2，表 F.1 土壤盐化影响因素赋值表，土壤盐化主要影响因素有地下水位埋深、干燥度、土壤本底含盐量、地下水溶解性总固体、土壤质地。

144. D 【解析】《环境影响评价技术导则 土壤环境（试行）》附录 D 的表 D.1。

145. BCD 【解析】《环境影响评价技术导则 土壤环境（试行）》附录 G。

第五章 环境保护措施

一、单项选择题（每题的备选选项中，只有一个最符合题意）

1. 下列除尘器中，水泥窑头除尘首选的是（　　）。

　　A. 静电除尘器　　　　　　　　　B. 水膜除尘器

　　C. 袋式除尘器　　　　　　　　　D. 旋风除尘器

2. 根据《大气污染治理工程技术导则》（HJ 2000—2010），利用气体混合物中各组分在一定液体中溶解度的不同而分离气体混合物的方法是（　　）。

　　A. 吸附法　　　B. 吸收法　　　C. 冷凝法　　　D. 膜分离法

3. 根据《大气污染治理工程技术导则》（HJ 2000—2010），吸收法净化气态污染物主要适用于（　　）的有毒有害气体的净化。

　　A. 吸收效率和吸收速率均较低　　　B. 吸收效率和吸收速率均较高

　　C. 吸收效率较低和吸收速率较高　　　D. 吸收效率较高和吸收速率较低

4. 根据《大气污染治理工程技术导则》（HJ 2000—2010），吸附法净化气体污染物主要适用于（　　）有毒有害气体的净化。

　　A. 高浓度　　　B. 中等浓度　　　C. 低浓度　　　D. 有机废气

5. 根据《大气污染治理工程技术导则》（HJ 2000—2010），气态污染物常用的吸附设备有固定床、移动床和流化床等，工业应用宜采用（　　）。

　　A. 固定床　　　B. 移动床　　　C. 流化床　　　D. 板式床

6. 下列烟气脱硫方法中，不产生废水的方法是（　　）。

　　A. 氨法　　　　　　　　　　　B. 海水法

　　C. 烟气循环流化床法　　　　　　D. 石灰石/石灰-石膏法

7. 含尘废气中水汽接近饱和，去除其中颗粒物的适用工艺技术是（　　）。

　　A. 洗涤　　　B. 吸附　　　C. 布袋除尘　　　D. 旋风分离

8. 根据《大气污染治理工程技术导则》（HJ 2000—2010），对于大气量和高、中浓度的恶臭气体，宜采用（　　）处理。

　　A. 化学吸收类处理方法　　　　　B. 化学吸附类处理方法

　　C. 物理类处理方法　　　　　　　D. 生物类处理方法

9. 下列适用于静电除尘器除尘的是（　　）。

A．燃煤锅炉烟气　　　　　　　　B．聚丙烯粉料仓废气

C．汽车喷涂车间废气　　　　　　D．铝质轮毂抛光车间废气

10．根据《大气污染治理工程技术导则》（HJ 2000—2010），某燃烧废气中含有氯、重金属元素 Cd 等，且氯浓度较高，在废气治理中应优先考虑的是（　　）。

A．用碱液吸收去除酸性气体　　　　B．用活性炭吸附去除重金属元素 Cd

C．用酸液洗涤法去除酸性气体　　　D．用过滤法去除重金属元素 Cd

11．根据《大气污染治理工程技术导则》（HJ 2000—2010），铅及其化合物废气宜采用（　　）处理。

A．吸附法　　　　B．吸收法　　　　C．冷凝法　　　　D．燃烧法

12．关于氮氧化物去除工艺的说法，正确的是（　　）。

A．SCR 工艺将 NO_x 还原成为水和氮气，不需要催化剂

B．SCR 工艺将 NO_x 还原成为水和氨氮，需要催化剂

C．SNCR 工艺将 NO_x 还原成为水和氮气，不需要催化剂

D．SNCR 工艺将 NO_x 还原成为水和氨氮，需要催化剂

13．二氧化硫的治理工艺划分为（　　）。

A．非选择性催化还原法和活性炭脱硫　　B．湿法、干法和半干法

C．催化还原脱硫和吸收脱硫　　　　　　D．高温排烟脱硫和低温排烟脱硫

14．可用于污水处理厂恶臭气体处理的方法是（　　）。

A．布袋过滤　　　　B．生物过滤　　　　C．干燥　　　　D．旋风分离

15．一般习惯以使用吸收剂的形态和处理过程将二氧化硫控制技术分为（　　）。

A．非选择性催化还原法和活性炭脱硫　　B．干法排烟脱硫和湿法排烟脱硫

C．催化还原脱硫和吸收脱硫　　　　　　D．高温排烟脱硫和低温排烟脱硫

16．某生活垃圾焚烧厂为减少二噁英的排放，烟气净化系统在脱酸塔和袋式除尘器之间设置吸附剂喷射设施，应喷入的吸附剂是（　　）。

A．氯气　　　　B．石灰水　　　　C．活性炭　　　　D．尿素

17．某乙烯裂解炉年运行时间 8 000 h，每年计划清焦作业 5 次，每次 36 h，烟气排放量为 42 000 m^3/h，氨氮化物浓度为 240 mg/m^3。单台裂解炉在非正常工况时年排放氨氮化物的总量是（　　）t/a。

A．0.36　　　　B．1.81　　　　　　C．0.01　　　　D．14.51

18．干法排烟脱硫是用（　　）去除烟气中二氧化硫的方法。

A．固态吸附剂或固体吸收剂　　　　B．固态吸附剂

C．固体吸收剂　　　　　　　　　　D．固态吸附剂或液态吸收剂

19．（　　）具有对 SO_2 吸收速度快、管路和设备不容易堵塞等优点，但吸收剂价格昂贵。

A. 镁法　　　　　　B. 钙法　　　　　　C. 氨法　　　　　　D. 钠法

20. 某燃烧废气中含有氯、重金属元素 Cd 等，且氯浓度较高，在废气治理中应优先考虑的是（　　）。

　　A. 用碱液吸收去除酸性气体　　　　　B. 用活性炭吸附去除重金属 Cd

　　C. 用酸液洗涤法去除酸性气体　　　　D. 用过滤法去除重金属 Cd

21. 用铂作为催化剂，以氢或甲烷等还原性气体作为还原剂，将烟气中的 NO_x 还原成 N_2，在反应中不仅与 NO_x 反应，还要与尾气中的 O_2 反应，没有选择性。此方法称为（　　）。

　　A. 非选择性催化还原法　　　　　　　B. 甲烷非选择性催化还原法

　　C. 选择性催化还原法　　　　　　　　D. 氨选择性催化还原法

22. 选择除尘器应主要考虑的因素不包括（　　）。

　　A. 烟气及粉尘的物理、化学性质

　　B. 烟气流量、粉尘浓度和粉尘允许排放浓度

　　C. 除尘器的压力损失以及除尘效率

　　D. 空气湿度

23. 工艺简单，目前使用较广，成本较低，处理效果好，排烟脱氮转化率达 90% 以上，但还不能达到变废为宝、综合利用的目的。此方法是（　　）。

　　A. 非选择性催化还原法　　　　　　　B. 选择性催化还原法

　　C. 碱液吸收法　　　　　　　　　　　D. 分子筛吸附法

24. 某设施甲苯尾气浓度为 20 mg/m³，风量为 200 000 m³/h，下列处理方法中合理的是（　　）。

　　A. 海水法　　　　　　　　　　　　　B. 排烟再循环法

　　C. 石灰石/石灰-石膏法　　　　　　　D. 低温等离子体法

25. 某生产设施排出工艺废气含有较高浓度的甲烷、乙烷、丙烷等碳氢化合物，该设施首选达标治理方法是（　　）。

　　A. 活性炭吸附　　　　B. 冷却冷凝　　　　C. 柴油吸收　　　D. 焚烧

26. 某污水处理厂产生的污泥原始含水率为 96%，欲将污泥量降为原来的 10%，应将污泥的含水率降低到（　　）。

　　A. 40%　　　　　　　B. 50%　　　　　　C. 60%　　　　　　D. 70%

27. 废水使用 A^2/O 方法进行脱氮除磷，一般缺氧池中的溶解氧浓度为（　　）mg/L。

　　A. 小于 0.1　　　　　B. 0.1～0.5　　　　C. 0.5～2　　　　　D. 大于 2

28. 用于去除含胶体有机物的污水处理方法是（　　）。

　　A. 过滤法　　　　　　B. 化学中和法　　　C. 活性污泥法　　　D. 膜分离法

29．某废水含有甲苯、丙酮、石油类，其质量百分比分别为 1%、0.3%、1.7%，下列最合理的处理工艺为（　　）。

　　A．蒸汽汽提—重力油水分—厌氧　　　　B．重力油水分离—蒸汽汽提—好氧

　　C．重力油水分离—好氧—厌氧　　　　　D．重力油水分离—好氧—蒸汽汽提

30．在一般的废水处理过程中，除磷脱氮主要在（　　）中完成。

　　A．一级处理　　　B．二级处理　　　C．三级处理　　　D．四级处理

31．某制药废水硝基苯类浓度为 20 mg/L，不能有效处理硝基苯的工艺是（　　）。

　　A．微电解　　　　B．厌氧水解　　　C．Fenton 氧化　　　D．中和处理

32．污泥处理的基本过程为（　　）。

　　A．调节→稳定→浓缩→脱水→压缩　　　　B．浓缩→稳定→调节→脱水→压缩

　　C．压缩→稳定→调节→脱水→浓缩　　　　D．浓缩→稳定→脱水→调节→压缩

33．下列污水处理单元中，本身具有污泥沉淀功能的是（　　）。

　　A．生物接触氧化池　　　　　　　　B．曝气生物滤池

　　C．序批式活性污泥法　　　　　　　D．生物转盘

34．臭氧消毒适用于污水的深度处理，在臭氧消毒之前，应增设去除水中（　　）的预处理设施。

　　A．重金属　　　　　　　　　　　　B．生化需氧量

　　C．悬浮物和化学需氧量　　　　　　D．氨氮

35．某石化企业工艺过程涉及高盐、高氨氮、高 COD 等多股高浓度废水和冷却循环水系统排水。根据废水处理基本原则，下列说法错误的是（　　）。

　　A．高盐废水应进行脱盐预处理

　　B．废水应分类收集分质预处理

　　C．高 COD 废水应进行高级氧化预处理

　　D．冷却循环水系统排水应并入雨水系统

36．下列不属于废水处理的方法化学处理法的是（　　）。

　　A．去除有机污染物　　　　　　　　B．去除重金属

　　C．化学沉淀法　　　　　　　　　　D．活性污泥法

37．某化工厂废水特点为氨氮、氟化物浓度高，BOD_5/COD 为 0.25，COD 浓度为 2 000 mg/L，以下污水处理方法中最合理的是（　　）。

　　A．中和+厌氧—耗氧生化法　　　　B．化学氧化+活性污泥法

　　C．中和+气浮+活性污泥法　　　　D．气提+混凝沉淀+厌氧—耗氧生化法

38．曝气沉砂池集曝气和除砂为一体，可使沉砂中的有机物含量降低至（　　）以下。

　　A．3%　　　　　　B．5%　　　　　　C．8%　　　　　　D．10%

39．某污水处理站产生的生化污泥含水率为 95%，需将污泥含水率降至 60% 以下，通常采用的处理方法是（　　）。

　　A．污泥离心脱水　　　　　　　　B．污泥压滤

　　C．污泥带式干燥　　　　　　　　D．污泥自然干化

40．下列处理工艺，适用于芯片制造项目产生的含氟废水预处理的是（　　）。

　　A．隔油　　　　　　　　　　　　B．$CaCl_2$ 混凝沉淀

　　C．序批式活性污泥法　　　　　　D．生物接触氧化法

41．以噪声影响为主的建设项目，为减轻其对周边居住人群的影响，应优先采用的噪声防治措施是（　　）。

　　A．居住人群搬迁　　　　　　　　B．设置声屏障

　　C．加大噪声源与居住区的距离　　D．选用低噪声设备

42．某高层住宅楼一层安装供热水泵后，楼上多层居民室内噪声超标。宜采取的降噪措施是（　　）。

　　A．对水泵进行隔声　　　　　　　B．为居民安装隔声窗

　　C．在居民室内安装隔声材料　　　D．对水泵和供热装置进行隔振

43．机场建设项目环境影响评价中，为防治飞机噪声污染，应优先分析的是（　　）。

　　A．机场飞行架次调整的可行性

　　B．机场周边环境保护目标隔声的数量

　　C．机场周边环境保护目标搬迁的数量

　　D．机场位置、跑道方位选择、飞行程序和城市总体规划的相容性

44．根据《环境噪声与振动控制工程技术导则》（HJ 2034—2013），针对锅炉排气、高炉放风、化工工艺气放散、空压机和各种风动工具的不同排气噪声特点和工艺要求，可在排气口合理选择（　　）。

　　A．排气放空消声器　　　　　　　B．微穿孔板消声器

　　C．抗性消声器　　　　　　　　　D．阻性消声器

45．声环境敏感建筑物受到拟建项目固定噪声源影响时，从传播途径上降低噪声影响的方法有（　　）。

　　A．选择低噪声设备　　　　　　　B．在噪声源与敏感建筑物间建声屏障

　　C．增加噪声源与敏感建筑物间的距离　　D．调整敏感建筑物的使用功能

46．某地铁建设项目地下段振动对某小区的影响预测值超标 15 dB，以下减振措施可行的是（　　）。

　　A．钢弹簧浮置板　　　　　　　　B．洛德（Lord）扣件

　　C．科隆蛋扣件　　　　　　　　　D．橡胶长轨枕

47．用压力式打桩机代替柴油打桩机，反铆接改为焊接，液压代替锻压等降低

噪声的措施是指（　　）。

A．利用自然地形物降低噪声　　　　B．改进机械设计以降低噪声

C．维持设备处于良好的运转状态　　D．改革工艺和操作方法以降低噪声

48．高层住宅楼一层安装供热水泵后，楼上多层居民室内噪声超标，宜采取的降噪措施是（　　）。

A．对水泵进行隔声　　　　　　　　B．为居民安装隔声窗

C．在居民室内安装吸声材料　　　　D．对水泵和供热装置进行隔振

49．根据《固体废物处理处置工程技术导则》（HJ 2035—2013），贮存含硫量大于（　　）的煤矸石时，应采取防止自燃的措施。

A．0.5%　　　　B．1.0%　　　　C．1.5%　　　　D．2.0%

50．固体废物焚烧处置技术对环境的最大影响是尾气造成的污染，（　　）是污染控制的关键。

A．工况控制和烟气净化　　　　　　B．工况控制

C．固体原料的选择　　　　　　　　D．尾气净化

51．根据《固体废物处理处置工程技术导则》（HJ 2035—2013），适用于生活垃圾焚烧，不适用于处理含水率高的污泥的焚烧炉型是（　　）。

A．炉排式焚烧炉　　　　　　　　　B．流化床式焚烧炉

C．回转窑焚烧炉　　　　　　　　　D．固定床焚烧炉

52．适用于处理炼化项目干化污泥、油泥、废油渣的焚烧炉炉型是（　　）。

A．炉排式焚烧炉　　　　　　　　　B．流化床式焚烧炉

C．回转窑焚烧炉　　　　　　　　　D．固定床焚烧炉

53．根据《固体废物处理处置工程技术导则》（HJ 2035—2013），垃圾填埋场上方甲烷气体含量应小于5%，建（构）筑物内，甲烷气体含量不应超过（　　）。

A．1.25%　　　　B．2%　　　　C．5%　　　　D．10%

54．下列不属于固体废物预处理技术的是（　　）。

A．固体废物的压实　　　　　　　　B．破碎处理

C．分选　　　　　　　　　　　　　D．好氧堆肥

55．在将液态废物送焚烧炉焚烧处理前，需要对其进行（　　）。

A．分类、稀释　　　　　　　　　　B．化验、分类

C．分类、固化　　　　　　　　　　D．筛分、分级

56．炼化企业产生的油泥、废弃物催化剂在最终处置钱可暂时存放于（　　）。

A．危废贮存设施　　　　　　　　　B．防渗露天堆场

C．有顶棚的堆场　　　　　　　　　D．生活污水处理厂剩余污泥存放处

57．根据危险废物安全填埋入场要求，禁止填埋的是（　　）。

A．含水率小于 75%的废物　　　　　B．含铜、铬固体废物

C．医疗废物　　　　　　　　　　　D．含氰化物固体废物

58．炉渣与焚烧飞灰应分别收集、贮存和运输，（　　）属于危险废物，应按危险废物进行安全处置。

A．秸秆焚烧飞灰　　　　　　　　　B．农林废物焚烧飞灰

C．生活垃圾焚烧飞灰　　　　　　　D．工业垃圾焚烧飞灰

59．下列关于填埋的说法中，错误的是（　　）。

A．填埋技术是固体废物的最终处置技术并且是保护环境的重要手段

B．卫生填埋场的合理使用年限应在 8 年以上，特殊情况下应不低于 5 年

C．具有爆炸性、易燃性、浸出毒性、腐蚀性、传染性、放射性等的有毒有害废物不应进入卫生填埋场，不得直接填埋医疗废物和与衬层不相容的废物

D．填埋终止后，应进行封场和生态环境恢复

60．某新建公路连接甲、乙两城市，选线方案中经过国家重点保护植物集中分布的方案是路径最短、最经济的方案。为保护环境，工程方案优先考虑的措施是（　　）。

A．迁地保护　　　B．物种种植　　　　　C．货币补偿　　　D．选线避让

61．陆地石油天然气开发建设项目应按照（　　）的次序提出保护措施。

A．避让、减缓、治理修复、补偿及恢复　　B．减缓、避让、治理修复、补偿

C．避让、减缓、治理修复、恢复　　　　　D．避让、减缓、恢复、治理修复

62．输油管线工程建设过程中，减少工程施工队植被影响的重要措施是（　　）。

A．加快施工进度　　　　　　　　　B．减少施工机械数量

C．缩短作业时段　　　　　　　　　D．缩小作业带宽度

63．某需进行打桩作业的建设项目位于越冬鸟类栖息地附近，施工期打桩作业时间不应安排在（　　）。

A．春季　　　　　B．夏季　　　　　C．秋季　　　　　D．冬季

64．西南山区某拟建铁路需穿越以野生动物为主要保护对象的自然保护区，为最大限度减轻铁路建设对野生动物的影响，穿越自然保护区路段应优先考虑采取的措施是（　　）。

A．生态补偿　　　　　　　　　　　B．架设桥梁

C．放缓路基边坡　　　　　　　　　D．隧道穿越

65．某径流式电站建设不涉及洄游性鱼类，但水库蓄水将淹没某种鱼类的产卵场，为弥补该鱼类的种群数量损失，应优先考虑的保护措施是（　　）。

A．电站分层取水　　　　　　　　　B．鱼类增殖放流

C．强化渔政管理　　　　　　　　　D．下泄生态流量

66．土壤环境保护措施与对策不包括（　　）。

A．项目生产设施　　　　　　　　B．保护的目标

C．实施的保证措施　　　　　　　D．预期效果的分析

67．（　）应针对现有工程引起的土壤环境影响问题，提出"以新带老"措施，有效减轻影响程度或控制影响范围，防止土壤环境影响加剧。

A．所有建设项目　　　　　　　　B．改、扩建项目

C．污染影响型项目　　　　　　　D．新、改、扩建项目

68．（　）建设项目应结合项目的生态影响特征、按照生态系统功能优化的理念、坚持高效适用的原则提出源头防控措施。

A．生态影响型　　　　　　　　　B．污染影响型

C．生态影响型及污染影响型　　　D．改、扩建项目

69．为防某山谷型生活垃圾填埋场对下游 1.5 km 处村庄水井的污染，可以采用的地下水污染水力控制措施是（　）。

A．加强填埋场渗滤液导排、收集和处理

B．填埋场坝下进行垂直帷幕

C．填埋场下游增设污染监控井

D．停止使用该填埋场

70．关于修复技术可行性评估，如对土壤修复技术适用性不确定，应开展（　）。

A．实验室小试　　　　　　　　　B．应用案例分析

C．现场中试　　　　　　　　　　D．专家讨论会

71．确认前期场地环境调查与风险评估提出的土壤修复范围是否清楚，特别要关注（　）。

A．四周边界　　　　　　　　　　B．污染土层深度分布

C．地下水埋深　　　　　　　　　D．污染土层异常分布情况

72．关于基坑清理效果评估布点，对于重金属和半挥发性有机物，在一个采样网格和间隔内可采集（　）。

A．混合样　　　B．表层样　　　C．深层样　　　D．柱状样

73．炼化企业产生的油泥、废弃物催化剂在最终处置前可暂时存放于（　）。

A．危废贮存设施　　　　　　　　B．防渗露天堆场

C．有顶棚的堆场　　　　　　　　D．生活污水处理厂剩余污泥存放区

二、不定项选择题（每题的备选项中至少有一个符合题意）

1．根据《大气污染治理工程技术导则》（HJ 2000—2010），大气污染治理工程应遵循哪些原则（　）。

A．综合治理　　　B．循环利用　　　　C．达标排放　　　D．总量控制

2. 根据《大气污染治理工程技术导则》（HJ 2000—2010），关于污染气体的排放的要求，说法正确的有（　　）。

　A. 排气筒的出口直径应根据出口流速确定，流速宜取 15 m/s 左右

　B. 排气筒的高度按《大气污染物综合排放标准》（GB 16297—1996）的要求就可以

　C. 排气筒或烟道应按相关规范设置永久性采样孔，必要时设置测试平台

　D. 应当根据当地环保部门的要求在排气筒上建设、安装自动监控设备及其配套设施或预留连续监测装置安装位置

3. 根据《大气污染治理工程技术导则》（HJ 2000—2010），污染气体排放排气筒应根据（　　）因素，确定采用砖排气筒、钢筋混凝土排气筒或钢排气筒。

　A. 使用条件　　　　　　　　　　　B. 功能要求

　C. 排气筒高度　　　　　　　　　　D. 材料供应及施工条件

4. 根据《大气污染治理工程技术导则》（HJ 2000—2010），关于污染气体的收集措施和要求，说法正确的有（　　）。

　A. 对产生逸散粉尘或有害气体的设备，一定要采取密闭、隔离和负压操作措施

　B. 污染气体应尽可能利用生产设备本身的集气系统进行收集，逸散的污染气体采用集气（尘）罩收集

　C. 集气（尘）罩的吸气方向应尽可能与污染气流运动方向不一致

　D. 吸气点的排风量应按防止粉尘或有害气体扩散到周围环境空间为原则确定

5. 根据《大气污染治理工程技术导则》（HJ 2000—2010），对除尘器收集的粉尘或排出的污水，需根据（　　）和便于维护管理等因素，采取妥善的回收和处理措施。

　A. 生产条件　　　　　　　　　　　B. 除尘器类型

　C. 粉尘的回收价值　　　　　　　　D. 粉尘的特性

6. 某汽油加油站加油量为每日 10 000 L，为控制加油枪加油、地下罐收油过程挥发性有机物排放，适宜的控制措施有（　　）。

　A. 采用油气平衡加油枪　　　　　　B. 采用常温汽油吸收法

　C. 采用 40 m 排气筒高空排放　　　 D. 地下油罐采用气相平衡收油

7. 吸附剂的选择原则包括（　　）。

　A. 比表面积大，孔隙率高，吸附容量大

　B. 吸附选择性强

　C. 有足够的机械强度、热稳定性和化学稳定性

　D. 原料来源广泛，价廉易得

8. 下列含铅烟气中，可用酸液吸收法处理的有（　　）。

　A．氧化铅生产含铅废气　　　　　　B．蓄电池生产中的含铅烟气

　C．化铅锅含铅烟气　　　　　　　　D．冶炼炉含铅烟气

9．挥发性有机物的去除方法包括（　　）。

　A．吸附法　　　　B．吸收法　　　　C．冷凝法　　　　D．膜分离法

10．根据《大气污染治理工程技术导则》（HJ 2000—2010），砷、镉、铬及其化合物废气一般处理方法有（　　）。

　A．吸附法　　　　B．吸收法　　　　C．冷凝法　　　　D．过滤法

11．袋式除尘器的清灰方式主要有（　　）。

　A．机械振打清灰　　　　　B．脉冲清灰　　　　　C．逆气流清灰

　D．自激式清灰　　　　　　E．高压文氏管清灰

12．电除尘器的主要优点是（　　）。

　A．抗高温和腐蚀　　　　　B．压力损失少　　　　　C．投资小

　D．能耗少　　　　　　　　E．除尘效率高

13．选择除尘器时应考虑（　　）。

　A．粉尘的物理、化学性质　　　　　B．粉尘浓度

　C．除尘器效率　　　　　　　　　　D．粉尘回收利用价值

14．适合大风量、低浓度有机废气的治理技术方法有（　　）。

　A．吸附法　　　　B．膜分离法　　　　C．冷凝法　　　　D．低温等离子法

15．属于湿法排烟脱硫的有（　　）。

　A．活性炭法　　　B．钠法　　　C．镁法　　　D．钙法　　　E．氨法

16．属于干法排烟脱硫的有（　　）。

　A．活性炭法　　　　　B．钠法　　　　　　C．催化氧化法

　D．钙法　　　　　　　E．石灰粉吹入法

17．低氮燃烧技术是通过（　　）等方法来抑制 NO_x 的生成或破坏已生成的 NO_x。

　A．调节燃烧温度　　　　　　　　B．催化还原

　C．烟气中氧的浓度　　　　　　　D．烟气在高温区的停留时间

18．烟（粉）尘的治理技术主要是通过（　　）来实现。

　A．加强环境管理　　　　　　　　B．提高员工环保素质

　C．改进燃烧技术　　　　　　　　D．采用除尘技术

19．属于二氧化硫防治措施的是（　　）。

　A．氨法　　　　　　　B．海水法　　　　　　C．烟气循环流化床

　D．吸附法　　　　　　E．炉内喷钙法

20．属于氮氧化物防治措施的是（　　）。

　A．非选择性催化还原法　　　　　　B．炉内喷钙

C. 选择性催化还原法　　　　　　　　　D. 低氮喷嘴

21. 属于除烟（粉）尘的有效措施的是（　　）。

　　A. 机械式除尘器　　　　　　B. 湿式除尘器　　　　　C. 袋式除尘器

　　D. 静电除尘器　　　　　　　E. 泥煤碱法

22. 新建的城镇宜采用分流制，采用分流制的区域宜对初期雨水进行处理的方式，有（　　）。

　　A. 截流　　　　　　B. 调蓄　　　　　　　C. 处理　　　　　D. 综合利用

23. 某电镀企业包括除油、镀铬、镀锌、镀铜等生产线，铬酸雾经收集、碱洗吸收后排放，则需要单独收集处理的含第一类污染物废水有（　　）。

　　A. 除油废水　　　　　　　　　　　　B. 铬废水

　　C. 镀铜废水　　　　　　　　　　　　D. 铬酸雾吸收废水

24. 下列方法中，利用密度差异去除废水中污染物的有（　　）。

　　A. 隔油　　　　　　B. 过滤　　　　　　C. 气浮　　　　　D. 反渗透

25. 生物接触氧化反应池中，填料的作用有（　　）。

　　A. 可提高废水的 B/C 比

　　B. 可提高废水处理过程中氧的利用率

　　C. 可增加微生物数量

　　D. 可增加好氧生物反应器中微生物的种群数量

26. 消毒处理是为避免或减少消毒时产生的二次污染物，最好采用（　　）。

　　A. 紫外线　　　　　　B. 二氧化氯　　　　C. 液氯　　　　　D. 乙醇

27. 污泥的处置方法主要有（　　）。

　　A. 卫生填埋　　　　B. 热解　　　　　　C. 安全填埋　　　　D. 焚烧

28. 某生产车间产生含金属 Ni 废水，拟采用物化处理该废水进行预处理，下列做法正确的有（　　）。

　　A. 应在车间内处理达标后排出　　　B. 调节 pH 为酸性去除金属 Ni

　　C. 调节 pH 为碱性去除金属 Ni　　　D. 与其他车间废水混合后集中处理

29. 地下水环境风险防范措施中，需要重点采取措施的有（　　）。

　A. 源头控制　　　B. 污染监控　　　　C. 分区防渗措施　　　　D. 事故预警

30. 地下水污染防渗分区应考虑的因素有（　　）。

　　A. 天然包气带防污性能　　　　　　B. 污染控制难易程度

　　C. 污染物特性　　　　　　　　　　D. 污染物产生量

31. 对于一个选址符合环保要求的拟建垃圾填埋场，控制和预防地下水污染的措施包括（　　）。

A. 防渗工程　　　　　　　　　　B. 渗滤液疏导、处理工程

C. 雨水截流工程　　　　　　　　D. 渗滤液系统监测系统

32. 某油库建设项目为防范突发事故泄漏污染下游地下水，可预设的地下水污染防治措施有（　　）。

A. 重点防渗区防渗措施　　　　　B. 构建可渗透反应墙

C. 跟踪监测　　　　　　　　　　D. 构建抽出处理系统

33. 属于Ⅰ类建设项目场地地下水污染防治分区防治措施的有（　　）。

A. 提出不同区域的地面防渗方案

B. 划分污染防治区

C. 给出具体的防渗材料及防渗标准要求

D. 建立防渗设施的检漏系统

34. 属于Ⅱ类建设项目地下水保护与环境水文地质问题减缓措施的有（　　）。

A. 以均衡开采为原则，提出防止地下水资源超量开采的具体措施

B. 分区防治措施

C. 建立地下水动态监测系统

D. 针对建设项目可能引发的其他环境水文地质问题提出应对预案

35. 以下属于噪声与振动控制的基本原则的是（　　）。

A. 优先源强控制　　　　　　　　B. 传输途径控制

C. 敏感点防护　　　　　　　　　D. 噪声水平检测

36. 根据《环境噪声与振动控制工程技术导则》（HJ 2034—2013），关于隔声的一般规定，说法正确的有（　　）。

A. 对固定声源进行隔声处理时，宜尽可能靠近噪声源设置隔声措施

B. 对敏感点采取隔声防护措施时，宜采用具有一定高度的隔声墙或隔声屏障

C. 对噪声传播途径进行隔声处理时，宜采用隔声间（室）的结构形式

D. 对临街居民建筑可安装隔声窗或通风隔声窗

37. 机场建设和运营产生的噪声超过标准限值时，应在技术、经济、安全等条件许可的情况下，从（　　）等方面提出噪声污染防治措施。

A. 源头控制　　　　　　　　　　B. 优化设计

C. 传播途径阻断　　　　　　　　D. 末端治理

38. 城市道路建设项目防治噪声污染的基本途径有（　　）。

A. 敏感建筑物自身防护　　　　　B. 从传播途径上降低噪声

C. 调整城市建成区功能　　　　　D. 敏感建筑物功能置换

39. 某新建铁路拟穿越城区集中居住区，两侧住宅高度在 30 m 以上，对住宅高层可考虑的噪声防治对策有（　　）。

　　A．铁路改线　　　　　　　　　　B．铁路侧加 3 m 高的声屏障

　　C．居民住宅加装隔声窗　　　　　D．穿越居民区路段加装封闭的隔声设施

40．根据《环境噪声与振动控制工程技术导则》（HJ 2034—2013），噪声与振动控制工程的性能通常可以采用（　　）来检测。

　　A．插入损失　　　　　　　　　　B．传递损失

　　C．空气自由损失　　　　　　　　D．声压级降低量

41．在噪声传播途径上降低噪声，可采用（　　）的设计原则，使高噪声敏感设备尽可能远离噪声敏感区。

　　A．改革工艺和操作方法　　　　　B．闹静分开

　　C．合理布局　　　　　　　　　　D．消声、隔振和减振

42．从声源上降低噪声的有（　　）。

　　A．利用自然地形物降低噪声　　　B．改进机械设计以降低噪声

　　C．维持设备处于良好的运转状态　D．改革工艺和操作方法以降低噪声

43．关于焚烧炉炉型适用范围的说法，正确的有（　　）。

　　A．炉排式焚烧炉适用于生活垃圾

　　B．流化床式焚烧炉适用于未经预处理的一般工业固废

　　C．固定床焚烧炉适用于规模小的固废处理工程

　　D．回转窑焚烧炉适用于热值较低的一般工业固废

44．某炼化企业产生的含油污泥，合理的处置方式有（　　）。

　　A．一般固废填埋场填埋　　　　　B．作为民用燃料出售

　　C．油固分离后综合利用　　　　　D．水泥窑协同处理

45．下列废物可以进水泥窑协同处置的有（　　）。

　　A．废盐酸　　　　　　　　　　　B．工业污水处理污泥

　　C．动植物加工废物　　　　　　　D．废轮胎

46．根据《固体废物处理处置工程技术导则》（HJ 2035—2013），关于控制焚烧烟气中的酸性气体、烟尘、重金属、二噁英等污染物的措施与设备，说法错误的有（　　）。

　　A．脱酸系统应采用适宜的碱性物质作为中和剂，可采用半干法、干法或湿法处理工艺

　　B．烟气除尘设备应采用旋风除尘器

　　C．烟气中重金属去除应注意固体废物应完全燃烧，并严格控制燃烧室烟气的温度、停留时间与气流扰动工况

　　D．烟气中二噁英的去除应注意减少烟气在 500～800℃温区的滞留时间

47．生活垃圾焚烧炉污染控制的主要技术性能指标有（　　）。

A．炉膛内焚烧温度　　　　　　　　B．炉膛内烟气停留时间

C．燃烧热效率　　　　　　　　　　D．焚毁去除率

48．根据《固体废物处理处置工程技术导则》（HJ 2035—2013），关于垃圾填埋场渗滤液的收集与处理，说法正确的有（　　）。

A．填埋场内应实行雨水与污水合流

B．填埋库区应铺设渗滤液收集系统，并宜设置疏通设施

C．调节池及渗滤液流经或停留的其他设施均应采取防渗措施

D．渗滤液应相关要求，处理达标后排放

49．根据《固体废物处理处置工程技术导则》（HJ 2035—2013），关于垃圾填埋场填埋气体收集与处理，说法正确的有（　　）。

A．填埋场应设置有效的填埋气体导排设施

B．宜对所有的填埋气体进行收集和利用

C．填埋场上方甲烷气体含量应小于5%

D．填埋场应防止填埋气体在局部聚集

50．根据《固体废物处理处置工程技术导则》（HJ 2035—2013），关于一般工业固体废物的收集和贮存的要求，说法正确的有（　　）。

A．贮存、处置场应采取防止粉尘污染的措施，周边应设导流渠，防止雨水径流进入贮存、处置场内，避免渗滤液量增加和发生滑坡

B．应构筑堤、坝、挡土墙等设施，防止一般工业固体废物和渗滤液的流失

C．应设计渗滤液集排水设施，必要时应设计渗滤液处理设施，对渗滤液进行处理

D．贮存含硫量大于1%的煤矸石时，应采取防止自燃的措施

51．堆放第Ⅱ类一般工业固体废物的处置场关于封场的说法正确的是（　　）。

A．封场后渗滤液及其处理后排放水的监测系统应继续维持正常运转，直至水质稳定为止

B．封场后地下水监测系统应继续维持正常运转

C．关闭或封场后，仍需继续维护管理，直到稳定为止

D．关闭或封场后，立即转为住宅用地

52．根据生物处理过程中起作用的微生物对氧气要求的不同，可以把固体废物堆肥分为（　　）。

A．高温堆肥　　　B．好氧堆肥　　　C．低温堆肥　　　D．厌氧消化

53．减轻垃圾焚烧大气污染的措施包括（　　）。

A．焚烧工况控制　　　　　　　　　B．焚烧尾气净化

C．垃圾预处理　　　　　　　　　　D．垃圾分类收集

54. 根据危险废物安全填埋入场要求，废物可直接入场填埋的是（　　）。

　A. 含水率高于 85% 的废物

　B. 液体废物

　C. 与衬层具有不相容性反应的废物

　D. 根据《固体废物浸出毒性浸出方法》和《固体废物浸出毒性测定方法》测得的废物浸出液中有一种或一种以上有害成分浓度超过《危险废物鉴别标准》中的标准值并低于《危险废物填埋污染控制标准》中的允许进入填埋区控制限值的废物

　E. 根据《固体废物浸出毒性浸出方法》和《固体废物浸出毒性测定方法》测得的废物浸出液 pH 在 7.0～12.0 的废物

55. 生态环境保护战略特别注重保护（　　）地区。

　A. 生态良好的地区，要预防对其破坏

　B. 城市、乡镇等人口活动较为密集的地区，保护城市、乡镇生态环境

　C. 生态系统特别重要的地区，要加强对其保护

　D. 资源强度利用，生态系统十分脆弱，处于高度不稳定或正在发生退化性变化的地区

56. 陆地石油天然气开发建设项目的生态保护措施应以（　　）等为重点，按照避让、减缓、治理修复、补偿及恢复的次序提出保护措施，所采取措施的效果应有利修复和增强区域生态功能。

　A. 生态敏感区避让　　　　　　　　B. 减少占地

　C. 严格控制施工作业区面积　　　　D. 生态修复和土地复垦

57. 南方某硫铁矿山露天开采后，因氧化和雨水侵蚀形成的弱酸性地表径流，造成矿区迹地土壤贫瘠、土层很薄，下列生态恢复措施正确的有（　　）。

　A. 表层覆土

　B. 种植大型乔木

　C. 种植草本植物或灌木

　D. 利用河泥、湖泥活农业废弃秸秆等增加土壤有机质

58. 作为减少生态环境影响的工程措施之一，工程方案分析与优化要从可持续发展出发，其优化的主要措施包括（　　）。

　A. 选择减少资源消耗的方案　　　　B. 采用环境友好的方案

　C. 选择经济效益最大化的设计方案　D. 采用循环经济理念，优化建设方案

　E. 发展环境保护工程设计方案

59. 某拟建高速公路建设期在下列地点设置弃渣场，选址合理的有（　　）。

　A. 水田　　　　B. 河道滩地　　　　C. 废弃取土场　　　　D. 荒土凹地

60. 减少公路建设占用耕地可行的措施有（   ）。

A．调整路线   B．经济补偿

C．以桥梁代替路基   D．高填方路段收缩路基边坡

61. 民用机场建设工程对重点保护及珍稀濒危野生植物、特有植物、古树名木等造成不利影响的，应提出（   ）等措施。

A．避让   B．优化工程布置或设计

C．就地或迁地保护   D．加强观测

62. 生态监测的目的主要是（   ）。

A．了解背景，即继续对生态环境的观察和研究，认识其特点和规律

B．验证假说，即验证环境影响评价中所作出的推论、结论是否正确，是否符合实际

C．促进产率

D．跟踪动态，即跟踪监测实际发生的影响，发现评价中未曾预料到的重要问题，可以采取相应的补救措施

63. 按照保护的方式、目的，生态保护可以分为（   ）。

A．维护   B．保护   C．恢复   D．重建   E．改造

64. 下列说法中，符合矿山生态环境保护与恢复治理的一般要求的是（   ）。

A．允许在重要道路、航道两侧及重要生态环境敏感目标可视范围内进行对景观破坏明显的露天开采

B．矿产资源开发活动应符合国家和区域主体功能区规划、生态功能区划、生态环境保护规划的要求

C．坚持"预防为主、防治结合、过程控制"的原则

D．所有矿山企业均应对照《矿山生态环境保护与恢复治理技术规范（试行）》各项要求，编制实施矿山生态环境保与恢复治理方案

65. 某技改扩建项目拟依托原有公辅工程，其治理措施可行性分析应考虑的因素（   ）。

A．能力匹配性   B．工艺可行性

C．经济合理性   D．现行环保政策相符性

66. 根据《矿山生态环境保护与恢复治理技术规范（试行）》（HJ 651—2013），恢复治理后的各类场地应实现（   ）。

A．安全稳定，对人类和动植物不造成威胁

B．对周边环境不产生污染，与周边自然环境和景观相协调

C．恢复土地基本功能，因地制宜实现土地可持续利用

D．区域整体生态功能得到保护和恢复

67．土壤环境保护措施与对策应包括（   ）。

A．保护的对象、目标　　　　　　　　B．措施的内容

C．实施部位和时间　　　　　　　　　D．编制环境保护措施布置图

68．根据《环境影响评价技术导则　土壤环境（试行）》，在建设项目可行性研究提出的影响防控对策基础上（   ），提出合理、可行、操作性强的土壤环境影响防控措施。

A．结合建设项目特点

B．结合环境影响识别结果

C．结合调查评价范围内的土壤环境质量现状

D．根据环境影响预测与评价结果

69．生态影响型土壤环境污染过程防控措施包括（   ）。

A．排水排盐　　　　　　　　　　　　B．调节土壤 pH 值

C．降低地下水位　　　　　　　　　　D．地面硬化

70．污染影响型建设项目应针对（   ）提出源头控制措施，并与相关标准要求相协调。

A．污染影响特征　　　　　　　　　　B．关键污染源

C．敏感点情况　　　　　　　　　　　D．污染物的迁移途径

71．项目评价区土壤盐渍化的过程防控措施有（   ）。

A．种植耐盐植物　　　　　　　　　　B．排水沟排盐

C．降低地下水位　　　　　　　　　　D．调节土壤 pH 值

72．进行生态影响评价应充分重视（   ）。

A．直接影响　　　　　　　　　　　　B．间接影响

C．潜在影响　　　　　　　　　　　　D．区域性影响

73．建设项目根据行业特点与占地范围内的土壤特性，按照相关技术要求采取（   ）措施。

A．过程阻断　　　　　　　　　　　　B．污染物削减

C．地面硬化　　　　　　　　　　　　D．分区防控

74．以下属于炼油厂含油污泥适合的处置方式有（   ）。

A．一般固废填埋　　　　　　　　　　B．外售用于民用燃料

C．油固分离后综合利用　　　　　　　D．水泥窑协同处理

参考答案

一、单项选择题

1. C

2. B 【解析】《大气污染治理工程技术导则》（HJ 2000—2010）6.3.1.1，吸附法净化气态污染物是利用固体吸附剂对气体混合物中各组分吸附选择性的不同，而分离气体混合物的方法，主要适用于低浓度有的毒有害气体净化。6.2.1.1，吸收法净化气态污染物是利用气体混合物中各组分在一定液体中溶解度的不同而分离气体混合物的方法。主要适用于吸收效率和速率较高的有毒有害气体的净化。

3. B 【解析】《大气污染治理工程技术导则》（HJ 2000—2010）6.2.1.1，吸收法净化气态污染物是利用气体混合物中各组分在一定液体中溶解度的不同而分离气体混合物的方法。主要适用于吸收效率和速率较高的有毒有害气体的净化。

4. C

5. A 【解析】《大气污染治理工程技术导则》（HJ 2000—2010）6.3.3.1，常用的吸附设备有固定床、移动床和流化床。工业应用宜采用固定床。

6. C 【解析】二氧化硫治理工艺划分为湿法、干法和半干法，常用工艺包括石灰石/石灰-石膏法、烟气循环流化床法、氨法、镁法、海水法、吸附法、炉内喷钙法、旋转喷雾法、有机胺法、氧化锌法和亚硫酸钠法等。其中石灰石/石灰-石膏法、海水法、循环流化床法、回流式循环流化床法比较成熟，占有脱硫市场的95%以上，是常用的主流技术。烟气循环流化床法与石灰石/石灰-石膏法相比，具有脱硫效率更高（99%）、不产生废水、不受烟气负荷限制、一次性投资低等优点。

7. A 【解析】A项属于湿式除尘类型，可用于高湿含尘废气的净化；B项不能用于除尘；C项虽可处理高湿含尘废气，但须选用具有抗结露性能的滤料；D项适用于去除干燥粉尘，高含湿性粉尘会黏附在旋风除尘器器壁，难以进入灰斗，影响除尘效率。

8. A 【解析】《大气污染治理工程技术导则》（HJ 2000—2010）7.4.3.3，化学吸收类处理方法宜用于处理大气量、高、中浓度的恶臭气体。

9. A 【解析】静电除尘器属高效除尘设备，用于处理大风量的高温烟气，适用于捕集电阻率在 $1 \times 10^4 \sim 5 \times 10^{10} \Omega \cdot cm$ 范围内的粉尘。燃煤电厂采用循环流化床燃煤锅炉，燃烧过程中投加石灰石，烟气采用静电除尘器或袋式除尘器净化。BCD三项属于气态污染物，气态污染物的净化只能利用污染物与载气物理或者化学性质的差异（沸点、溶解度、吸附性、反应性等），实现分离或者转化，常用的方法有吸收法、吸附法、催化法、燃烧法、冷凝法、膜分离法和生物净化法等。

10．A 【解析】根据《大气污染治理工程技术导则》（HJ 2000—2010）7.5.3.2，吸收和吸附等物理化学方法在自愿回收利用和卤化物深度处理上工艺技术相对成熟，优先使用物理化学方法处理卤化物气体。吸收法治理含氯或氯化氢废气时，宜采用碱液吸收法。

11．B 【解析】根据《大气污染治理工程技术导则》（HJ 2000—2010）7.6.4.1，铅及其化合物废气宜用吸收法处理。

12．C 【解析】SCR选择性催化还原法，原理是在催化剂作用下，还原剂NH_3在290～400℃下将氮氧化物还原成氮气和水，从而减少氮氧化物的排放。SNCR选择性非催化还原法，是指无催化剂的作用下，在适合脱硝反应的"温度窗口"内喷入还原剂，将烟气中的氮氧化物还原成氮气和水。

13．B

14．B 【解析】常用除臭技术工艺：①生物滤池除；②化学氧化除臭；③洗涤吸收除臭；④活性炭吸附及再生除臭。

15．B

16．C 【解析】对烟气中重金属和二噁英去除时，在脱酸设备和袋式除尘器之间应设置吸附剂的喷入装置，喷入活性炭或其他多孔性吸附剂，也可在布袋除尘器后设置活性炭或其他多孔性吸附剂吸收塔（床）或者催化反应塔。

17．B 【解析】单台裂解炉在非正常工况时年排放氨氮化物的总量为：$5 \times 36 \times 42\,000 \times 240 \times 10^{-9} = 1.81$ t/a。

18．A 19．D

20．A 【解析】在富含氯离子和氢离子的废气中，Cd（元素镉）易生成挥发性更强的$CdCl$，不利于将废气中的镉去除，应控制反应体系中氯离子和氢离子的浓度。氯浓度较高，所以应首先考虑去除废气中的氯（即含氯酸性气体）；吸收法治理含氯或氯化氢（盐酸酸雾）废气时，宜采用碱液吸收法，即用碱液吸收去除酸性气体。

21．A

22．D 【解析】《大气污染治理工程技术导则》（HJ 2000—2010）6.1.3.1。

23．B

24．D 【解析】由题目所给条件可知，甲苯尾气浓度为 20 mg/m³，风量为 200 000 m³/h，甲苯的排放速率为：$20 \times 200\,000 = 4\,000\,000$（mg/h）=4（kg/h），气体流量大，浓度低。低温等离子体法、催化氧化法和变压吸附法等工艺，宜用于气体流量大，浓度低的各类挥发性有机化合物废气处理。A项，甲苯的水溶性不好，不适合用海水法；B项，排烟再循环法不能使甲苯的量减少；C项，适用于二氧化硫的吸收。

25．D　【解析】本题烷烃废气具有可燃性，浓度较高。通常情况下优先考虑的是回收类方法，ABC选项均为回收类方法，D为消除类方法，注意关键字眼"达标治理"。

活性炭吸附适用于低浓度挥发性有机化合物废气的有效分离与去除，排除A选项。

冷凝适用于高浓度有机废气处理中的预处理，单纯的冷凝工艺无法达标排放（加油、加气站三级冷凝工艺除外），需增加吸附法、燃烧法等后续处理工序，B不选。

吸收法适用于废气流量较大、浓度较高、温度较低和压力较高的挥发性有机化合物废气的处理，虽然柴油可以利用相似相溶原理吸收烃类气体，也有相关的案例，但一般都会有后续处理工序，如增加吸附法、催化氧化等。

焚烧法宜用于处理可燃、在高温下可分解废气，处理效率较高，燃烧生成二氧化碳和水。

26．C　【解析】设原污泥量为 a，则污泥含干泥量为：$a×（1-96\%）$；设现污泥量的含水率为 b，则污泥含干泥量为：$a×10\%×（1-b）$。因为污泥含干泥量始终不变，则 $a×（1-96\%）=a×10\%×（1-b）$。解得：$b=60\%$。

27．B　【解析】A^2/O（厌氧缺氧好氧）工艺是通过厌氧区、缺氧区和好氧区的各种组合以及不同的污泥回流方式来去除水中有机污染物和氮、磷等的活性污泥法污水处理方法。好氧段溶解氧一般要求在 $2\sim3$ mg/L，对于厌氧段和缺氧段，溶解氧越低越好，由于进水和回流等影响氧含量，但缺氧段至少保证小于 0.5 mg/L，厌氧段小于 0.2 mg/L。B正确。

28．D　【解析】D项，膜分离法分为微滤、超滤、纳滤和反渗透法。微滤用于去除粒径为 $0.1\sim10$ μg 的悬浮物、颗粒物、纤维和细菌；超滤适用于去除分子量为 $10^3\sim10^6$ Da 的胶体和大分子物质；纳滤适用于分离分子量在 $200\sim1\,000$ Da、分子尺寸在 $1\sim2$ nm 的溶解性物质、二阶及高价盐等；反渗透适用于去除水中全部溶质，已用于脱盐及去除微量残留有机物。去除含胶体有机物的污水用膜分离法。A项，过滤适用于混凝或生物处理后低浓度悬浮物的去除，多用于废水深度处理，包括中水处理。可采用石英砂、应遵循"以废治废"的原则，并考虑资源回收和综合利用。C项，活性污泥法适用于去除污水中碳源有机物为主要目标，无氮、磷去除要求的情况。

29．B　【解析】为利于后续的生化处理，对于含有石油类废水的处理，一般先进行除油预处理，具体有隔油池、气浮或破乳—混凝—气浮、重力分离法等方法。甲苯、丙酮具有毒性，要在生化处理前处理；另甲苯、丙酮沸点不高、可挥发，可采用蒸汽汽提处理，经过重力油水分离—蒸汽汽提处理后的废水甲苯、丙酮、石油类浓度降低，可生化处理，如好氧处理。

30. C 【解析】废水处理技术可分为一级、二级和三级处理。一级处理通常被认为是一个沉淀过程，主要是通过物理处理法中去除废水中的悬浮状态的固体、呈分层或乳化状态的油类污染物。二级处理主要是去除水中的溶解性 BOD_5，并进一步去除悬浮固体物质，还可去除一定量的营养物（如氮、磷等）。三级处理是进一步去除废水中的其他污染成分（如氮、磷、微细悬浮物、微量有机物和无机盐等）。

31. D 【解析】有效处理硝基苯的工艺有：微电解、厌氧水解和 Fenton 氧化。废水处理方法中，中和处理法适用于酸性、碱性废水的处理，应遵循以废治废的原则，并考虑资源回收和综合利用。废水中含酸、碱浓度差别很大，一般来说，如酸、碱浓度在 3% 以上，则应考虑综合回收或利用；酸碱浓度在 3% 以下时，因回收利用的经济意义不大，才考虑中和处理。中和处理不能有效处理硝基苯。

32. B

33. C 【解析】生物膜法是与活性污泥法并列的一类废水好氧生物处理技术，根据装置的不同，生物膜法可分为生物滤池、生物转盘、接触氧化法和生物流化床等多种形式，它是将废水通过好氧微生物在载体填料上生长繁殖形成的生物膜，吸附和降解有机物，使废水得到净化的方法。生物膜是蓬松的絮状结构，微孔多，表面积大，具有很强的吸附能力。

生物膜微生物以吸附和沉积于膜上的有机物为营养物质，将一部分物质转化为细胞物质进行繁殖生长，成为生物膜中新的活性物质，另一部分物质转化为排泄物，在转化过程中放出能量，供应微生物生长的需要。增殖的生物膜脱落后进入废水，在二次沉淀池中被截留下来成为污泥，因此，生物膜法本身不具备污泥沉淀功能，A、B、D 错误。

序批式活性污泥法是活性污泥法的一种形式，集均化、初沉、生物降解、二沉等功能于一池，无污泥回流系统。由于运行中采用间歇式的形式，因此每一反应池是一批一批地处理污水，故此得名。整个工艺过程由进水、曝气、沉淀、排水和闲置等工序组成，依次在同一个反应池中周期性运转。这种工艺的主要特点是在一个构筑物中反复交替进行缺氧发酵和曝气反应，并完成污泥沉淀作用。C 正确。

34. C 【解析】是否需要消毒以及消毒程度应根据废水性质、排放标准或再生水要求确定。为避免或减少消毒时产生的二次污染物，最好采用紫外线或二氧化氯消毒，也可用液氯消毒。臭氧消毒适用于污水的深度处理（如脱色、除臭等）。在臭氧消毒之前，应增设去除水中悬浮物和化学需氧量的预处理设施（如砂滤、膜滤等）。

35. D 【解析】 D 项错误，冷却循环水系统排水不应排入市政雨水管道。

36. D

37. D　【解析】BOD_5/COD 大于 0.3 时，认为具有可生化性；低于 0.2 时，认为不可生化；在 0.2～0.3 时需要考虑提高可生化性。

此废水属于高浓度难生化废水，且氨氮、氟化物浓度高。因此宜吹脱或气提去除大部分氨氮后，再投加石灰或钙盐通过混凝沉淀去除氟化物；污水中剩余的有机物宜利用对高浓度、难降解有机物用较强处理能力和较高处理效率的厌氧生物法进行处理，COD 浓度较低的厌氧出水，再进生好氧生物处理，同时还可进一步去除氨氮。故选 D。

A 中无氟化物去除功能，也不宜处理高浓度氨氮，B 中化学氧化虽然可以提高可生化性，氟化物、氨氮无法有效去除，C 无厌氧处理过程。

38. B　【解析】曝气沉砂池集曝气和除砂为一体，可使沉砂中的有机物含量降低至 5% 以下，由于池中设有曝气设备，具有预曝气、脱臭、防止污水厌氧分解、除油和除泡等功能，为后续的沉淀、曝气及污泥消化池的正常运行以及污泥的脱水提供有利条件。

39. C　【解析】脱水的方法，主要有自然干化法、机械脱水法、热干化脱水及造粒法。自然干化法和机械脱水法适用于污水污泥，造粒法适用于混凝沉淀的污泥。

污泥含水量非常大，单纯的采用自然干燥（表面蒸发）无法降低至 60%，自然干化法后的污泥含水率一般最低为 75% 左右。机械脱水法有过滤和离心法，属于常规脱水方式，一般用于大中型污水处理厂，但污泥的黏性较大，且污泥较细小使用污泥离心脱水宜粘黏机械，其污泥含水率为 80%。污泥带式干燥是热干化脱水，属于深度脱水方式，其污泥含水率一般可降至低于 60%。从而满足填埋要求。污泥干化技术应和焚烧以及余热利用相结合，不鼓励对污泥进行单独热干化。故本题选 C。

40. B　【解析】芯片生产项目常产生 6 种废水：①含氮废水；②含氟废水；③BG/CMP 过程废水；④酸碱废水；⑤有机废水；⑥废气洗涤塔废水。其中含氟废水中的污染物主要包括：氨氮、氟化物、磷酸等。含氟废水现行的处理方法包括化学沉淀法、吸附法、混凝沉淀法、絮凝法、电凝聚法、离子交换树脂法、反渗透法、液膜法、电渗析法、冷冻法、超滤除氟、纳滤技术法、流化床结晶法、共蒸馏法和生化法等，其中化学沉淀法、吸附法和混凝沉降法最为常用。化学沉淀处理是向废水中投加某些化学药剂（沉淀剂），使其与废水中溶解态的污染物直接发生化学反应，形成难溶的固体生成物，然后进行固废分离，除去水中污染物。题干中的含氟废水可采用 $CaCl_2$ 混凝沉淀进行预处理。

41. C　【解析】《环境影响评价技术导则　声环境》（HJ 2.4—2021）9.2.1，从建设项目的选址（选线）、规划布局、总图布置（跑道方位布设）和设备布局等方面进行调整，提出降低噪声影响的建议。噪声防治优先顺序：合理规划噪声源与声环境保护目标布局、噪声源、传播途径、声环境保护目标。选址布局是前提，先规避，再措施。

42. D　【解析】由于楼上多层居民室内噪声超标，故噪声是水泵和供热装置的振动通过建筑物结构传播的。因此，D选项最为合理，进行隔振处理。

43. D

44. A　【解析】《环境噪声与振动控制工程技术导则》（HJ 2034—2013）7.3.5.2，针对锅炉排气、高炉放风、化工工艺气体放散、空压机和各种风动工具的不同排气噪声特点和工艺要求，可在排气口合理选择安装具有扩散降速或变频机能的排气放空消声器。

45. B　【解析】在噪声源与敏感建筑物间建声屏障属于从传播途径上降低噪声影响的方法，选择低噪声设备是从声源上降低，调整敏感建筑物的使用功能是从受体上降低。增加噪声源与敏感建筑物间的距离属于规划布局上降低。故选B。

46. A　【解析】根据《地铁设计规范》（GB 50157—2013），轨道减振级别分为中等减振、高等减振和特殊减振。中等减振的减振效果为10～15 dB，其减振轨道构造主要有先锋扣件、弹性轨枕、弹性支撑块和梯形轨枕轨道；高等减振的减振效果为15～20 dB，其减振轨道结构主要是浮置板轨道，包括橡胶浮置板轨道和钢弹簧浮置板轨道。

47. D

48. D　【解析】水泵引起的噪声超标是由于水泵的振动引起的。根据技术方法教材"防治噪声与振动污染的工程措施"的相关内容，当机器设备产生的振动可以引起固体声传导并引发结构噪声时，也应进行隔振降噪处理。

49. C

50. A　【解析】焚烧处置技术对环境的最大影响是尾气造成的污染，常见的焚烧尾气污染物包括：烟气、酸性气体、氮氧化物、重金属、二噁英等。为防止二次污染，工况控制和烟气净化则是污染控制的关键。

51. A　【解析】《固体废物处理处置工程技术导则》（HJ 2035—2013）8.1.5.6，炉排式焚烧炉适用于生活垃圾焚烧，不适用与处理含水率高的污泥。

52. C　【解析】《固体废物处理处置工程技术导则》（HJ 2035—2013）8.1.5.6，回转窑焚烧炉适用于处理成分辅助、热值较高的一般工业固体废物。

53. A

54. D　【解析】固体废物的种类多种多样，其形状、大小、结构及性质有很大的不同，为了便于对它们进行合适的处理和处置，往往要经过对废物的预加工处理。固体废物的预处理技术包括：①固体废物的压实；②破碎处理；③分选。D项，好氧堆肥是固体废物生物处理技术。

55. B

56. A　【解析】《国家危险废物名录》，油泥、废催化剂属于危险废物；《危险废物贮存污染控制标准》6.1.1，贮存设施应根据危险废物的形态、物理化学性质、包装形式和污染物迁移途径，采取必要的防风、防晒、防雨、防漏、防渗、防腐以及其他环境污染防治措施，不应露天堆放危险废物。

57. C　【解析】根据《危险废物安全填埋入场要求》中危险废物入场要求，禁止进入填埋场的废物有医疗废物和与衬层不相容的废弃物。

58. C　【解析】《生活垃圾焚烧污染控制标准》，生活垃圾焚烧飞灰属于危险废物，应按危险废物进行安全处置；秸秆等农林废物焚烧飞灰和除危险废物外的固体废物焚烧炉渣应按一般固体废物处理。

59. B　【解析】卫生填埋场的合理使用年限应在 10 年以上，特殊情况下应不低于 8 年。

60. D　【解析】《环境影响评价技术导则　生态影响》（HJ 19—2022）9.1.2，优先采取避让方案，源头防止生态破坏，包括通过选址选线调整或局部方案优化避让生态敏感区，施工作业避让重要物种的繁殖期、越冬期、迁徙洄游期等活动期和特别保护期，取消或调整产生显著不利影响的工程内容和施工方式等。

61. A　62. D

63. D　【解析】需打桩作业的建设项目涉及越冬鸟类栖息地的路段时应做好施工规划，在鸟类越冬期减少高噪声施工作业，必要情况下设置临时声音屏障。因此，该建设项目施工期的打桩作业时间不应安排在冬季。

64. D　【解析】生态影响的防护、恢复、补偿原则：① 应按照避让、减缓、补偿和重建的次序提出生态影响防护与恢复的措施；所采取措施的效果应有利修复和增强区域生态功能。② 凡涉及不可替代、极具价值、极敏感、被破坏后很难恢复的敏感生态保护目标（如特殊生态敏感区、珍稀濒危物种）时，必须提出可靠的避让措施或生境替代方案。③ 涉及采取措施后可恢复或修复的生态目标时，也应尽可能提出避让措施；否则，应制定恢复、修复和补偿措施。各项生态保护措施应按项目实施阶段分别提出，并提出实施时限和估算经费。A 项属于补偿措施；C 项属于减缓措施；BD 两项均属于避让措施，但针对铁路，应采取隧道穿越的避让方式。

65. B　【解析】　水库蓄水对渔业资源有影响，为弥补鱼类的种群数量损失，应优先采用鱼类增殖放流的措施。

66. A　【解析】《环境影响评价技术导则　土壤环境（试行）》9.1.1，土壤环境保护措施与对策应包括：保护的对象、目标，措施的内容、设施的规模及工艺、实施部位和时间、实施的保证措施、预期效果的分析等，在此基础上估算（概算）环境保护投资，并编制环境保护措施布置图。

67. B　【解析】《环境影响评价技术导则　土壤环境（试行）》9.1.3，改、扩建项目应针对现有工程引起的土壤环境影响问题，提出'以新带老'措施，有效减轻影响程度或控制影响范围，防止土壤环境影响加剧。

68. A　【解析】《环境影响评价技术导则　土壤环境（试行）》9.2.2.2，生态影响型建设项目应结合项目的生态影响特征、按照生态系统功能优化的理念、坚持高效适用的原则提出源头防控措施。

69. B　【解析】实际上考查地下水污染水力控制技术。该技术包括：抽注地下水、排出地下水、设置低渗透性屏障。B 选项属于设置渗透性屏障。

70. C　【解析】《污染场地土壤修复技术导则》6.2.2 现场中试，如对土壤修复技术适用性不确定，应在污染场地开展现场中试，验证试验修复技术的实际效果，同时考虑工程管理和二次污染防范等。

71. D　【解析】《污染场地土壤修复技术导则》5.2.3 确认修复范围，确认前期场地环境调查与风险评估提出的土壤修复范围是否清楚，包括四周边界和污染土层深度分布，特别要关注污染土层异常分布情况，比如非连续性自上而下分布。

72. A　【解析】《污染地块风险管控与土壤修复效果评估技术导则》6.1.1.3.5，对于重金属和半挥发性有机物，在一个采样网格和间隔内可采集混合样。

73. A　【解析】本题实际考查危险废物的识别。由于炼化企业产生的油泥、废弃物催化剂属于危险废物，因而必须暂时存放于危废贮存设施。

二、不定项选择题

1. ABCD　【解析】《大气污染治理工程技术导则》（HJ 2000—2010）4.2。

2. AC　【解析】《大气污染治理工程技术导则》（HJ 2000—2010）5.3，排气筒的高度应按《大气污染物综合排放标准》（GB 16297）和行业、地方排放标准的规定计算出的排放速率确定，排气筒的最低高度应同时符合环境影响报告批复文件要求。

3. ABCD　【解析】《大气污染治理工程技术导则》（HJ 2000—2010）5.3.4，应根据使用条件、功能要求、排气筒高度、材料供应及施工条件等因素，确定采用砖排气筒、钢筋混凝土排气筒或钢排气筒。

4. BD　【解析】《大气污染治理工程技术导则》（HJ 2000—2010）5.1，污染气体收集。

5. ABCD

6. AD　【解析】加油站分为三次油气回收，加油站一次油气回收是指地埋油罐在卸油时将油蒸汽回收至罐车内，防止污染以及浪费。二次油气回收是指回收式加油枪在给汽车加注油品时会有油蒸汽溢出到空气中，利用加油枪可以将油蒸汽回收。三次油气回收是指安装后处理装置，通过冷凝、吸附等方法将油气回收为汽油。

7. ABCD 【解析】选择吸附剂时，应遵循的原则包括：①比表面积大，孔隙率高，吸附容量大；②吸附选择性强；③有足够的机械强度、热稳定性和化学稳定性；④抑郁再生和活化；⑤原料来源广泛，价廉易得。

8. AB 【解析】《大气污染治理工程技术导则》（HJ 2000—2010）7.6.4。酸液吸收法适用于净化氧化铅和蓄电池生产中产生的含铅烟气。碱液吸收法适用于净化化铅锅、冶炼炉产生的含铅废气。

9. ABCD 【解析】挥发性有机物的去除方法包括：①吸附法适用于低浓度挥发性有机化合物废气的有效分离与去除，是目前使用最为广泛的 VOCs 回收法，该法已经在制鞋、喷漆、印刷、电子行业得到广泛应用。②吸收法适用于废气流量较大、浓度较高、温度较低和压力较高的挥发性有机化合物废气的处理。③冷凝法用于高浓度的挥发性有机化合物废气回收和处理，属高效处理工艺，可作为降低废气有机负荷的前处理方法，与吸附法、燃烧法等其他方法联合使用，回收有价值的产品。④膜分离法适用于较高浓度挥发性有机化合物废气的分离与回收，属高效处理工艺。⑤燃烧法适用于处理可燃、在高温下可分解和在目前技术条件下还不能回收的挥发性有机化合物废气，燃烧法应回收燃烧反应热量，提高经济效益。⑥生物法适用于在常温、处理低浓度、生物降解性好的各类挥发性有机化合物废气，对其他方法难处理的含硫、氮、苯酚和氰等的废气可采用特定微生物氧化分解的生物法。

10. BD 【解析】汞及其化合物废气一般处理方式是：吸收法、吸附法、冷凝法和燃烧法。砷、镉、铬及其化合物废气通常采用吸收法、过滤法处理。

11. ABC 【解析】D 和 E 选项属湿式除尘器。

12. ABDE 【解析】在所有的除尘器中，电除尘器的投资成本相对较高，特别是高效电除尘器的初投资比达 15。

13. ABCD 【解析】选择除尘器应主要考虑的因素有：①烟气及粉尘的物理、化学性质；②烟气流量、粉尘浓度和粉尘允许排放浓度；③除尘器的压力损失以及除尘效率；④粉尘回收、利用的价值及形式；⑤除尘器的投资以及运行费用；⑥除尘器占地面积以及设计使用寿命；⑦除尘器的运行维护要求。

14. AD 【解析】A 项，吸附法适用于低浓度挥发性有机化合物废气的有效分离与去除。B 项，膜分离法适用于高浓度挥发性有机化合物废气的分离与回收。C 项，低温等离子体法适用于气体流量大、浓度低的各类挥发性有机化合物废气处理。

15. BCDE 16. ACE 17. ACD 18. CD 19. ABCDE 20. ACD

21. ABCD 【解析】《大气污染治理工程技术导则》（HJ 2000—2010）6.1.3.2，除尘器主要有机械式除尘器、湿式除尘器、袋式除尘器和静电除尘器。

22. ABC

23. BD　【解析】第一类水污染物有总汞、烷基汞、总铬、总镉、六价铬、总砷、总铅、总镍、苯并芘、总铍、总银、总 α 放射性、总 β 放射性共计 13 种。A 除油废水不含第一类水污染物，B 镀铬废水含有第一类水污染污物铬，虽然按照《电镀废水治理工程技术规范》，镀铜废水也需要在车间排放口处理，但铜不属于第一类水污染物，D 铬酸雾吸收废水含有第一类水污染物铬。故本题选择 B、D。

24. AC　【解析】隔油、气浮方法是利用密度差异去除废水中的污染物。气浮适用于除水中密度小于 1 kg/L 的悬浮物、油类和脂肪，可用于污水处理，也可用于污泥浓缩。

25. BCD

26. ABC　【解析】是否需要消毒以及消毒程度应根据废水性质、排放标准或再生水要求确定。为避免或减少消毒时产生的二次污染物，最好采用紫外线或二氧化氯消毒，也可用液氯消毒。同时应根据水质特点考虑消毒副产物的影响并采取措施消除有害消毒副产物。

27. AD

28. AC　【解析】废水中的重金属离子（如汞、镉、铅、锌、镍、铬、铁、铜等）、碱土金属（如钙、镁）、某些非金属（如砷、氟、硫、硼）均可采用化学沉淀处理过程去除。沉淀剂可选用石灰、硫化物、钡盐和铁屑等。Ni 属于第一类污染物。对第一类污染物，不分行业和污水排放方式，也不分受纳水体的功能类别，一律在车间或车间处理设施排放口考核；去除金属 Ni 时，调节 pH 为碱性，形成 $Ni(OH)_2$ 沉淀，再经固液分离装置去除沉淀物。

29. AC　【解析】地下水环境风险防范措施中，要重点采取源头控制和分区防渗措施，加强地下水环境的监控、预警，提出事故应急减缓措施。

30. ABC　【解析】地下水污染防渗分区应考虑的因素包括天然包气带防污性能、污染控制难易程度、污染物特性（污染物类型）以及防渗技术要求。

31. ABCD　【解析】填埋场衬层系统是防止废物填埋处置污染环境的关键工程屏障。根据渗滤液收集系统防渗系统和保护层、过滤层的不同组合，填埋场的衬层系统有不同的结构。应重点评价填埋场所选用的衬层（类型、材料、结构）防渗性能及其在废物填埋需要的安全处置期内的可靠性是否满足：①封闭渗滤液于填埋场之中，使其进入渗滤液收集系统；②控制填埋场气体的迁移，使填埋场气体得到有控制释放和收集；③防止地下水进入填埋场中，增加渗滤液的产生量。题目中四项措施均可控制和预防地下水污染。

32. AC　33. ABCD　34. ACD

35. ABC　【解析】噪声与振动控制的基本原则是优先源强控制；其次应尽可能靠近污染源采取传输途径的控制技术措施；必要时再考虑敏感点防护措施。其中：

①源强控制，应根据各种设备噪声、振动的产生机理，合理采用各种针对性的降噪减振技术，尽可能选用低噪声设备和减振材料，以减少或抑制噪声与振动的产生；②传输途径控制，若声源降噪受到很大局限甚至无法实施的情况下，应在传播途径上采取隔声、吸声、消声、隔振、阻尼处理等有效技术手段及综合治理措施，以抑制噪声与振动的扩散；③敏感点防护，在对噪声源或传播途径均难以采用有效噪声与振动控制措施的情况下，应对敏感点进行防护。

36. AD　【解析】选项 B 和 C 的说法对调才正确。

37. ACD

38. ABD　【解析】C 选项，应该调整城市规划区功能，不是建成区。

39. ACD　【解析】B 项，铁路侧加 3 m 声屏障，对住宅高层的噪声防治无作用，但可以在穿越居民区路段加装封闭的隔声设施。

40. ABD　41. BCD　42. BCD

43. AC　【解析】选项 B 多了"未经处理"几个字，流化床式焚烧炉对物料的理化特性有较高的要求，适用于处理污泥、预处理后的生活垃圾及一般工业固体废物。回转窑焚烧炉适用于处理成分复杂、热值较高的一般工业固体废物。

44. CD　【解析】含油污泥是危险废物，不能在一般固废填埋场填埋，A 错误；含油污泥具有较大的危害性，对环境容易造成较大的污染，经过处理后可作为生产燃料，但运输、贮存等环节均有严格要求，不宜作为民用燃料直接出售，B 错误；炼化厂含油污泥含油量搞，可以油固分离后综合利用，C 正确；含油污泥中的有机物和潜在热量高，用于水泥窑协同处理可实现含油污泥的减量化、无害化、资源化，D 正确。

45. BCD　【解析】水泥窑协同处置固体废物是指将满足或经过预处理后满足入窑要求的固体废物投入水泥窑，在进行水泥熟料生产的同时实现对固体废物的无害化处置过程。水泥窑协同处置固体废物的类型主要包括危险废物、生活垃圾、城市和工业污水处理污泥、动植物加工废物、受污染土壤、应急事件废物等。严禁利用水泥窑协同处置具有放射性、爆炸性和反应性废物，未经拆解的废家用电器、废电池和电子产品，含汞的温度计、血压计、荧光灯管和开关，铬渣，以及未知特性和未经过检测的不明性质废物。反应性废物是指经鉴别具有爆炸性质的危险废物和废弃氧化剂或有机过氧化剂。废盐酸属于废弃氧化剂，故不可利用水泥窑协同处置。

46. BD　【解析】选项 B 的正确说法是：烟气除尘设备应采用袋式除尘器；选项 D 的正确说法是：应减少烟气在 200～400℃温区的滞留时间。

47. AB　【解析】根据《生活垃圾焚烧污染控制标准》（GB 18485—2014）规定，生活垃圾焚烧炉污染控制的主要技术性能指标有炉膛内焚烧温度、炉膛内烟气停留时间和焚烧炉渣热灼减率。

48. BCD　【解析】填埋场内应实行雨水与污水分流，减少运行过程中的渗滤液产生量。

49. ACD　【解析】宜对填埋气体进行收集和利用，难以回收和无利用价值时宜将其导出处理后排放。

50. ABC　【解析】选项 D 的正确说法是：贮存含硫量大于 1.5% 的煤矸石时，应采取防止自燃的措施。

51. ABC　【解析】《一般工业固体废物贮存和填埋污染控制标准》（GB 18599—2020）。

52. BD

53. ABCD【解析】垃圾预处理、垃圾分类收集从源头控制污染物的产生；焚烧工况控制是从焚烧过程中减少污染物的产生；焚烧尾气净化是对产生的尾气进行处理。

54. DE　【解析】根据危险废物安全填埋入场要求，废物可直接入场填埋的有两种情况。

55. ACD　【解析】生态环境保护战略特别注重保护三类地区：一是生态环境良好的地区，要预防对其破坏；二是生态系统特别重要的地区，要加强对其保护；三是资源强度利用，生态系统十分脆弱，处于高度不稳定或正在发生退化的地区。不同的地区因地制宜，贯彻实施各地生态环境保护规划，是生态环保措施必须实施的内容。

56. ABCD

57. ACD【解析】土壤肥沃、主层较厚的地可种植乔木，土壤贫瘠、图层甚薄的地方，则只能中草本植物或灌木，根据题目，B 错误。

58. ABDE　59. CD　60. A　61. ABCD

62. ABD　【解析】生态监测的目的是：① 了解背景，即继续对生态的观察和研究，认识其特点和规律；② 验证假说，即验证环境影响评价中所做出的推论、结论是否正确，是否符合实际；③ 跟踪动态，即跟踪监测实际发生的影响，发现评价中未曾预料到的重要问题，并据此采取相应的补救措施。

63. ABCD

64. BCD　【解析】矿山生态环境保护与恢复治理的一般要求有：①禁止在依法划定的自然保护区、风景名胜区、森林公园、饮用水水源保护区、文物古迹所在地、地质遗迹保护区、基本农田保护区等重要生态保护地以及其他法律法规规定的禁采区域内采矿。禁止在重要道路、航道两侧及重要生态环境敏感目标可视范围内进行对景观破坏明显的露天开采。②矿产资源开发活动应符合国家和区域主体功能区规划、生态功能区划、生态环境保护规划的要求，采取有效预防和保护措施，避免或减轻矿产资源开发活动造成的生态破坏和环境污染。③坚持"预防为主、防治结合、过程控制"的原则，将矿山生态环境保护与恢复治理贯穿矿产资源开采的全过程。根据矿山生态环境保护与恢复治理的重点任务，合理确定矿山生态保护与恢复治理分区，优化矿区生产与生活空间格局。采用新技术、新方法、新工艺提高矿山生态环境保护和恢复治理水平。④所有矿山企业均应对照《矿山生态环境保护与恢复治理技术规范（试行）》各项要求，编制实施矿山生态环境保护与恢复治理方案。⑤恢复治理后的各类场地应实现安全稳定，对人类和动植物不造成威胁；对周边环境不产生污染；与周边自然环境和景观相协调，恢复土地基本功能，因地制宜实现土地可持续利用，区域整体生态功能得到保护和恢复。

65. ABCD　【解析】改扩建项目依托原有公辅工程，比如：要依托原有的污水处理站，首先应考虑污水处理站是否有足够容量接纳扩建工程污水量（即能力匹配性），其次考虑现有污水处理站的处理工艺是否满足扩建工程污水处理的需要（即工艺可行性）。所以 AB 无异议。改扩建项目依托原有公辅工程之间需要配备的连接设施的投资估算，根据这些分析经济合理性。另外，现行环保政策也是需要考虑的内容，如很多地方取消小型燃煤锅炉，改扩建的时候应将此类问题一并整改。所以本题选择 ABCD。

66. ABCD

67. ABCD　【解析】《环境影响评价技术导则　土壤环境（试行）》9.1.1，土壤环境保护措施与对策应包括：保护的对象、目标，措施的内容、设施的规模及工艺、实施部位和时间、实施的保证措施、预期效果的分析等，在此基础上估算（概算）环境保护投资，并编制环境保护措施布置图。

68. ACD　【解析】《环境影响评价技术导则　土壤环境（试行）》9.1.2，在建设项目可行性研究提出的影响防控对策基础上，结合建设项目特点、调查评价范围内的土壤环境质量现状，根据环境影响预测与评价结果，提出合理、可行、操作性强的土壤环境影响防控措施。

69. ABC　【解析】《环境影响评价技术导则　土壤环境（试行）》9.2.3.2，涉及酸化、碱化影响的可采取相应措施调节土壤 pH 值，以减轻土壤酸化、碱化的程度；涉及盐化影响的，可采取排水排盐或降低地下水位等措施，以减轻土壤盐化的程度。

70. BD　【解析】《环境影响评价技术导则　土壤环境（试行）》9.2.2，污染影响型建设项目应针对关键污染源、污染物的迁移途径提出源头控制措施，并与 HJ 2.2、HJ 2.3、HJ 19、HJ 169、HJ 610 等标准要求相协调。

71. ABC　【解析】土壤盐渍化是由于地下水水位较高（埋深较浅），水分蒸发，留下盐类矿物质，致使土壤盐泽化。水位埋深越浅，矿化度越高，盐渍化程度越重。因此，直接用排水沟排盐或者降低地下水水位是有效的过程防控措施。种植耐盐植物可以减少蒸发，控制积盐。调节 pH 是防控土壤酸碱化措施。故选 ABC。

72. ABD

73. ABD　【解析】《环境影响评价技术导则　土壤环境（试行）》9.2.3，过程防控措施，建设项目根据行业特点与占地范围内的土壤特性，按照相关技术要求采取过程阻断、污染物削减和分区防控措施。

74. CD　【解析】考查固废措施处置方法 AB 错，含油污泥属于危险废物，不能按照一般废物焚烧或者按照一般固废填埋。

第六章　环境管理与环境监测

一、单项选择题（每题的备选选项中，只有一个最符合题意）

1. 根据《建设项目环境影响评价技术导则　总纲》，按建设项目不同阶段，针对不同工况、不同环境影响和（　　），提出具体环境管理要求。

    A．大气环境敏感性　　　　　　　　B．环境风险特征

    C．要素　　　　　　　　　　　　　D．生产工艺

2. 根据《建设项目环境影响评价技术导则　总纲》，环境监测计划主要内容不包括（　　）。

    A．监测频次　　　　　　　　　　　B．监测数据采集与处理

    C．监测期间气象条件　　　　　　　D．监测网点布设

3. 根据《建设项目环境影响评价技术导则　总纲》，污染源监测不包括（　　）。

    A．对污染源的定期监测

    B．对污染治理设施的运转的不定期监测

    C．在线监测设备的布设

    D．污染源监测应至少取得7天的有效数据

4. 在地下水环境监测中，确定监测层位最主要的依据为（　　）。

    A．建设项目地理位置　　　　　　　B．含水层的结构特点

    C．排放污染物的种类　　　　　　　D．排放污染物的数量

5. 某排污单位制定自行监测方案，监测内容不包括（　　）。

    A．污染物排放监测　　　　　　　　B．关键工艺参数监测

    C．制定排污标准　　　　　　　　　D．污染治理设施处理效果监测

6. 排污单位环境管理台账中对于发生变化的基本信息，记录频次为（　　）。

    A．1次/年　　　　　　　　　　　　B．5次/年

    C．1次/3年　　　　　　　　　　　D．发生变化时记录1次

7. 按固定污染源烟气排放连续监测系统（CEMS）技术要求，颗粒物CEMS 24小时零点漂移范围不得超过满量程的比例是（　　）。

    A．±2.5%　　　　　　　　　　　　B．±2.0%

    C．±1.5%　　　　　　　　　　　　D．±1.0%

8. 某项目拟建废气废液焚烧处置系统，由 1 台 4 t/h 废气废液焚烧炉、余热回收烟气净化等单元组成，烟气经 55 m 高排气筒排放。设置烟气污染物浓度在线监测采样的位置是（　　）。

　　A. 净化单元　　　　　　　　　　B. 余热回收单元

　　C. 排气筒　　　　　　　　　　　D. 焚烧炉炉膛

9. 固定污染源烟气在线监测系统（CEMS）数据失控时段可修约的数据为（　　）。

　　A. 污染物排放量　　　　　　　　B. 污染物排放浓度

　　C. 烟气参数　　　　　　　　　　D. 有效数据捕集率

10. 废水采样过程中，采样前不能荡洗采样器具和样品容器的监测分析项目的是（　　）。

　　A. 石油类　　　　B. 氰化物　　　　C. 氨氮　　　　D. pH

11. 环境监测计划应包括污染源监测计划和（　　）。

　　A. 质量检测成本计划　　　　　　B. 环境风险应对计划

　　C. 环境质量监测计划　　　　　　D. 环境保护设施建设计划

12. 排放口 COD 水质在线监测缺失时，其替代值的计算方法为（　　）。

　　A. 缺失时段上推至与缺失时段相同长度的前一时间段监测值的算数平均值

　　B. 缺失时段上推至与缺失时段相同长度的前一时间段监测值的中位值

　　C. 缺失时段前 2 日监测值算数平均值

　　D. 缺失时段前 4 日监测值算数平均值

二、不定项选择题（每题的备选项中至少有一个符合题意）

1. 某煤制烯烃项目废水全部回用，根据监测技术规范和排放标准要求，环境监测计划中除废气监测点外，还需设置的要素监测点有（　　）。

　　A. 企业厂界噪声监测点　　　　　B. 全厂雨水监控池排放口

　　C. 地下水环境跟踪监测井　　　　D. 厂界环境空气质量监测点

2. 新建一条穿越生态敏感区、长度为 60 km 高速公路，其生态监测应符合（　　）。

　　A. 施工期重点监测生态保护目标受施工活动的干扰影响状况，如重要物种的活动及生境质量变化等

　　B. 运营期重点监测生态保护目标受到的实际影响、生态保护对策措施的有效性以及生态修复效果等，监测可延续至运营后 5～10 年

　　C. 评价等级为一、二级的路段应开展施工期和运营期生态监测；评价等级为三级的路段可只开展施工期生态监测

　　D. 评价等级为一级的路段应开展施工期和运营期生态监测；评价等级为二、三级的路段可只开展施工期生态监测

3. 关于排污单位自行监测，属于主要排放口的有（   ）。

   A. 主要污染源的废气排放口

   B. 主要污染源与一般污染源共用的排放口

   C. "排污许可证申请与核发技术规范"确定的主要排放口

   D. 非重点行业焚烧炉废气排放口

4. 按照国家有关规定，重点排污单位应当（   ）。

   A. 安装使用监测设备   B. 保证监测设备正常运行

   C. 恢复周边生态   D. 保存原始监测记录

5. 下列关于重点排污单位废气自行监测指标的最低监测频次的说法，正确的是（   ）。

   A. 主要排放口主要监测指标，每半年到每年一次

   B. 主要排放口其他监测指标，每年一次

   C. 其他排放口监测指标，每半年到每年一次

   D. 主要排放口主要监测指标，每个月到每季度一次

6. 排污单位环境管理台账记录内容包括（   ）。

   A. 基本信息   B. 生产设施运行管理信息

   C. 污染防治设施运行管理信息   D. 监测记录信息

7. 某拟建项目大气评价等级为一级，可选用 CALPUFF 模型开展预测分析的情景有（   ）。

   A. 厂址距大型水体约 3.0 km，主要污染物最大 1 h 平均质量浓度占标率为 120%

   B. 评价基准年内存在风速≤0.5 m/s 最长持续时间为 80 h

   C. 项目周边最近气象站距厂址超过 80 km，且与厂址区存在较大海拔和地形差异

   D. 项目产生的主要污染物以烟塔合一方式排放

8. 关于重点排污单位废水自行监测指标的最低监测频次，正确的是（   ）。

   A. 主要排放口主要监测指标，每日到每月一次

   B. 主要排放口其他监测指标，每季度到每半年一次

   C. 其他排放口监测指标，每季度到每半年一次

   D. 主要排放口主要监测指标，每季度一次

9. 根据项目规模、生态影响特点及所在区域的生态敏感性，需要长期跟踪监测的是（   ）。

   A. 新建码头项目   B. 高等级航道项目

   C. 围填海项目   D. 大型海上机场

10. 锅炉烟气监测除了测量排放浓度，还要监测（   ）参数。

   A. 烟气含氧量   B. 烟气温度和压力

C. 烟气湿度　　　　　　　　　　D. 烟气流量

11. 火电行业建设项目化石燃料元素碳含量应采用实测法的项目包括（　　）

A. 新建项目　　　　　　　　　　B. 改建项目

C. 扩建项目　　　　　　　　　　D. 异地迁建项目

参考答案

一、单项选择题

1. B　【解析】《建设项目环境影响评价技术导则　总纲》（HJ 2.1—2016）9.1，按建设项目建设阶段、生产运行、服务期满后（可根据项目情况选择）等不同阶段，针对不同工况、不同环境影响和环境风险特征，提出具体环境管理要求。

2. C　【解析】《建设项目环境影响评价技术导则　总纲》（HJ 2.1—2016）9.4，环境监测计划应包括污染源监测计划和环境质量监测计划，内容包括监测因子、监测网点布设、监测频次、监测数据采集与处理、采样分析方法等，明确自行监测计划内容。

3. D　【解析】《建设项目环境影响评价技术导则　总纲》（HJ 2.1—2016）9.4，a）污染源监测包括对污染源（包括废气、废水、噪声、固体废物等）以及各类污染治理设施的运转进行定期或不定期监测，明确在线监测设备的布设和监测因子。

4. B　【解析】层位的确定依据以下原则：①含水层的结构特点是确定监测层位最主要的依据。含水层结构决定着地下水径流特征和污染物的迁移特点，含水层之间的水力联系决定了污染物的迁移方向和迁移能力。②建设项目的特点也是确定监测层位的重要参考依据。污染物由地表水污染地下水的建设项目，重点监测潜水含水层；污染物在地下或者含水层以下的建设项目，监测层位应兼顾污染物直接进入的含水层。③根据不同类型的特征因子的物理、化学性质及在含水层中的迁移转化规律，确定监测层位深度。

5. C　【解析】《排污单位自行监测技术指南　总则》（HJ 819—2017），监测内容包括污染物排放监测、周边环境质量影响监测、关键工艺参数监测、污染治理设施处理效果监测。

6. D　【解析】《排污单位环境管理台账及排污许可证执行报告技术规范　总则（试行）》（HJ 944—2018）4.4.1，对于未发生变化的基本信息，按年记录，1 次/年；对于发生变化的基本信息，在发生变化时记录 1 次。

7. B　【解析】《固定污染源烟气（SO_2、NO_x、颗粒物）排放连续监测技术规范》（HJ 75—2017）附录 A 表 A.3 中规定，颗粒物 CEMS 24 小时零点漂移范围不得超过满量程的 ±2.0%。

8. C

9. A 【解析】《固定污染源烟气（SO_2、NO_x、颗粒物）排放连续监测技术规范》（HJ 75—2017），CEMS 系统数据失控时段污染物排放量按照规范需求进行修约，污染物浓度和烟气参数不修约。

10. A 【解析】《污水监测技术规范》（HJ 91.1—2019）6.5.8a，部分监测项目采样前不能荡洗采样器具和样品容器，如动植物油类、石油类、挥发性有机物、微生物等。

11. C 【解析】环境监测计划应包括污染源监测计划和环境质量监测计划。

12. A 【解析】《水污染源在线监测系统（COD_{Cr}、NH_3-N 等）数据有效性判别技术规范》（HJ 356—2007）7.1，缺少水质自动分析仪监测值内容包括：缺失 COD_{Cr}、NH_3-N、TP 监测值以缺失时间段上推至与缺失时间段相同长度的前一时间段监测值的算术平均值替代，缺失 pH 值以缺失时间段上推至与缺失时间段相同长度的前一时间段 pH 值中位值替代。如前一时间段数据缺失，再依次往前类推。

二、不定项选择题

1. ABCD 【解析】《排污单位自行监测技术指南 总则》（HJ 819—2017）5.1，监测内容包括污染物排放监测、周边环境质量影响监测、关键工艺参数监测、污染治理设施处理效果监测。

2. ABC 【解析】《环境影响评价技术导则 公路建设项目》（HJ 1358—2024）11.2.4，新建 50 km 及以上的高速公路建设项目或穿（跨）越生态敏感区的项目应开展生态监测。生态监测应符合下列规定：a）施工期重点监测生态保护目标受施工活动的干扰影响状况，如重要物种的活动及生境质量变化等；运营期重点监测生态保护目标受到的实际影响、生态保护对策措施的有效性以及生态修复效果等，监测可延续至运营后 5～10 年。b）评价等级为一、二级的路段应开展施工期和运营期生态监测；评价等级为三级的路段可只开展施工期生态监测。

3. ABC 【解析】《排污单位自行监测技术指南 总则》（HJ 819—2017）5.2.1.1，符合以下条件的废气排放口为主要排放口：a）主要污染源的废气排放口；b）"排污许可证申请与核发技术规范"确定的主要排放口；c）对于多个污染源共用一个排放口的，凡涉主要污染源的排放口均为主要排放口。

4. ABD

5. CD 【解析】《排污单位自行监测技术指南 总则》（HJ 819—2017）5.2.1.4。

6. ABCD 【解析】《排污单位环境管理台账及排污许可证执行报告技术规范

总则（试行）》（HJ 944—2018）4.3。

7. AB　【解析】考查大气评价等级为一级项目中适用 CALPUFF 模型进行预测分析的情景。CALPUFF 模型适用于城市尺度（50 千米至几百千米），长期静、小风和岸边熏烟。A 选项厂址距大型水体较近且污染物浓度高，适用；B 选项存在长期静、小风，符合使用条件。C 错，距离远且存在差异应考虑补充监测，而不是改换模型；D 错，烟塔合一源应选择 AUSTAL2000。

8. AC　【解析】《排污单位自行监测技术指南　总则》（HJ 819—2017）5.3.3.2。

9. ABC　【解析】《环境影响评价技术导则　生态影响》（HJ 19—2022）9.3 生态监测和环境管理，结合项目规模、生态影响特点及所在区域的生态敏感性，针对性地提出全生命周期、长期跟踪或常规的生态监测计划，提出必要的科技支撑方案。大中型水利水电项目、采掘类项目、新建 100 km 以上的高速公路及铁路项目、大型海上机场项目等应开展全生命周期生态监测；新建 50～100 km 的高速公路及铁路项目、新建码头项目、高等级航道项目、围填海项目以及占用或穿（跨）越生态敏感区的其他项目应开展长期跟踪生态监测（施工期并延续至正式投运后 5～10 年），其他项目可根据情况开展常规生态监测。

10. ABCD　【解析】《固定源废气监测技术规范》（HJ/T 397—2007），6 排气参数的测定：6.1 排气温度，6.2 水分含量，6.3 CO、CO_2、O_2 等气体成分，6.4 排气密度和气体分子量，6.5 排气流速、流量（流速的计算需要测定压力）。

11. ABCD　【解析】《火电行业建设项目温室气体排放环境影响评价 技术指南（试行）》5.5 排放管理与监测计划（2）提出火电行业建设项目温室气体排放监测、报告和核查工作计划以及建立温室气体排放量核算所需参数相关的监测和环境管理台账记录要求，并根据《企业温室气体排放核算与报告指南发电设施》、GB/T 32151.1 等文件，明确化石燃料消耗量、元素碳含量、低位发热量、购入使用电量和热量、对外供电和供热量、机组运行小时数、脱硫碳酸盐和脱硝尿素消耗量等指标的监测频次、监测方法、记录信息、保存年限等。其中，新建、改建、扩建及异地迁建火电行业建设项目化石燃料元素碳含量应采用实测法。

第七章　环境风险分析

一、单项选择题（每题的备选选项中，只有一个最符合题意）

1．根据《建设项目环境风险评价技术导则》，依据（　），将大气环境敏感程度分为三级。

    A．大气环境敏感性   B．环境敏感目标环境敏感性

    C．人口密度   D．大气功能敏感性

2．大气环境敏感程度 E1 级的分级原则中，周边 5 km 范围内居住区、医疗卫生、文化教育、科研、行政办公等机构人口总数应（　）。

    A．大于 5 万人   B．小于 5 万人

    C．小于 1 万人   D．大于 1 万人，小于 5 万人

3．某建设项目涉及的物质和工艺系统的危险性等级为 P2，项目所在地的环境敏感程度为 E2，则该建设项目环境风险潜势划分为（　）级。

    A．Ⅰ   B．Ⅱ   C．Ⅲ   D．Ⅳ

4．建设项目环境风险评价中，最大可信事故是指（　）。

    A．在所有预测的概率不为零的事故中，对环境（或健康）危害最严重的事故

    B．在所有预测的概率大于 1 的事故中，对环境（或健康）危害最严重的事故

    C．基于经验统计分析，在一定可能性区间内发生的事故中，造成环境危害最严重的事故

    D．基于合理计算，在一定可能性区间内发生的事故中，造成环境危害最严重的事故

5．关于事故源强的确定，下列说法正确的是（　）。

    A．事故源强设定可采用事件树分析法、计算法和经验估算法

    B．火灾伴生/次生的污染物释放可使用计算法确定事故源强

    C．以应力作用引起的泄漏型为主的事故可使用经验估算法确定事故源强

    D．计算法适用于以腐蚀或应力作用等引起的泄漏型为主的事故

6．环境风险识别中的生产系统危险性识别不包括（　）。

    A．主要生产装置   B．公用工程

    C．主要原辅材料   D．辅助生产设施

7. 气体泄漏速率计算公式 $Q_G = YC_dAP\sqrt{\dfrac{M\gamma}{RT_G}\left(\dfrac{2}{\gamma+1}\right)^{\frac{\gamma+1}{\gamma-1}}}$ ， γ 表示（　　）。

　A. 流出系数　　　　　　　　　　　　B. 气体的绝热指数

　C. 气体泄漏系数　　　　　　　　　　D. 气体常数

8. $\dfrac{P_0}{P} \leqslant \left(\dfrac{2}{\gamma+1}\right)^{\frac{\gamma}{\gamma-1}}$ 成立的条件是（　　）。

　A. 气体流动属于亚音速流动　　　　　B. 气体流动属于音速流动

　C. 气体流动属于紊流　　　　　　　　D. 气体流动属于黏滞流

9. 公式（　　）是用来计算过热液体闪蒸蒸发速率的。

　A. $Q_1 = Q_L \times F_v$

　B. $Q_G = YC_dAP\sqrt{\dfrac{M\gamma}{RT_G}\left(\dfrac{2}{\gamma+1}\right)^{\frac{\gamma+1}{\gamma-1}}}$

　C. $Q_3 = \alpha p \dfrac{M}{RT_0} u^{\frac{(2-n)}{(2+n)}} r^{\frac{(4+n)}{(2+n)}}$

　D. $Q_2 = \dfrac{\lambda S \times (T_0 - T_b)}{H\sqrt{\pi\alpha t}}$

10. 当包气带防污性能为 D1，地下水功能性敏感性为 G2 时，其对应的地下水环境敏感程度应达到（　　）。

　A. E1　　　　　B. E2　　　　　C. E3　　　　　D. E4

11. 进行物质泄漏量计算时，一般情况下，设置紧急隔离系统的单元，泄漏时间可设定为（　　）min。

　A. 30　　　　　B. 15～30　　　　　C. 15　　　　　D. 10

12. 关于事故源强的确定，以下说法错误的是（　　）。

　A. 装卸事故，泄漏量按装卸物质流速和管径及失控时间计算

　B. 油气长输管线泄漏事故，按管道截面 50%断裂估算泄漏量

　C. 油气长输管线泄漏事故，截断阀启动前，泄漏量按实际工况确定

　D. 水体污染事故源强应结合污染物释放量、消防用水量及雨水量等因素综合确定

13. 某废旧轮胎综合利用项目发生事故时，该项目危险物质可能泄漏到厂址西南侧 1 900 m 处的一地表水体（水域环境功能为 Ⅱ 类），该泄漏排放点下游（顺水流向） 3 km 处有一重要水生生物的自然产卵场。该项目环境风险评价地表水环境敏感程度分级判定为（　　）。

　A. E1 环境高度敏感区　　　　　　　B. E3 环境低度敏感区

C. 无法判定　　　　　　　　　　D. E2 环境中度敏感区

14. 当危险物质数量与临界量比值 $Q \geq 100$ 时，行业及生产工艺 M3 所对应的工艺系统危险性等级为（　　）。

A. P1　　　　B. P2　　　　C. P3　　　　D. P4

15. 某甲醇生产装置甲醇精馏单元采用三塔精馏工艺，自动控制每塔的流量。建设项目环境风险评价中，下列事故风险源项单元划分，正确的是（　　）。

A. 单塔分别作为危险单元　　　B. 两塔组合作为危险单元

C. 三塔整体作为一个危险单元　　D. 甲醇生产装置整体作为一个危险单元

16. 某 2×660 MW 燃煤电站项目，配套建设污水处理站，4 台 100 m^3 柴油储罐供开工点火使用，可以作为环境风险事故情形设定的是（　　）。

A. 污水处理站检修硫化氢中毒　　B. 柴油火灾次生一氧化碳

C. 电站锅炉爆炸事故　　　　　　D. 蒸汽管道灼伤事故

17. 企业突发环境事件应急预案应体现（　　）。

A. 主要危险物质　　　　　　　　B. 优化的平面布局

C. 分级响应、区域联动的原则　　D. 现有环境风险防范措施的有效性

18. 环境风险评价结论中，对（　　）的建设项目，须提出环境影响后评价的要求。

A. 涉及剧毒物质　　　　　　　　B. 存在较大环境风险

C. 位于敏感区　　　　　　　　　D. 污染物排放量较大

19. 当地表水功能敏感性为 F1 时，其要求排放点进入地表水水域环境功能为（　　）类。

A. Ⅰ　　　　B. Ⅱ　　　　C. Ⅲ　　　　D. Ⅳ

20. 某建设项目涉及的危险物质有甲烷、甲醇，厂内物质贮存总量分别为 3 t 和 4 t，甲烷和甲醇临界量均为 10 t，则该项目风险潜势是（　　）。

A. Ⅰ　　　　B. Ⅱ　　　　C. Ⅲ　　　　D. Ⅳ

21. 某盐酸甲罐区存储盐酸 600 m^3，罐区围堰内净空容量为 100 m^3，事故废水管道容量为 10 m^3，消防设施最大给水流量为 18 m^3/h，消防实施对应的设计消防历时为 2 h，发生事故时在 2 h 内可以转输到乙罐区盐酸 80 m^3，发生事故时生产废水及雨水截断无法进入事故废水管道，则在甲罐区设置的应急池设计容量至少为（　　）m^3。

A. 410　　　　B. 546　　　　C. 456　　　　D. 446

22. 油气长输管线泄漏事故，按管道截面（　　）断裂估算泄漏量，应考虑截断阀启动前、后的泄漏量。

A. 25%　　　　B. 50%　　　　C. 75%　　　　D. 100%

23. 不属于环境风险三级评价基本要求的附图是（　　）。

  A. 环境敏感目标位置图　　　　　　　　B. 危险单元分布图

  C. 预测结果图　　　　　　　　　　　　D. 评价范围图

24. 某项目危险物质数量与临界量比值 $Q \geq 100$，行业及生产工艺为 M3，其对应的工艺系统危险性等级为（　　）。

  A. P1　　　　　　B. P2　　　　　　C. P3　　　　　　D. P4

25. 在生产系统危险性识别中，分析危险单元内潜在风险源的依据是（　　）。

  A. 生产工艺流程　　　　　　　　　　B. 物质危险性

  C. 平面布置功能区　　　　　　　　　D. 危险单元

26. 某柴油圆形长输管道，用伯努利方程 $Q_L = C_d A \rho \sqrt{\dfrac{2(P-P_0)}{\rho} + 2gh}$ 计算液体泄漏速率，当雷诺系数 $Re > 100$，裂口形状为圆形，环境压力与管道压力平衡的情况下，液体泄漏速率为（　　）。

  A. $Q_L = 0.65 A \rho \sqrt{2gh}$　　　　　　B. $Q_L = 0.55 A \rho \sqrt{2gh}$

  C. $Q_L = 0.50 A \rho \sqrt{2gh}$　　　　　　D. $Q_L = A \rho \sqrt{2gh}$

27. 某石化项目按 $V_{总} = (V_1 + V_2 - V_3)_{max} + V_4 + V_s$ 校核事故废水储存设施的总有效容积，估算厂区事故废水量时，消防水量和物料量 $(V_1 + V_2 - V_3)_{max}$ 为 12 960 m³；收集的雨水量 V_s 为 26 600 m³；进入该收集系统的生产废水量 V_2 暂不考虑。事故废水收集和储存系统的设计总有效容积 V 总应为（　　）m³。

  A. 13 600　　　　B. 12 900　　　　C. 27 000　　　　D. 40 000

28. 事故水环境风险防范措施中，应明确（　　）的环境风险防控体系要求。

  A. 封堵系统　　　　　　　　　　　　B. 应急储存设施

  C. 单元—厂区—园区/区域　　　　　　D. 预防为主

二、不定项选择题（每题的备选项中至少有一个符合题意）

1. 在建设项目环境风险评价中，大气环境敏感程度分级表述正确的是（　　）。

  A. 环境风险受体的敏感性依据环境敏感目标敏感性及人口密度划分

  B. 环境风险受体的敏感区分为环境高度敏感区、环境中度敏感区和环境不敏感区

  C. 周边 500 m 范围内人口总数小于 500 人的，大气环境敏感程度为 E3 级

  D. 油气、化学品输送管线管段周边 500 m 范围内，每千米人口数量是大气环境环境敏感程度分级依据

2. 关于风险预测中气象参数，下面说法正确的是（ ）

A. 一级评价，需选取最不利气象条件及事故发生地的最常见气象条件分别进行后果预测

B. 一级评价，需选取最不利气象条件进行后果预测

C. 二级评价，需选取最不利气象条件及事故发生地的最常见气象条件分别进行后果预测

D. 二级评价，需选取最不利气象条件进行后果预测

3. 建设项目环境风险识别内容包括（ ）。

A. 物质危险性识别　　　　　　B. 危险物质向环境转移途径识别

C. 生产系统危险性识别　　　　D. 环境敏感目标识别

4. 关于危险物质数量与临界量比值（Q），以下说法正确的是（ ）。

A. 计算所涉及的每种危险物质在厂界内的最大存在总量与其在附录 B 中对应临界量的比值 Q

B. 在不同厂区的同一种物质，按其在厂界内的最大存在总量计算

C. 长输管线项目，按照两个截断阀室之间管段危险物质最大存在总量计算

D. 将 Q 值划分为：$1 \leqslant Q < 10$、$10 \leqslant Q < 100$、$Q \geqslant 100$

5. 关于风险预测范围与计算点，下面说法正确的是（ ）。

A. 预测范围即预测物质浓度达到评价标准时的最大影响范围，通常由预测模型计算获取。预测范围一般不超过 10 km

B. 计算点分特殊计算点和一般计算点

C. 特殊计算点指大气环境敏感目标等关心点，一般计算点指下风向不同距离点

D. 一般计算点的设置应具有一定分辨率，距离风险源 500 m 范围内可设置 10～50 m 间距，大于 500 m 范围内可设置 50～100 m 间距

6. 采用计算法确定事故源强，适用于（ ）。

A. 火灾伴生/次生的污染物释放

B. 爆炸伴生/次生的污染物释放

C. 腐蚀作用引起的泄漏型为主的事故

D. 应力作用引起的泄漏型为主的事故

7. 某聚氯乙烯项目，以电石为原料，乙炔与氯化氢在汞触媒作用下生成聚乙烯单体，聚合生产产品聚乙烯。该项目事故风险源分析应包括（ ）。

A. 聚合单元　　　　　　　　　B. 生产控制室

C. 氯化氢输送管道　　　　　　D. 电石存放库

8. 液体泄漏速率 Q_L 用伯努利方程计算 $Q_L = C_d A \rho \sqrt{\dfrac{2(P - P_0)}{\rho} + 2gh}$，式中液体泄漏系数 C_d 的影响因素包括（　　）。

　　A. 雷诺数　　　　　　　　　　　　B. 液体比重

　　C. 裂口形状　　　　　　　　　　　D. 容器内介质压力

9. 某原油长输管线发生泄漏事故，关于泄漏量估算说法正确的有（　　）。

　　A. 按管道截面 100% 断裂估算泄漏量

　　B. 应考虑截断阀启动前、后的泄漏量

　　C. 截断阀启动前，泄漏量按实际工况确定

　　D. 截断阀启动后，泄漏量以管道泄压至与环境压力平衡所需要时间计

10. 建设项目环境风险生产系统危险性识别应考虑（　　）。

　　A. 事故触发因素　　　　　　　　　B. 消防系统设置

　　C. 生产工艺危险特点　　　　　　　D. 工艺系统危险物料存在量

11. 风险事故源强设定可以采用的数据有（　　）。

　　A. 液体泄漏速率理论估算数据　　　B. 同类事故类比源强数据

　　C. 事故源强设计数据　　　　　　　D. 雨水收集池数据

12. 影响泄漏液体质量蒸发速率的因素包括（　　）。

　　A. 环境温度　　　　　　　　　　　B. 风速

　　C. 液体表面蒸气压　　　　　　　　D. 液池半径

13. 属于建设项目环境风险评价基本附表要求的有（　　）。

　　A. 建设项目环境敏感特征表　　　　B. 事故源项及事故后果基本信息表

　　C. 大气风险预测模型主要参数表　　D. 环境风险评价自查表

14. 某液氨储罐，液氨物料泄漏会产生的环境危害有（　　）。

　　A. 氨水泄漏进入地下水　　　　　　B. 氨水泄漏对周边人群产生影响

　　C. 氨气泄漏伤害周边植被　　　　　D. 事故状态火灾产生的消防废水

15. 某液体散货码头项目主要装卸货品为液体化学品。码头项目可能发生的海域环境风险有（　　）。

　　A. 码头作业人员落水　　　　　　　B. 船载化学品泄漏入海

　　C. 装船化学品喷溅入海　　　　　　D. 工作船顶推作业

16. 环境风险识别方法包括（　　）。

　　A. 资料收集和准备　　　　　　　　B. 物质危险性识别

　　C. 生产系统安全性识别　　　　　　D. 环境风险类型及危害分析

17. 下列设施中，属于石化项目水体风险防控措施的有（　　）。

A. 消防水储罐 　　　　　　　　B. 车间排水监测井

C. 消防废水收集池 　　　　　　D. 有机液体罐区围堰

18. 质量蒸发中，（　）决定液池最大直径。

A. 泄漏点附近的地域构型 　　　B. 围堰厚度

C. 泄漏的连续性或瞬时性 　　　D. 液体泄漏量

参考答案

一、单项选择题

1. A 　【解析】《建设项目环境风险评价技术导则》附录 D.1，大气环境，依据环境敏感目标环境敏感性及人口密度划分环境风险受体的敏感性，共分为三种类型，E1 为环境高度敏感区，E2 为环境中度敏感区，E3 为环境低度敏感区，分级原则见表 D.1。

2. A 　【解析】大气环境敏感程度 E1 级时，周边 5 km 范围内居住区、医疗卫生、文化教育、科研、行政办公等机构人口总数大于 5 万人，或其他需要特殊保护区域；或周边 500 m 范围内人口总数大于 1 000 人。

3. C 　【解析】《建设项目环境风险评价技术导则》6.1，危险物质及工艺系统危险性为 P2，项目所在地的环境敏感程度为 E2，则该建设项目环境风险潜势划为 III 级。

4. C 　【解析】《建设项目环境风险评价技术导则》3.6，最大可信事故是基于经验统计分析，在一定可能性区间内发生的事故中，造成环境危害最严重的事故。

5. D 　【解析】《建设项目环境风险评价技术导则》8.2.2，事故源强设定可采用计算法和经验估算法。计算法适用于以腐蚀或应力作用等引起的泄漏型为主的事故；经验估算法适用于以火灾、爆炸等突发性事故伴生/次生的污染物释放。

6. C 　【解析】环境风险识别中的生产系统危险性识别包括主要生产装置、储运设施、公用工程和辅助生产设施，以及环境保护设施等。

7. B 　【解析】《建设项目环境风险评价技术导则》附录 F.1.2，γ——气体的绝热指数（比热容比），即定压比热容 C_p 与定容比热容 C_V 之比。

8. B 　【解析】当 $\dfrac{P_0}{P} \leqslant \left(\dfrac{2}{\gamma+1}\right)^{\frac{\gamma}{\gamma-1}}$ 成立时，气体流动属音速流动；当 $\dfrac{P_0}{P} > \left(\dfrac{2}{\gamma+1}\right)^{\frac{\gamma}{\gamma-1}}$

成立时，气体流动属于亚音速流动。

9. A 【解析】选项 B 是气体泄漏速率计算公式，选项 C 是质量蒸发速率计算公式，选项 D 是热量蒸发速率的估算公式。

10. A 【解析】当包气带防污性能为 D1，地下水功能敏感性为 G2 时，地下水环境敏感性程度为 E1。

包气带防污性能	地下水功能敏感性		
	G1	G2	G3
D1	E1	E1	E2
D2	E1	E2	E3
D3	E2	E3	E3

11. D 【解析】《建设项目环境风险评价技术导则》8.2.2.1，泄漏时间应结合建设项目探测和隔离系统的设计原则确定。一般情况下，设置紧急隔离系统的单元，泄漏时间可设定为 10 min。

12. B 【解析】《建设项目环境风险评价技术导则》8.2.2.3，a）装卸事故，泄漏量按装卸物质流速和管径及失控时间计算，失控时间一般可按 5～30 min 计。b）油气长输管线泄漏事故，按管道截面 100%断裂估算泄漏量，应考虑截断阀启动前、后的泄漏量。截断阀启动前，泄漏量按实际工况确定；截断阀启动后，泄漏量以管道泄压至与环境压力平衡所需要时间计。c）水体污染事故源强应结合污染物释放量、消防用水量及雨水量等因素综合确定。

13. A 【解析】《建设项目环境风险评价技术导则》附录 D2，地表水环境敏感程度分级依据事故情况下危险物质泄漏到水体的排放点受纳地表水体功能敏感性与下游环境敏感目标情况判定。水体功能 II 类对应地表水功能敏感程度为 F1；重要水生物自然产场对应敏感目标分级为 S1，则敏感程度为 E1，选项 A 正确。

14. B 【解析】根据《建设项目环境风险评价技术导则》，当 $Q \geqslant 100$ 时，行业及生产工艺 M3 所对应的工艺系统危险性等级为 P2。

15. D 【解析】源项分析的步骤中，通常按功能划分建设项目工程系统，一般建设项目有生产运行系统、公用工程系统、储运系统、生产辅助系统、环境保护系统、安全消防系统等。将各功能系统划分为功能单元，每一个功能单元至少应包括一个危险性物质的主要贮存容器或管道。并且每个功能单元与所有其他单元有分隔开的地方，即单一信号控制的紧急自动切断阀。因此，在本题中需将甲醇生产装置整体作为一个危险单元。

16. B 【解析】考查环境风险事故情形设定。

A 属于职业卫生范畴，C 不属于危险物质，D 不属于风险类型。

17. C　【解析】《建设项目环境风险评价技术导则》10.3.2，企业突发环境事件应急预案应体现分级响应、区域联动的原则，与地方政府突发环境事件应急预案相衔接，明确分级响应程序。

18. B　【解析】《建设项目环境风险评价技术导则》11.4，对存在较大环境风险的建设项目，须提出环境影响后评价的要求。

19. B　【解析】排放点进入地表水水域环境功能为Ⅱ类及以上或海水水质分类第一类；或以发生事故时，危险物质泄漏到水体的排放点算起，排放进入受纳河流最大流速时，24 h 流经范围内涉跨国界的，地表水环境敏感程度为 F1。

20. A　【解析】《建设项目环境风险评价技术导则》附录 C.1.1，当 $Q<1$ 时，该项目环境风险潜势为Ⅰ。

21. D　【解析】《事故状态下水体污染的预防与控制技术要求》（Q/SY 1190—2013）附录 B，事故缓冲设施总有效容积计算公式为：$V_{总}=（V_1+V_2-V_3）_{max}+V_4+V_5$，$V_2=\Sigma Q_{消}\times t_{消}$，$V_5=10q\times f$，$q=q_a/n$。式中：$V_1$ 为收集系统范围内发生事故的物料量（m^3）；V_2 为发生事故的储罐、装置或铁路、汽车装卸区同时使用的消防设施给水流量（m^3/h）；$t_{消}$ 为消防设施对应的设计消防历时（h）；V_3 为发生事故时可以传输到其他储存或处理设施的物料（m^3）；V_4 为发生事故时仍必须进入该收集系统的生产废水（m^3）；V_5 为发生事故时可能进入该收集系统的降雨量（m^3）；q 为降雨强度，按平时日降雨量（mm）；q_a 为年平均降雨量（mm）；n 为平均降雨量数；f 为必须进入事故废水收集系统的雨水汇总面积（$10^4\ m^2$）。根据题意，$V_1=600$（m^3），$V_2=18\times2=36$（m^3），$V_3=80+100+10=190$（m^3），$V_4+V_5=0$。则 $V_{总}=600+36-190=446$（m^3）。

22. D　【解析】《建设项目环境风险评价技术导则》8.2.2.3，油气长输管线泄漏事故，按管道截面 100%断裂估算泄漏量，应考虑截断阀启动前、后的泄漏量。

23. C　【解析】《建设项目环境风险评价技术导则》附录 J.1。

24. B　【解析】《建设项目环境风险评价技术导则》表 C.2，判断出危险性等级为 P2。

25. A　【解析】《建设项目环境风险评价技术导则》7.2.3.1，按工艺流程和平面布置功能区划，结合物质危险性识别，以图表的方式给出危险单元划分结果及单元内危险物质的最大存在量。按生产工艺流程分析危险单元内潜在的风险源。

26. A　【解析】《建设项目环境风险评价技术导则》附录 F.1.1，表 F.1 液体泄漏系数（C_d），$Re>100$，裂口为圆形，液体泄漏系数 C_d 取值 0.65。

27. C

28. C　【解析】《建设项目环境风险评价技术导则》10.2.2，事故废水环境风险防范应明确"单元—厂区—园区/区域"的环境风险防控体系要求。

二、不定项选择题

1. AC 【解析】《建设项目环境风险评价技术导则》附录 D.1，大气环境，依据环境敏感目标环境敏感性及人口密度划分环境风险受体的敏感性，共分为三种类型，E1 为环境高度敏感区，E2 为环境中度敏感区，E3 为环境低度敏感区。

2. AD 【解析】《建设项目环境风险评价技术导则》9.1.1.4，a）一级评价，需选取最不利气象条件及事故发生地的最常见气象条件分别进行后果预测。其中最不利气象条件取 F 类稳定度，1.5 m/s 风速，温度 25℃，相对湿度 50%；最常见气象条件由当地近 3 年内的至少连续 1 年气象观测资料统计分析得出，包括出现频率最高的稳定度、该稳定度下的平均风速（非静风）、日最高平均气温、年平均湿度。b）二级评价，需选取最不利气象条件进行后果预测。最不利气象条件取 F 类稳定度，1.5 m/s 风速，温度 25℃，相对湿度 50%。

3. ABC 【解析】《建设项目环境风险评价技术导则》7.1，建设项目环境风险识别内容包括物质危险性识别、生产系统危险性识别、危险物质向环境转移途径识别。

4. ABC 【解析】《建设项目环境风险评价技术导则》附录 C.1.1，计算所涉及的每种危险物质在厂界内的最大存在总量与其在附录 B 中对应临界量的比值 Q。在不同厂区的同一种物质，按其在厂界内的最大存在总量计算。对于长输管线项目，按照两个截断阀室之间管段危险物质最大存在总量计算。将 Q 值划分为：$Q<1$、$1 \leqslant Q<10$、$10 \leqslant Q<100$、$Q \geqslant 100$。

5. ABCD 【解析】《建设项目环境风险评价技术导则》9.1.1.2。

6. CD 【解析】《建设项目环境风险评价技术导则》8.2.2，事故源强设定可采用计算法和经验估算法。计算法适用于以腐蚀或应力作用等引起的泄漏型为主的事故；经验估算法适用于以火灾、爆炸等突发性事故伴生/次生的污染物释放。

7. ACD 【解析】源项分析步骤包括：①划分各功能单元；②筛选危险物质，确定环境风险评价因子，如分析各功能单元涉及的有毒有害、易燃易爆炸的名称和贮量，主要列出各单元所有容器和管道中的危险物质清单，包括物料类型、相态、压力、温度、体积或重量；③事故源项分析和最大可信事故筛选；④估算各功能单元最大可信事故泄露量和泄漏率。

8. AC 【解析】《建设项目环境风险评价技术导则》F.1.1，表 F.1 液体泄漏系数（C_d），液体泄漏系数影响因素包括雷诺数（Re）和裂口形状。

9. ABCD 【解析】《建设项目环境风险评价技术导则》8.2.2.2 经验法估算物质释放量，b）油气长输管线泄漏事故，按管道截面 100%断裂估算泄漏量，应考虑截断阀启动前、后的泄漏量。截断阀启动前，泄漏量按实际工况确定；截断阀启动后，泄漏量以管道泄压至与环境压力平衡所需要时间计。

10. ACD 【解析】生产系统危险性识别，首先应划分危险单元，按危险单元分析风险源的危险性、存在条件和转化为事故的触发因素。关注点在可能发生污染物泄漏爆炸的位置。

《建设项目环境风险评价技术导则》7.2.3 生产系统危险性识别：

7.2.3.1 按工艺流程和平面布置功能区划，结合生物质危险性识别，以图表的方式给出危险单元划分结果及单元内危险物质的最大存在量。按生产工艺流程分析危险单元内潜在的风险源。

7.2.3.2 按危险单元分析风险源的危险性、存在条件和转化为事故的触发因素。

7.2.3.3 采用定性或定量分析方法筛选确定重点风险源。

生产系统危险性识别，包括主要生产装置、储运设施、公用工程和辅助生产设施，以及环境保护设施等。

11. ABC 【解析】《建设项目环境风险评价技术导则》（HJ 169—2018），事故源强是为事故后果预测提供分析模拟情形。事故源强设定可采用计算法和经验估算法。计算法适用于以腐蚀或应力作用等引起的泄露型为主的事故，包括事故源强设计数据；经验估算法适用于以火灾、爆炸等突发性事故伴生、次生的污染物释放，包括液体泄露速率理论估算、同类事故类比法。

12. ABCD 【解析】《建设项目环境风险评价技术导则》附录 F.1.4.3，液体质量蒸发速率公式：$Q_3 = ap \dfrac{M}{RT_0} u^{\frac{(2-n)}{(2+n)}} r^{\frac{(4+n)}{(2+n)}}$，影响泄漏液体质量蒸发速率的因素包括环境温度、风速、液体表面蒸气压、液池半径、大气稳定度系数、气体常数等。

13. ABCD 【解析】《建设项目环境风险评价技术导则》附录 J、附录 K。

14. C 【解析】A 错，液氨是氨加压变成液态，不是氨水，氨水是氨的水溶液，而且液氨很容易气化，可能污染空气，但是极难污染地下水，而且泄漏属于风险，而风险属于非长期的事件，污染物污染地下水需要漫长的时间，在风险中如无提示周边有饮用水水井或者有迅速污染地下水的潜在通道可以不考虑。因为 A 有两处错误，所以不选。B 错，B 一般属于职业卫生和安全范畴，非环评考虑内容，且问环境危害，环境不包括人群。D 错，泄漏非火灾爆炸，不会产生消防废水，但泄漏后的确有火灾的可能性，并且消防废水不属于环境危害，属于污染源。C 中植被属于生态环境。

15. C 【解析】《建设项目环境风险评价技术导则》7.2.4.1，环境风险类型包括危险物质泄漏，以及火灾、爆炸等引发的伴生/次生污染物排放。

16. ABD 【解析】《建设项目环境风险评价技术导则》环境风险识别方法包括资料收集和准备、物质危险性识别、生产系统危险性识别以及环境风险类型及危害分析。

17. CD 【解析】A 项，消防水储罐是消防设施，属于环境风险防范措施；B 项，车间排水监测井作为常规监测点，不能预防环境风险事故，也不属于水体风险防控措施。

18. AC 【解析】《建设项目环境风险评价技术导则》F.1.4.3，液池最大直径取决于泄漏点附近的地域构型、泄漏的连续性或瞬时性。有围堰时，以围堰最大等效半径为液池半径；无围堰时，设定液体瞬时扩散到最小厚度时，推算液池等效半径。

第八章　环境影响经济损益分析

一、单项选择题（每题的备选选项中，只有一个最符合题意）

1. 建设项目环境影响经济损益评价包括（　）。
   A. 环境累积效应评价　　　　　　　B. 环保措施的经济损益评价
   C. 环境价值经济评价　　　　　　　D. 环保设备的经济损益评价

2. 购买桶装纯净水作为应对水污染的防护措施，由此引起的额外费用，可视为水污染的损害价值，这种方法属于（　）。
   A. 影子工程法　　　　　　　　　　B. 防护费用法
   C. 生产力损失法　　　　　　　　　D. 恢复或重置费用法

3. 在标准的环境价值评估方法中，下列方法在环境影响经济评价中，最常用而且最经济的是（　）。
   A. 人力资本法　　　　　　　　　　B. 隐含价格法
   C. 调查评价法　　　　　　　　　　D. 成果参照法

4. 城市生活污水二级处理厂，在排放前常采用消毒处理，最经济的消毒方法是（　）。
   A. 过氧化氢　　　　　　　　　　　B. 臭氧法
   C. 紫外线法　　　　　　　　　　　D. 二氧化氯法

5. 用于评估风景名胜区、森林公园、旅游胜地的环境价值的常用方法为（　）。
   A. 隐含价格法　　　　　　　　　　B. 旅行费用法
   C. 旅行费用法　　　　　　　　　　D. 影子工程法

6. 恢复或重置费用法、人力资本法、生产力损失法、影子工程法的共同特点是（　）。
   A. 基于人力资本的评估方法　　　　B. 基于支付意愿衡量的评估方法
   C. 基于标准的环境价值评估方法　　D. 基于费用或价格的评估方法

7. 在可能的情况下，下列环境影响经济评价的方法中，首选（　）。
   A. 医疗费用法、机会成本法、影子工程法、隐含价格法
   B. 隐含价格法、旅行费用法、调查评价法、成果参照法
   C. 人力资本法、医疗费用法、生产力损失法、恢复或重置费用法、影子工程法

D. 反向评估法、机会成本法

8. 在环境影响经济评价方法中最常用的是（　　）。

　A. 防护费用法　　　　　　　　　B. 隐含价格法

　C. 成果参照法　　　　　　　　　D. 反向评估法

9. 用于评估环境污染和生态破坏造成的工农业等生产力损失的方法称（　　）。

　　　A. 生产力损失法　　　　　　　B. 旅行费用法

　　　C. 医疗费用法　　　　　　　　D. 人力资本法

10. 关于常用三组环境价值评估方法，下列叙述正确的是（　　）。

　A. 第 I 组方法已广泛应用于对非市场物品的价值评估

　B. 第 II 组方法包含医疗费用法、人力资本法、机会成本法等六种方法

　C. 第 II 组方法理论评估出的是以支付意愿衡量的环境价值

　D. 第 III 组方法包含反向评估法和影子工程法

11. 通过影响房地产市场价格的各种因素构建环境经济价值方程，得出环境经济价值的方法是（　　）。

　A. 影子工程法　　　　　　　　　B. 防护费用法

　C. 隐含价格法　　　　　　　　　D. 机会成本法

12. 用复制具有相似功能的工程的费用来表示该环境的价值，是（　　）的特例。

　A. 影子工程法　　　　　　　　　B. 机会成本法

　C. 反向评估法　　　　　　　　　D. 重置费用法

13. 费用效益分析法中使用的价格是（　　）。

　A. 市场价格　　　　　　　　　　B. 均衡价格

　C. 使用价格　　　　　　　　　　D. 预期价格

14. 在环境价值评价方法中，（　　）通过构建模拟市场来揭示人们对某种环境物品的支付意愿，从而评价环境价值。

　A. 调查评价法　　　　　　　　　B. 机会成本法

　C. 旅行费用法　　　　　　　　　D. 隐含价值法

15. 反应项目对国民经济贡献的相对量指标是（　　）。

　A. 贴现率　　　　　　　　　　　B. 经济净现值

　C. 环境影响的价值　　　　　　　D. 经济内部收益率

16. 在费用效益分析中，当经济净现值（　　）时，表示该项目的建设能为社会做出贡献，即项目是可行的。

　A. 小于零　　　　B. 小于 1　　　　C. 大于零　　　　D. 大于 1

17. 把人作为生产财富的资本，用一个人生产财富的多少来定义这个人的价值，属

于（　　）。

  A．反向评估法　　　　　　　　B．机会成本法

  C．人力资本法　　　　　　　　D．生产力损失法

  18．人们虽然不使用某一环境物品，但该环境物品仍具有的价值属于环境的（　　）。

  A．直接使用价值　　B．非使用价值　　C．间接使用价值　　D．选择价值

  19．费用—效益分析法中的经济净现值是用（　　）将项目计算期内各年的净收益折算到建设起点的现值之和。

  A．银行贴现率　　　B．环境贴现率　　C．金融贴现率　　D．社会贴现率

  20．通过分析和预测一个或多个不确定性因素的变化所导致的项目可行性指标的变化幅度，判断该因素变化对项目可行性的影响程度，此种分析法是（　　）。

  A．敏感性分析法　B．环境价值法　　C．影子工程法　　D．反向评估法

  21．环境影响经济损益分析中最关键的一步是（　　）。

  A．量化环境影响　　　　　　　B．筛选环境影响

  C．对量化的环境影响进行货币化　D．对量化的环境影响进行对比分析

  22．关于环境影响经济损益分析的步骤，下列叙述正确的是（　　）。

  A．筛选环境影响→量化环境影响→评估环境影响的货币化价值→将货币化的环境影响价值纳入项目的经济分析

  B．量化环境影响→筛选环境影响→评估环境影响的货币化价值→将货币化的环境影响价值纳入项目的经济分析

  C．筛选环境影响→评估环境影响的货币化价值→量化环境影响→将货币化的环境影响价值纳入项目的经济分析

  D．筛选环境影响→量化环境影响→将货币化的环境影响价值纳入项目的经济分析→评估环境影响的货币化价值

  23．属于环境价值第Ⅰ组评估方法特点的是（　　）。

  A．广泛应用于对非市场物品的价值评估

  B．是基于费用或价格的

  C．所依据的费用或价格数据比较容易获得

  D．评估出的并不是以支付意愿衡量的环境价值

  24．森林具有平衡碳氧、涵养水源等功能，这是环境的（　　）。

  A．非使用价值　　　　　　　　B．直接使用价值

  C．间接使用价值　　　　　　　D．存在价值

  25．假如一片森林的涵养水源量是 100 万 m³，而在当地建设一座有效库容为 100 万 m³ 的水库所需费用是 400 万元，则可以此费用表示该森林的涵养水源功能价值，

此方法称为（　　）。

　　A. 防护费用法　　　B. 恢复费用法　　　C. 影子工程法　　　D. 机会成本法

二、不定项选择题（每题的备选项中至少有一个符合题意）

1. 环境的使用价值通常包含（　　）。

　　A. 直接使用价值　　　　　　　　　　B. 间接使用价值

　　C. 非使用价值　　　　　　　　　　　D. 选择价值

2. 在费用效益分析中，考察项目对环境影响的敏感性时，可以考虑分析的指标或参数是（　　）。

　　A. 环境影响的价值　　　　　　　　　B. 环境影响持续的时间

　　C. 环境计划计划执行情况　　　　　　D. 生产成本

3. 关于医疗费用法，下列说法正确的是（　　）。

　　A. 用于评估环境污染引起的健康影响（疾病）的经济价值

　　B. 无视疾病给人带来的痛苦

　　C. 用于评估环境污染的健康影响（收入损失、死亡）

　　D. 没有捕捉到健康影响的这一方面

4. 重置费用法可以评价（　　）。

　　A. 水土流失　　　　　　　　　　　　B. 重金属污染

　　C. 交通条件改善　　　　　　　　　　D. 土地退化

5. 为避免某呼吸道疾病 1 个病日，人们的支付意愿是 50 元。而当前该疾病持续 7 天，该疾病第一年估计影响该区域 100 万人的 1%，则这一健康影响第一年的总价值是 350 万元。那么总价值受（　　）内容的影响。

　　A. 单位价值　　　　　　　　　　　　B. 受影响的人数

　　C. 受影响的天数　　　　　　　　　　D. 受影响的范围

6. 建设项目环境经济损益分析中，需要估算建设项目环境保护措施的（　　）。

　　A. 投资费用　　　　　　　　　　　　B. 运行成本

　　C. 现金流量　　　　　　　　　　　　D. 环境效益

7. 环境影响的经济评价中，费用效益分析和财务分析的主要不同点包括（　　）。

　　A. 分析的角度不同　　　　　　　　　B. 分析的类别不同

　　C. 对项目外部影响的处理不同　　　　D. 对税收、补贴等项目的处理不同

8. 理论上，环境影响经济损益分析的步骤包括（　　）。

　　A. 筛选环境影响

　　B. 量化环境影响

　　C. 评估环境影响的货币化价值

D. 将货币化的环境影响价值纳入项目的经济分析，以判断项目的这些环境影响将在多大程度上影响项目、规划或政策的可行性

9. 可用于评估大气环境质量改善、大气污染、水污染、环境舒适性和生态系统环境服务功能等的环境价值的评估方法是（　　）。

A. 隐含价格法　　　B. 调查评价法　　　C. 成果参照法　　　D. 因子工程法

10. 关于3组环境价值评估方法的选择，下列说法正确的是（　　）。

A. 首选第Ⅰ组评估方法，因其理论基础完善，是标准的环境影响评估方法

B. 再选第Ⅱ组评估方法，可作为低限值，但有时具有不确定性

C. 后选第Ⅲ组评估方法，有助于项目决策

D. 首选第Ⅰ组评估方法，可作为低限值，有助于项目决策

11. 环境影响经济损益分析时，从（　　）方面筛选环境影响。

A. 影响小或不重要　　　　　　　　B. 影响是否不确定或过于敏感

C. 影响是否是内部的或已被控抑　　D. 影响能否被量化和货币化

参考答案

一、单项选择题

1. B

2. B　【解析】防护费用法属于第Ⅱ组评估方法中的第六种用于评估噪声、危险品和其他污染造成的损失。该方法用避免某种污染的费用来表示该环境污染造成损失的价值。

3. D

4. C　【解析】为避免或减少消毒时产生的二次污染物，最好用紫外线或二氧化氯消毒。很明显，最经济的是紫外线法。

5. C　【解析】旅行费用法一般用来评估户外游憩地的环境价值，如评估森林公园、城市公园、自然景观等的游憩价值。旅行费用法的基本思维是到该地旅游要付出代价，这一代价即旅行费用。旅行费用越高，来该地游玩的人越少；旅行费用越低，来该地游玩的人越多。所以，旅行费用成了旅游地环境服务价格的替代物。据此，可以求出人们在消费该旅游地环境服务时获得的消费者剩余。旅游地门票为零时，该消费者剩余就是这一景观的游憩价值。

6. D

7. B　【解析】选项B是有完善的理论基础的环境价值评估方法，也称标准的环境价值评估方法。

8. D

9. A 【解析】生产力损失法属于第Ⅱ组评估方法中的第三种用于评估环境污染和生态破坏造成的工农业等生产力的损失。该方法用环境破坏造成的产量损失，乘以该产品的市场价格，来表示该环境破坏的损失价值。这种方法也称市场价值法。

10. A 【解析】B项，第Ⅱ组评估方法包括医疗费用法、人力资本法、生产力损失法、恢复或重置费用法、影子工程法、防护费用法，共六种方法。C项，第Ⅱ组方法的缺陷是：在理论上，这组方法评估出的并不是以支付意愿衡量的环境价值。D项，第Ⅲ组评估方法包括反向评估法和机会成本法。

11. C 【解析】隐含价格法通过影响房地产市场价格的各种因素构建环境经济价值方程，得出环境经济价值。市场中形成的房地产价格，包含了人们对其环境因素的评估。通过回归分析，可以分析出人们对环境因素的估价。

12. D 【解析】影子工程法属于第Ⅱ组评估方法中的第五种用于评估水污染造成的损失、森林生态功能价值等。用复制具有相似环境功能的工程的费用来表示该环境的价值，是重置费用法的特例。

13. B 【解析】费用效益分析和财务分析在使用价格上的不同是：财务分析中所使用的价格，是预期的现实中要发生的价格；而费用效益分析中所使用的价格，则是反映整个社会资源供给与需求状况的均衡价格。

14. A 【解析】调查评价法可用于评估几乎所有的环境对象，如大气污染的环境损害、户外景观的游憩价值、环境污染的健康损害、人的生命价值、特有环境的非使用价值。调查评价法通过构建模拟市场来揭示人们对某种环境物品的支付意愿（WTP），从而评价环境价值。它通过人们在模拟市场中的行为，而不是在现实市场中的行为来进行价值评估，通常不发生实际的货币支付。

15. D 【解析】经济内部效益率是反应项目对国民经济贡献的相对量指标。它是使项目计算期内的经济净现值等于零时的贴现率。

16. C

17. C 【解析】人力资本法属于第Ⅱ组评估方法中的第二种用于评估环境污染的健康影响（收入损失、死亡）。它把人作为生产财富的资本，用一个人生产财富的多少来定义这个人的价值。由于劳动力的边际产量等于工资，所以用工资表示一个人的边际价值，用一个人工资的总和（经贴现）表示这个人的总价值。

18. B 【解析】环境的非使用价值是指人们虽然不使用某一环境物品，但该环境物品仍具有的价值。根据不同动机，环境的非使用价值又可分为遗赠价值和存在价值。如濒危物种的存在，有些人认为，其本身就是有价值的，这种价值与人们是否利用该物种谋取经济利益无关。

19. D 20. A 21. C 22. A

23. A　【解析】第 I 组评估方法都有完善的理论基础，是对环境价值（以支付意愿衡量）的正确度量，可以称为标准的环境价值评估方法。该组方法的特点是已广泛应用于对非市场物品的价值评估。美国内政部（1986，1994）、商务部（1994）在各自起草的自然资源损害评估原则条例中都把这些方法作为适用的评估方法。世界银行、亚洲开发银行等国际发展机构都在环境评估中应用这些方法。

24. C　25. C

二、不定项选择题

1. ABD　【解析】此题主要考查环境除有直接使用价值和间接使用价值外还有选择价值。

2. ABC　【解析】费用效益分析中，考察项目对环境影响的敏感性时，可以考虑分析的指标或参数有：①贴现率（10%、8%、5%）；②环境影响的价值（上限、下限）③市场边界（受影响人群的规模大小）；④环境影响持续的时间（超出项目计算期时）；⑤环境计划执行情况（好、坏）。

3. ABD　【解析】医疗费用法用于评估环境污染引起的健康影响（疾病）的经济价值。医疗费用法估价健康影响的缺陷是，它无视疾病给人们带来的痛苦，没有捕捉到健康影响的这一方面。C 项，人力资本法的适用范围是用于评估环境污染的健康影响（收入损失、死亡）。由环境污染引起误工、收入能力降低、某种疾病死亡率的增加引起的收入减少可以作为人们为避免该环境影响所具有的支付意愿（WTP）底线值。

4. ABD　【解析】重置费用法用于评估水土流失、重金属污染、土地退化等环境。用恢复被破坏的环境（或重置相似环境）的费用来表示该环境的价值。

5. ABC　6. ABD

7. ACD　【解析】环境影响的经济评价中，费用效益分析和财务分析的主要不同有：① 分析的角度不同。财务分析，是从厂商（以盈利为目的的生产商品或劳务的经济单位）的角度出发，分析某一项目的盈利能力。费用效益分析则是从全社会的角度出发，分析某一项目对整个国民经济净贡献的大小。② 使用的价格不同。财务分析中所使用的价格是预期的现实中要发生的价格；而费用效益分析中使用的价格是反映整个社会资源供给与需求状况的均衡价格。③ 对项目外部影响的处理不同。财务分析只考虑，厂商自身对某项目方案的直接支出和收入；而费用效益分析除了考虑这些直接收支外，还要考虑该项目引起的间接的、未发生实际支付的效益和费用，如环境成本和环境效益。④ 对税收、补贴等项目的处理不同。在费用效益分析中，补贴和税收不再被列入企业的收支项目中。

8. ABCD　【解析】环境影响的的经济损分析分以下 4 个步骤来进行，在实际操作中有些步骤可以合并操作：第一步：筛选环境影响；第二步：量化环境影响；第三步：评估环境影响的货币化价值；第四步：将货币化的环境影响价值纳入项目的经济分析。

9. A　【解析】隐含价格法可用于评估大气质量改善的环境价值，也可用于评估大气污染、水污染、环境舒适性和生态系统环境服务功能等的环境价值。

10. ABC　【解析】3 组环境评估方法的选择优先序（在可能情况下）应为：①首选第 Ⅰ 组评估方法，因其理论基础完善，是标准的环境价值评估方法；②再选第 Ⅱ 组评估方法，可作为低限值，但有时具有不确定性；③后选第 Ⅲ 组评估方法，有助于项目决策。

11. ABCD　【解析】环境影响经济损益分析时需要筛选环境影响，因为并不是所有环境影响都需要或可能进行经济评价。一般从四个方面来筛选环境影响，主要包括：①影响是否是内部的或已被控抑；②影响是小的或不重要的；③影响是否不确定或过于敏感；④影响能否被量化和货币化。

第九章 综合练习（一）

一、单项选择题（每题的备选选项中，只有一个最符合题意）

1. 环境风险评价时，生产系统危险性识别不用考虑（　　）。

 A. 事故触发因素   B. 生产系统设置

 C. 生产工艺危险特点   D. 工艺系统危险物质的最大存在量

2. 某煤油输送管道设计能力为 12 t/h，运行温度 25℃，管道完全破裂环境分下事故后果分析时，假定 10 min 内输煤油管道上下游阀门自动切断，则煤油泄漏事故源强为（　　）。

 A. 1.0   B. 24   C. 12   D. 2.0

3. 某工业项目使用液氨为原料，每年工作 8 000 h，用液氨 1 000 t（折纯），其中 96%的氨进入主产品，3.5%的氨进入副产品，0.3%的氨进入废水，剩余的氨全部以无组织形式排入大气。则用于计算卫生防护距离的氨排放参数是（　　）kg/h。

 A. 0.15   B. 0.25   C. 0.28   D. 0.38

4. 某项目再生烟气二氧化硫排放浓度按 850 mg/m³ 设计，年二氧化硫排放量为 2 670 t。根据规划要求，此类型排放源的排放浓度应不高于 400 mg/m³，则该源的二氧化硫排放总量应核算为（　　）t。

 A. 2 670   B. 1 414   C. 1 256   D. 1 130

5. 大气环境影响预测时如果评价区域属于复杂地形，下列说法不正确的有（　　）。

 A. 地形数据原始数据分辨率不得小于 90 m

 B. AERMOD 地表参数一般根据项目周边 3 km 范围内的土地利用类型进行合理划分，或采用 AERSURFACE 直接读取可识别的土地利用数据文件

 C. CALPUFF 采用模型可以识别的土地利用数据来获取地表参数，土地利用数据的分辨率一般可小于模拟网格分辨率

 D. 估算模型 AERSCREEN 和 ADMS 的地表参数根据模型特点取项目周边 3 km 范围内占地面积最大的土地利用类型来确定

6. 某建设项目，排气筒 A 和 B 相距 40 m，高度分别为 25 m 和 40 m，排放同样的污染物。排气筒 A、B 排放速率分别为 0.52 kg/h 和 2.90 kg/h，其等效排气筒高

度及排放速率是（　　）m 和（　　）kg/h。

　　A. 32.5，2.9　　　　　　　　　　B. 32.5，3.42

　　C. 33.35，2.9　　　　　　　　　　D. 33.35，3.42

7. 在排污企业排放污染物核算中，通过监测并计算核定日平均水污染物排放量后，按（　　）计算污染物年排放总量。

　　A. 建设单位所属行业平均年工作天数　　B. 建设单位年工作的计划天数

　　C. 建设单位年工作的实际天数　　　　　D. 行业排放系数

8. 某化工项目核算大气环境防护距离说法错误的（　　）。

　　A. 大气环境防护距离根据正常工况下新增污染源短期浓度核算

　　B. 大气环境防护距离厂界外预测网格分辨率不应超过 50 m

　　C. 大气环境防护距离内不应有长期居住的人群

　　D. 项目厂界浓度满足大气污染物厂界浓度限值，但厂界外大气污染物短期贡献浓度超过环境质量浓度限值的，应以自厂界起至超标区域的最远垂直距离设置大气环境防护距离

9. 某采样监测点全年 SO_2 质量检测数据 400 个，其中有 60 个超标、10 个未检出、10 个不符合监测技术规范要求，则 SO_2 全年超标率为（　　）。

　　A. 14.6%　　　　B. 15%　　　　　C. 15.4%　　　　D. 15.8%

10. 下列关于莫奥长度 L_{mo} 与稳定度、混合层的关系的说法，正确的是（　　）。

　　A. $L_{mo}<0$，近地面大气边界层处于稳定状态

　　B. $L_{mo}=0$，混合层高度=800 m

　　C. $|L_{mo}|<\infty$，边界层处于中性状态

　　D. $|h/L_{mo}|$ 数值越大，混合层高度越高

11. 固定顶罐总容积为 5 000 m^3，最大储存量为 80%，储罐与恒压（101.3 kPaG）废气收集处理系统相连，储罐气象空间温度从 10℃匀速上升至 13℃过程中，向废气收集系统排放的气量是（　　）m^3。

　　A. 42.38　　　　B. 1 200　　　　C. 41.38　　　　D. 1 100

12. 已知采样时的饱和溶解氧浓度估算为 9.0 mg/L，河流断面实测溶解氧为 10.0 mg/L，该断面执行地表水 III 类标准，溶解氧限值 5.0 mg/L，则该断面溶解氧的标准指数为（　　）。

　　A. −0.25　　　　B. 0.25　　　　C. 2.0　　　　D. 5.0

13. 某项目涉及循环水系统用水量为 1 000 m^3/h，新鲜水补水量为用水量的 10%，循环水系统排水量为 30 m^3/h，循环水利用率为（　　）。

　　A. 90%　　　　B. 90.9%　　　　C. 87%　　　　D. 79%

14. 某拟建项目达标废水排放到近岸海域水体，评价等级为二级，在制定海域

水质现状调查监测方案时，合理布设的水质取样断面数为（　）个。

　　A. 2　　　　　　B. 6　　　　　　C. 4　　　　　　D. 8

　　15. 某拟建啤酒厂污水达标处理后直接排入一河流，改排放口上游 700 m 处有一养殖小区，河流不受回流影响，现状调查时在上游布设的监测断面距排放口距离是（　）m。

　　A. 200　　　　　B. 500　　　　　C. 800　　　　　D. 1 200

　　16. 某建成项目有两个排气筒，据实际需要两根排气筒的高度都为 12 m，SO_2 实际排放速率一根为 1.0 kg/h，另一根为 0.8 kg/h；两根排气筒的直线距离为 10 m。该项目排气筒 SO_2 排放速率（　）。（15 m 排气筒执行最高允许排放速率为 3.0 kg/h）

　　A. 达标　　　　　B. 不达标　　　　　C. 无法确定

　　17. 回收含碳五以上单一组分的高浓度有机废气，合适的工艺有（　）。

　　A. 生物过滤　　　　　　　　B. 催化氧化

　　C. 活性炭吸附　　　　　　　D. 溶剂吸收

　　18. 拟建危险废物填埋场的天然基础层饱和渗透系数不应大于（　）cm/s，且其厚度不应小于 2 m，刚性填埋场除外。

　　A. $1.0×10^{-7}$　　B. $1.0×10^{-9}$　　C. $1.0×10^{-5}$　　D. $1.0×10^{-11}$

　　19. 排污单位废水排放量大于（　）的，应安装自动测流设施并开展流量自动监测。

　　A. 100 t/h　　　　B. 100 t/d　　　　C. 1 000 t/h　　　　D. 1 000 t/d

　　20. 某企业 A 车间废水量 100 t/d，废水水质为 pH 2.0，COD 浓度 2 000 mg/L；B 车间废水量也为 100 t/d，废水水质为 pH 6.0，COD 浓度 1 000 mg/L，上述 A、B 车间废水纳入污水站混合后水质为（　）。

　　A. pH 4.0，COD 1 500 mg/L　　　　B. pH 4.0，COD 1 800 mg/L

　　C. pH 2.3，COD 1 500 mg/L　　　　D. pH 3.3，COD 1 800 mg/L

　　21. 已知某河段长 10 km，规定的水环境功能为Ⅲ类（DO≥5 mg/L），现状废水排放口下游 3 km 和 10 km 处枯水期的 DO 浓度值分别为 5.0 mg/L 和 5.5 mg/L。采用已验证的水质模型进行分析，发现在该排放口下游 4～6 km 处存在临界氧亏点。因此可判定该河段（　）。

　　A. DO 浓度值满足水环境的功能要求

　　B. 部分河段 DO 浓度值未达标

　　C. 尚有一定的有机耗氧物环境容量

　　D. 现状废水排放口下游 3.5 km 处 DO 浓度值达标

　　22. 狄龙模型可用于下列（　）污染因子的预测。

　　A. 总磷　　　　B. 水温　　　　C. 溶解氧　　　　D. 重金属

23. 对于感潮河段的下游水位边界确定，应选择（　　）作为基本水文条件进行计算。

　　A. 对应时段潮周期　　　　　　　　　B. 一个潮周期

　　C. 实测潮位过程　　　　　　　　　　D. 历史最大潮周期

24. 在沉降作用明显的河流充分混合段，对排入河流的化学需氧量（COD）进行水质预测最适宜采用（　　）。

　　A. 河流一维水质模式　　　　　　　　B. 河流平面二维水质模式

　　C. 河流完全混合模式　　　　　　　　D. 河流 S-P 模式

25. 某建设项目向河流排放达标废水，废水排放量为 0.05 m³/s。河流流量为 2 m³/s，排放口上游氨氮浓度为 0.7 mg/L，执行Ⅱ类水标准（标准限值为 1.0 mg/L）。假设废水排入河流后完全混合，忽略降解的影响，为满足 2 km 处水环境安全余量（10%）要求，可作为建设项目氨氮允许排放的最大浓度为（　　）mg/L。

　　A. 32.8　　　　　　B. 16.8　　　　　　C. 13.0　　　　　　D. 8.9

26. 已知设计水文条件下排污河段排放口断面径污比为 4.0，排放口上游氨氮背景浓度为 0.5 mg/L，排放口氨氮排放量为 86.4 kg/d，平均排放浓度 10 mg/L，则排放口断面完全混合后氨氮的平均浓度为（　　）mg/L。

　　A. 5.25　　　　　　B. 3.00　　　　　　C. 2.50　　　　　D. 2.40

27. 高浓度含硫含氨废水最适宜的预处理工艺是（　　）。

　　A. 萃取　　　　　　　　　　　　　　B. 生物好氧氧化

　　C. 空气吹脱　　　　　　　　　　　　D. 蒸汽汽提

28. 传统活性污泥法处理工艺流程示意图如下，其中（2）（3）（4）（5）分别是（　　）。

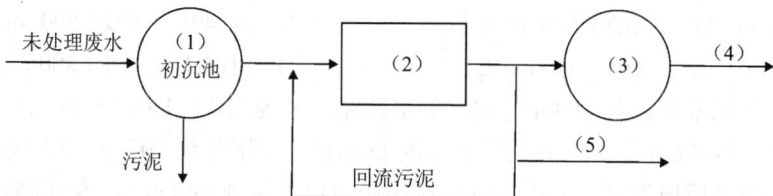

　　A. 二沉池、曝气池、出水、剩余污泥

　　B. 曝气池、二沉池、出水、剩余污泥

　　C. 曝气池、污泥浓缩池、出水、干化污泥

　　D. 曝气池、二沉池、剩余污泥、出水

29. 湖泊、水库水质完全混合模式是（　　）模型。

　　A. 三维　　　　　　B. 二维　　　　　　C. 一维　　　　　　D. 零维

30. 宽浅河流一维水质模拟中的纵向离散，主要是由（　　）形成的。

A．紊流   B．对流

C．垂向流速不均   D．断面流速不均

31．河流一维稳态水质模型 $C=C_0 e^{-kx/u}$ 可以用于（ ）的水质预测。

A．$\alpha \leqslant 0.027$ 且 $Pe \geqslant 1$ B．$\alpha \leqslant 0.027$ 且 $Pe < 1$

C．$0.027 < \alpha \leqslant 380$ D．$\alpha > 380$

32．河流水体中污染物的横向扩散是指由于水流中的（ ）作用，在流动的横向方向上，溶解态或颗粒态物质的混合。

A．离散   B．转化   C．输移   D．紊动

33．不达标区建设项目选择废水处理措施时，应优先考虑（ ）。

A．水环境质量改善目标   B．替代源的削减方案实施情况

C．治理效果   D．最低排放强度和排放浓度

34．关于地下水天然露头调查目的的说法，正确的是（ ）。

A．确定包气带水文地质参数

B．确定地下水环境现状评价范围

C．确定地下水环境影响评价类别和等级

D．确定区内含水层层位和地下水埋藏条件

35．在排污企业排放污染物核算中，通过监测并计算核定日平均水污染物排放量后，按（ ）计算污染物年排放总量。

A．建设单位所属行业平均年工作天数   B．建设单位年工作的计划天数

C．建设单位年工作的实际天数   D．行业排放系数

36．由于大气降水使表层土壤中的污染物在短时间内以饱和状态渗流形式进入含水层，这种污染属于（ ）污染。

A．间歇入渗型   B．连续入渗型

C．含水层间越流型   D．径流型

37．适用于狭长、均匀河口连续点源模型分析的水文水力学调查，至少包括（ ）等参量。

A．流量、流速和水深   B．流速、河宽和水深

C．流量、流速和水位   D．流速、底坡降和流量

38．某拟建储油库项目事故风险情景设定为油罐出料管口破裂，按照排放规律，其地下水环境影响预测源强可以概化为（ ）。

A．面源排放   B．点源排放   C．瞬时排放   D．连续恒定排放

39．城市污水处理厂尾水排入河流，排放口下游临界氧亏点的溶解氧浓度一般（ ）该排放口断面的溶解氧浓度。

A．高于   B．低于   C．略高于   D．等于

40. 某河流拟建引水式电站，将形成 6 km 的减水河段，减水河段无其他水源汇入，下游仅有取水口一个，取水量 2 m³/s，若减水河段最小生态需水量为 10 m³/s，问大坝至少应下放的流量为（　　）m³/s。

　　A. 2　　　　　　　B. 8　　　　　　　C. 10　　　　　　　D. 12

41. 某拟建项目厂址位于平原地区，为调查厂址附近地下潜水水位和流向，应至少布设潜水监测井位（　　）个。

　　A. 1　　　　　　　B. 2　　　　　　　C. 3　　　　　　　D. 4

42. 某傍河潜水含水层模拟模型确定时，该潜水含水层傍河一侧边界条件可以概化为（　　）。

　　A. 已知水头边界　　　　　　　　　　B. 隔水边界

　　C. 定流量边界　　　　　　　　　　　D. 零通量边界

43. 一般认为导致水体富营养化的原因是（　　）的增加。

　　A. 氮、磷　　　　　　　　　　　　　B. pH、叶绿素 a

　　C. 水温、水体透明度　　　　　　　　D. 藻类数量

44. 集中式生活饮用水地表水源地硝基苯的限值为 0.017 mg/L。现有一河段连续 4 个功能区（从上游到下游顺序为 Ⅱ 类、Ⅲ 类、Ⅳ 类、Ⅴ 类）的实测浓度分别为 0.020 mg/L、0.019 mg/L、0.018 mg/L 和 0.017 mg/L。根据标准指数法判断可能有（　　）个功能区超标。

　　A. 1　　　　　　　B. 2　　　　　　　C. 3　　　　　　　D. 4

45. 被调查水域的环境的质量要求较高，且评价等级为一、二级，应考虑调查（　　）。

　　A. 水生生物　　　　　　　　　　　　B. 浮游生物

　　C. 水生生物和底质　　　　　　　　　D. 底质

46. 某次样方调查资料给出了样方总数和出现某种植物的样方数，据此可以计算出该种植物的（　　）。

　　A. 密度　　　　　B. 优势度　　　　　C. 频度　　　　　D. 多度

47. 陆地石油天然气开发建设项目中（　　）不属于生态影响预测与评价一般采用的方法。

　　A. 生态机理分析法　　　　　　　　　B. 类比分析法

　　C. 图形叠置法　　　　　　　　　　　D. 资料收集法

48. 描述物种在群落中重要程度的指标是（　　）。

　　A. 样方数、采样频次和样方面积　　　B. 相对密度、相对优势度和相对频度

　　C. 种数、种类与区系组成　　　　　　D. 种类总和、样地总面积和样地总数量

49. 下列工程活动导致的生态影响中，属于短期生态影响的是（　　）。

　　A．水库运行调度对鱼类的影响　　　　B．水库淹没对库区动物生境的影响

　　C．公路运输噪声对邻近动物的影响　　D．公路隧洞爆破对邻近动物的影响

　　50．某项目进行生态调查，在填写植物群落调查结果统计表时，植被类型分类单位至少应统计到（　　）。

　　A．植被亚型　　　　B．植被型　　　　C．群系　　　　D．群丛

　　51．某新建公路拟经过国家重点保护植物集中分布地，工程方案中应优先考虑的保护措施是（　　）。

　　A．迁地保护　　　　B．育种种植　　　　C．货币补偿　　　　D．选线避让

　　52．用放射性标记物测定自然水体中的浮游植物光合作用固定的某元素要用"暗呼吸"法做校正，这是因为植物在黑暗中能吸收（　　）。

　　A．O_2　　　　B．H_2　　　　C．N_2　　　　D．^{14}C

　　53．某公路项目推荐线路长为 45 km，线路 K18+150～K23+360 处南侧毗邻一省级自然保护区，该保护区边界距公路中心线最近水平距离为 50 m，则该项目生态保护措施平面布置图成图精度的最低要求是（　　）。

　　A．1：10 万　　　　　　　　　　B．1：2 000

　　C．1：2.5 万　　　　　　　　　　D．1：1 万

　　54．某公路建设项目环境影响评价中，根据路由地段野生动物种类、分布、栖息和迁徙的多年调查资料，分析评价公路建设与运行对野生动物的影响。该环评所采用的方法是（　　）。

　　A．类比法　　　　　　　　　　　B．综合指数法

　　C．生态机理分析法　　　　　　　D．系统分析法

　　55．某地生物多样性有所下降，生态系统结构和功能受到一定程度破坏，生态系统稳定性受到一定程度干扰，生态影响程度属于（　　）。

　　A．强　　　　　　B．中　　　　　　C．弱　　　　　　D．无

　　56．关于陆生维管植物调查样地的设置，下列说法错误的是（　　）。

　　A．样地应具有代表性

　　B．样地形状以正方形为宜

　　C．样地位置可布置于 60°坡地

　　D．样地应避开与观测目的无关因素的干扰

　　57．在无法获得项目建设前的生态质量背景资料时，应首选（　　）作为背景资料进行类比分析。

　　A．当地长期科学观测累积的数据资料

　　B．同一气候带类似生态系统类型的资料

　　C．全球按气候带和生态系统类型的统计资料

　　D. 当地地方志记载的有关资料

　　58. 某煤矿开采项目位于荒漠和草地过渡区域，井田面积 41.64 km²，项目拟建规模为 4 Mt/a，服务年限 35 年，工程采用斜井-立井综合开拓方式，全部垮落法管理工作面顶板，设 4 个井筒，掘进矸石直接充填废弃巷道，井场新建自备锅炉供热。该项目运行期造成的生态影响是（　　）。

　　A. 地表沉陷对地表植被的影响　　　　　B. 井筒开挖弃土对草地的影响

　　C. 供热管道焊接烟尘对大气的影响　　　D. 煤层结构对掘进巷道方向的影响

　　59. 寒温带分布的地带性植被类型为（　　）。

　　A. 雨林　　　　　　　　　　　　　　　B. 针阔混交林

　　C. 常绿阔叶林　　　　　　　　　　　　D. 落叶针叶林

　　60. 机场项目环境影响评价中，大气环境保护目标与项目关系现状图的最小比例尺是（　　）。

　　A. 1∶5 0000　　　　　　　　　　　　　B. 1∶10 000

　　C. 1∶15 000　　　　　　　　　　　　　D. 1∶20 000

　　61. 反映地面生态学特征的植被指数 NPVI 是指（　　）。

　　A. 比值植被指数　　　　　　　　　　　B. 农业植被指数

　　C. 归一化差异植被指数　　　　　　　　D. 多时植被指数

　　62. 输气管道建成后，适合在其上方覆土绿化的植物物种是（　　）。

　　A. 松树　　　　　　　B. 柠条　　　　　　　C. 杨树　　　　　　　D. 苜蓿

　　63. 某拟建项目厂址位于平原地区。为调查厂址附近地下潜水水位和流向，应至少布设潜水监测井位（　　）个。

　　A. 1　　　　　　　　B. 2　　　　　　　　C. 3　　　　　　　　D. 4

　　64. 在鱼道设计中必须考虑的技术参数是（　　）。

　　A. 索饵场分布　　　B. 水流速度　　　　C. 河流水质　　　　D. 鱼类驯化

　　65. 潜水含水层较承压含水层易受污染的主要原因是（　　）。

　　A. 潜水循环慢　　　　　　　　　　　　B. 潜水含水层的自净能力强

　　C. 潜水含水层渗透性强　　　　　　　　D. 潜水与外界联系更密切

　　66. 地下水水文地质条件的概化原则不包括（　　）。

　　A. 概念模型应尽量简单明了

　　B. 概念模型应尽量详细、完整

　　C. 概念模型应能被用于进一步的定量描述

　　D. 所概化的水文地质概念模型应反映地下水系统的主要功能和特征

　　67. 某油罐因油品泄漏导致下伏潜水含水层污染，在污染物迁移模型的边界条件划定中，积累油类污染物的潜水面应划定为（　　）。

A. 定浓度边界

B. 与大气连通的不确定边界

C. 定浓度梯度或弥散通量边界

D. 定浓度和浓度梯度或总通量边界

68. 对某污水池下伏潜水含水层进行监测时，发现氨氮浓度呈现明显上升趋势，立即修复污水池，切断氨氮泄漏。关于修复后 2 个月内地下水中污染特征的说法，正确的是（　　）。

A. 泄漏点地下水氨氮浓度不变，且污染范围不变

B. 泄漏点地下水氨氮浓度变小，且污染范围缩小

C. 泄漏点地下水氨氮浓度变大，且污染范围缩小

D. 泄漏点地下水氨氮浓度变小，且污染范围加大

69. 下列水文地质试验中，可用于测定包气带渗透性能及防污性能的是（　　）。

A. 抽水试验　　　B. 注水试验　　　　C. 渗水试验　　　　D. 浸溶试验

70. 某沟渠厂 2 000 m，两侧与浅层地下水联系密切且补给地下水，已知潜水含水层渗透系数 100 m/d，地下水力坡度 0.2%，水力坡度取值段含水层平均厚度 4 m，则该沟渠对地下水渗漏补给量是（　　）m^3/d。

A. 1 000　　　　B. 1 500　　　　　C. 1 600　　　　　D. 2 000

71. 下列含尘废气中，适用于静电除尘器除尘的是（　　）。

A. 燃煤锅炉烟气　　　　　　　　B. 聚丙烯分料料仓废弃

C. 汽车喷涂车间废气　　　　　　D. 铝制轮毂抛光车间废气

72. 含汞废气的净化方法是（　　）。

A. 吸收法　　　　　　　　　　　B. 氧化还原法

C. 中和法　　　　　　　　　　　D. 催化氧化还原法

73. 去除恶臭的主要方法有物理法、化学法和生物法，下列属于物理方法的是（　　）。

A. 冷凝法和吸附法　　　　　　　B. 燃烧法

C. 化学吸附法　　　　　　　　　D. 氧化法

74. 某拟建水泥粉磨站项目，声环境保护目标处噪声现状值为 51.0 dB（A），噪声预测值为 54.0 dB（A），则该水泥粉磨站对声环境保护目标的噪声贡献值是（　　）dB（A）。

A. 51.0　　　　　B. 52.5　　　　　C. 54.0　　　　　D. 55.8

75. 线性工程声环境保护目标与项目关系图比例尺应不小于（　　）。

A. 1∶1 000　　　B. 1∶5 000　　　C. 1∶10 000　　　D. 1∶50 000

76. 无限长线声源 10 m 处噪声级为 82 dB，在自由空间传播约至（　　）m 处噪

声级可衰减为 70 dB。

  A. 40   B. 80   C. 120   D. 160

  77. 某机场有两条跑道，因飞行量增加需扩大飞机场停机坪，飞机噪声现状监测布点数量至少应为（ ）个。

  A. 3   B. 9   C. 14   D. 18

  78. 机场建设项目环境影响评价中，为防治飞机噪声污染，应优先分析的是（ ）。

  A. 机场飞行架次调整的可行性

  B. 机场周边环境保护目标隔声的数量

  C. 机场周边环境保护目标搬迁的数量

  D. 机场位置、跑道方位选择、飞行程序和城市总体规划的相容性

  79. 某造船厂扩建工程，声环境影响评价工作等级为一级，工程分析中首选的声源源强数据是（ ）。

  A. 类比监测数据   B. 能量守恒计算数据

  C. 经验公式计算数据   D. 参考资料分析数据

  80. 某拟建城市轨道交通项目，地面段评价范围内声环境保护目标分布密集，且受两条城市道路噪声景响，若利用道路交通模型计算值作为声环境保护目标现状噪声值，则代表点计算值和实测值允许大差值是（ ）dB（A）。

  A. 3.0   B. 3.5   C. 4.0   D. 4.5

  81. 某拟建工程的声源为固定声源，声环境影响评价范围内现有一固定声源，敏感点分布如下图，声环境现状监测点应优先布置在（ ）敏感点。

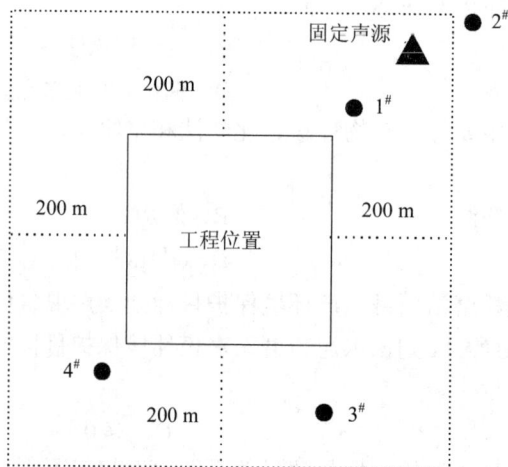

  A. 1#   B. 2#   C. 3#   D. 4#

  82. 环境振动监测中无规则振动采用的评价量为（ ）。

A. 铅垂向 Z 振级　　　　　　　　B. 铅垂向 Z 振级最大值

C. 累计百分铅垂向 Z 振级　　　　D. 累计百分振级

83. 下列隔声屏障的评价量中，表示实际降噪效果的评价量是（　　）。

A. 传声损失　　B. 平均吸声量　　C. 插入损失　　D. 计权隔声量

84. 某车间内中心部位有一中发动机试车台，发动机声功率为 130 dB，房间常数 R 为 200 m²，则车间内距离发动机 15 m 处噪声级为（　　）dB。

A. 106　　　　B. 113　　　　C. 118　　　　D. 130

85. 已知某厂房靠近窗户处的声压级为 85 dB（1 000 Hz），窗户对 1 000 Hz 声波的隔声量（TL）为 15 dB，窗户面积为 3 m²，则从窗户透射的声功率级（1 000 Hz）是（　　）dB。

A. 73　　　　　B. 69　　　　　C. 67　　　　　D. 64

86. 在评价噪声源现状时，需测量最大 A 声级和噪声持续时间的是（　　）。

A. 较强的突发噪声　　　　　　　B. 稳态噪声

C. 起伏较大的噪声　　　　　　　D. 脉冲噪声

87. 已知某敏感点昼间现状声级为 57 dB（A），执行 2 类声环境功能区标准，企业拟新增一处点声源，靠近该声源 1 m 处的声级为 77 dB（A），为保障敏感点昼间达标，新增声源和敏感点的距离至少应大于（　　）m。

A. 2.8　　　　B. 4.0　　　　C. 10　　　　D. 100

88. 计权等效连续感觉噪声级 L_{WECPN} 计算公式中，昼间（7：00—19：00）、晚上（19：00—22：00）和夜间（22：00—7：00）飞行架次的权重取值分别是（　　）。

A. 1、3 和 10　　B. 10、3 和 1　　C. 2、3 和 10　　D. 3、1 和 10

89. 现有工程检修期间，某敏感点环境噪声背景值为 50 dB（A），现有工程和扩建工程声源对敏感点的贡献值分别为 50 dB（A）、53 dB（A），该敏感点的预测值为（　　）dB（A）。

A. 56　　　　　B. 53　　　　　C. 51　　　　　D. 50

90. 对于拟建公路、铁路工程，环境噪声现状调查重点需放在（　　）。

A. 线路的噪声源强及其边界条件参数

B. 工程组成中固定噪声源的情况分析

C. 环境敏感目标分布及相应执行的标准

D. 环境噪声目标随时间和空间变化情况分析

91. 环境噪声的防治措施优先考虑的环节为（　　）。

A. 受体保护　　　　　　　　　　B. 从声源上和传播途径上降低噪声

C. 从声源上降低噪声和受体保护　　D. 从传播途径上降低噪声和受体保护

92. 某拟建城市轨道交通项目，地下线路对距其 60 m 处的居民住宅室内产生噪声影响，为降低轨道交通对该居民住宅室内噪声的影响，应采取的主要措施是（　　）。

A. 住宅与线路间设置声屏障

B. 住宅更换隔声窗

C. 隧道内作吸声处理

D. 轨道采取隔震措施

93. 消声器主要用来降低（　　）。

A. 机械噪声

B. 电磁噪声

C. 空气动力性噪声

D. 撞击噪声

94. 钢铁项目制氧机产生的噪声使厂界超标，从噪声与振动控制方案设计基本原则考虑优先采用的是（　　）。

A. 制氧机安装隔声罩

B. 厂界处设置声屏障

C. 增大维护结构窗体面积

D. 厂内设置 30 m 乔灌木隔声带

95. 废水监测时监测点位不应布设在（　　）。

A. 污水处理设施各处理单元的进出口

B. 第一类污染物的车间或车间处理设施的排放口

C. 生产性污水、生活污水、清净下水外排口

D. 容纳废水水域

96. 土壤盐化影响因素有地下水位埋深（GWD）、干燥度（EPR）、土壤本底含盐量（SSC）、地下水溶解性总固体（TDS）、土壤质地（ST）等，按权重值从大到小排序正确的是（　　）。

A. GWD＞EPR＞SSC＞TDS＞ST

B. GWD＞EPR＞SSC=TDS＞ST

C. GWD＞EPR＞TDS＞SSC＞ST

D. ST＞SSC＞EPR＞TDS＞GWD

97. 某地土壤实测体积含水量为 40%，用 100 cm³ 环刀取原状土，实测土壤鲜重为 200 g，该土壤的干容重是（　　）g/cm³。

A. 0.4 　　　　B. 1.6 　　　　C. 2.4 　　　　D. 2

98. 在建设项目土壤环境现状调查资料收集过程中，不需要收集的图件是（　　）。

A. 植被类型图

B. 土地利用现状图

C. 土地利用规划图

D. 土壤类型分布图

99. 以下不属于土壤理化特性调查内容的是（　　）。

A. 阳离子交换量

B. 氧化还原电位

C. 包气带岩性

D. 孔隙度

100. 某改建项目，土壤环境影响评价工作等级为二级，应对现有工程的土壤环境保护措施情况进行调查，并重点调查（　　）的土壤污染现状。

A. 敏感点

B. 主要装置或设施附近

C. 污水站附近

D. 评价范围内农用地

101．某拟建生活垃圾填埋场开展土壤环境影响预测，应选用模型是（　　）。

    A．一维非饱和溶质运移模型　　　　B．一维饱和溶质运移模型

    C．二维饱和溶质运移模型　　　　D．三维饱和溶质运移模型

102．对于土壤环境影响评价，当同一建设项目涉及两个或两个以上场地时，应（　　）判定评价工作等级。

    A．对影响最大的区域　　　　B．同时

    C．分别　　　　D．对影响较大的地区

103．确认前期场地环境调查与风险评估提出的土壤修复范围是否清楚，特别要关注（　　）。

    A．四周边界　　　　B．污染土层深度分布

    C．地下水埋深　　　　D．污染土层异常分布情况

104．环境风险危险物质及工艺系统危险性（P）分级由（　　）来确定。

    A．行业及生产工艺（M）和危险物质数量与临界量比值（Q）

    B．行业及生产工艺（M）和环境敏感程度

    C．环境敏感程度与危险物质数量与临界量比值（Q）

    D．行业及生产工艺（M）和环境风险潜势

105．下列状况中，属于项目装置区内甲苯输送管道环境风险事故的是（　　）。

    A．管道接头突发泄漏　　　　B．输送泵控制性停车

    C．管道检修探伤期间停运　　　　D．管道被撞击弯曲变形

106．某煤化工项目厂区雨水由北向南汇集，经雨水干管排入厂外园区市政雨水管网，经小河汇入黄河的一级支流。该项目环境风险评价时，分析判断地表水环境敏感程度应调查的内容是（　　）。

    A．该项目消防水管网布置

    B．该项目污水处理厂处理工艺

    C．厂区周围分散式水源井的分布

    D．事故情况下废水排至地表水体的潜在通道

107．河流水域概化中，预测河段及代表性断面的宽深比≥（　　）时，可视为矩形河段。

    A．10　　　　B．15　　　　C．20　　　　D．25

108．以下水文地质试验方法中可以确定包气带防护能力能的是（　　）。

    A．注水试验　　　　B．渗水试验　　　　C．浸溶试验　　　　D．土柱淋滤试验

109．用来反映岩土透水性能的指标是（　　）。

    A．渗流速度　　　　B．渗透系数　　　　C．有效孔隙度　　　　D．水力坡度

110．煤矿主通风机排风道消声处理后。距离排风口 15 m 处经计权网络修正后

的各倍频带声压级如下表，则距离排风口 15 m 处的 A 声级是（　　）dB（A）。

倍频带带中心频率/HZ	63	125	250	500	1000	2 000	4 000	8 000
声压级/dB	41.3	41.3	41.3	44.2	41.2	41.2	25.1	25.1

　　A. 99.4　　　　　B. 49.7　　　　　C. 44.2　　　　　D. 25.1

111. 下列选项中，与噪声传播过程中由于距离增加而引起的衰减有关的因素是（　　）。

　　A. 噪声的固有频率　　　　　　　　B. 点声源与受声点距离

　　C. 噪声的原有噪声级　　　　　　　D. 噪声源周围布局

112. 某山区公路项目因沿线地形起伏较大，隧洞段和深挖高填段较多，导致弃渣量较大。下列生态保护措施中，能够减少该项目弃渣对周边环境影响的是（　　）。

　　A. 生态修复采用外来植物种　　　　B. 为减少占地弃渣场边坡设计为65°

　　C. 弃渣场设置于河漫滩地　　　　　D. 做好挖填平衡，尽量回用弃渣

113. 陆地生态系统生物量是衡量环境质量变化的主要标志，应采用（　　）进行测定。

　　A. 样地调查收割法　　　　　　　　B. 系统分析法

　　C. 随机抽样法　　　　　　　　　　D. 收集资料法

114. 下列工程或设施中，产生的大气污染源为线源的是（　　）。

　　A. 化学只要企业废水地下技术管线　　　B. 成品油配送库中的汽油罐

　　C. 北京至天津的高速公路　　　　　　　D. 榆林至郑州的天然气管线

115. 大气环境影响预测时，对于临近污染源的高层住宅楼，应适当考虑（　　）的预测受体。

　　A. 不同代表长度上　　　　　　　　B. 不同代表宽度上

　　C. 不同代表高度上　　　　　　　　D. 不同代表朝向上

116. 对于持久性污染物（连续排放），沉降作用明显的河段适用的水质模式是（　　）。

　　A. 河流完全混合模式　　　　　　　B. 河流一维稳态模式

　　C. 零维模式　　　　　　　　　　　D. S-P 模式

117. 采用瞬时点源排放模式预测有毒有害化学品事故泄漏进入水体的影响，首先需要（　　）。

　　A. 判断是否可以作为瞬时点源处理

　　B. 判断有毒有害化学品进入水体的浓度

　　C. 判断水面上大气中有毒污染的分压是否达标

　　D. 判断悬浮颗粒物浓度是否达标

118. 在达西定律中，关于渗透系数的说法错误的是（　）。

A. 渗透系数是表征含水介质透水性能的重要参数

B. 渗透系数与颗粒成分、颗粒排列等有关

C. 渗透系数与流体的物理性质有关

D. 粒径越大，渗透系数（K）越小

119. 某占地 41 km 化工园区中拟建聚氯乙烯项目，项目厂界距园区管委会办公楼（员工 400 人）约 500 m，项目厂界东侧相距化肥厂（员工 1 600 人）500 m。项目厂界外西侧、北侧 5 km 范围内有 12 个自然村（人口总数为 8 100 多人），该项目环境风险评价专项中大气环境敏感程度是（　）。

A. E0 　　　　B. E1 　　　　C. E2 　　　　D. E3

120. 某炼油项目填海 7 hm^2，配套建设成品油码头及罐区，并对航道进行疏浚。施工期海域专题的主要评价因子是（　）。

A. 成品油　　　B. 悬浮物　　　C. 重金属　　　D. 溶解氧

121. 陆生植物调查中，适用于全查法的情形（　）。

A. 物种稀少　　　　　　　B. 分布范围相对分散

C. 种群数量相对较多　　　D. 分布面积较大

122. 为减缓大型河流梯级电站建设对鱼类的影响，下列不属于保护措施的是（　）。

A. 保护支流　　　　　　　B. 设置过鱼设施

C. 鱼类人工增殖放流　　　D. 减少捕捞量

123. 高速公路环境保护验收在噪声监测时，符合布设 24 h 连续测量点位的监测点是（　）。

A. 车流量有代表性的路段，距高速公路路肩 50 m、高度 1.3 m

B. 车流量有代表性的路段，距高速公路路肩 50 m、高度 1.2 m

C. 车流量有代表性的路段，距高速公路路肩 60 m、高度 1.3 m

D. 车流量有代表性的路段，距高速公路路肩 60 m、高度 1.2 m

124. 从土壤剖面采取土壤样品正确的方法是（　）。

A. 随机取样　　　　　　　B. 由上而下分层取样

C. 由下而上分层取样　　　D. 由中段向上下两侧扩展取样

二、不定项选择题（每题的备选项中至少有一个符合题意）

1. 属大气污染源面源的有（　）。

A. 车间　　　　　B. 工棚　　　　　C. 露天堆料场

D. 15 m 以下排气筒　　　E. 锅炉房 20 m 高度的烟囱

2. 在污染型项目生产工艺流程图中可以标识出（　　）。

　　A. 主要产污节点　　　　　　　　　　B. 清洁生产指标

　　C. 污染物类别　　　　　　　　　　　D. 污染物达标排放状况

3. 制定生态影响型项目营运期生态跟踪监测方案时，以（　　）作为监测对象。

　　A. 植被　　　　　　　　　　　　　　B. 国家重点保护物种

　　C. 地区特有物种　　　　　　　　　　D. 对环境变化敏感的物种

4. 地表水体的混合稀释作用主要由（　　）作用所致。

　　A. 紊动扩散　　　　B. 移流　　　　　C. 沉降　　　　　D. 离散

5. 新建机场项目环境影响评价中，飞机噪声影响预测所需的参数有（　　）。

　　A. 日均飞行架次　　　　　　　　　　B. 机型组合比列

　　C. 起飞架次昼夜比例　　　　　　　　D. 降落架次昼夜比例

6. 大气污染的常规控制技术分为（　　）等。

　　A. 洁净燃烧技术　　　　　　　　　　B. 高烟囱烟气排放技术

　　C. 烟粉尘净化技术　　　　　　　　　D. 气态污染物净化技术

7. 在合成氨生产工艺流程及产污节点图中，可以表示出（　　）。

　　A. 氨的无组织排放分布　　　　　　　B. 生产工艺废水排放位置

　　C. 工艺废气排放位置　　　　　　　　D. 固体废物排放位置

8. 制定环境风险应急预案时，应包括的内容有（　　）。

　　A. 设置应急计划区　　　　　　　　　B. 制定应急环境监测方案

　　C. 进行应急救援演练　　　　　　　　D. 及时发布有关信息

9. 某煤制烯烃项目由备煤、气化、变换、净化、甲醇合成、甲醇制烯烃、硫回收、污水处理场等单元组成。该项目排放硫化氢的无组织排放单元有（　　）。

　　A. 气化　　　　B. 硫回收　　　C. 甲醇制烯烃　　D. 污水处理厂

10. 水泥窑焚烧温度为 1 100℃，水泥窑窑尾烟气中的氮氧化物脱硝可采用的工艺技术有（　　）。

　　A. SCR（选择性催化还原）　　　　　B. SNCR（选择性非催化还原）-SCR

　　C. 碱洗脱酸降温+SCR　　　　　　　D. 水洗+活性炭+SCR

11. 某管线项目穿越省级森林生态系统类型的自然保护区实验区，环境影响评价需具备的基本生态图件有（　　）。

　　A. 土地利用现状图　　　　　　　　　B. 植被分布现状图

　　C. 重要物种分布图　　　　　　　　　D. 自然保护区功能分区图

12. 固体废弃物填埋场渗滤液的来源包括（　　）。

　　A. 降水直接落入填埋场　　　　　　　B. 地表水进入填埋场

　　C. 部分固体废弃物挥发　　　　　　　D. 处置在填埋场中的废弃物中含有部分水

13．在城市垃圾填埋场的环境影响评价中，应（　　）。

A．分析渗滤液的产生量与成分

B．评价渗滤液处理工艺的适用性

C．预测渗滤液处理排放的环境影响

D．评价控制渗滤液产生量的措施有效性

14．为满足噪声源噪声级的类比测量要求，应当选取与建设项目噪声源（　　）进行。

A．相似的型号规格　　　　　　　B．相近的工况

C．相似的环境条件　　　　　　　D．相同的测量时段

15．河流某断面枯水期 BOD_5、$NH_3\text{-}N$、COD 达标，DO 超标，若要 DO 达标，断面上游可削减负荷的污染物有（　　）。

A．DO　　　　　B．BOD_5　　　　　C．COD　　　　　D．$NH_3\text{-}N$

16．某建设项目拟向内陆河流排放废水，可作为该河流地表水环境影响预测的设计水文条件有（　　）。

A．90%保证率最枯月流量　　　　B．90%保证率最枯月平均水位

C．近 10 年最枯月平均流量　　　　D．近 10 年最枯月平均水位

17．示踪试验法是向水体中投放示踪物质，追踪测定其浓度变化，据此计算所需要的各环境水力参数的方法，示踪物质的选择应满足的要求包括（　　）。

A．高效

B．具有在水体中不沉降、不降解，不产生化学反应的特性

C．测定简单准确

D．对环境无害

18．某技改扩建项目拟依托原有公辅工程，其治理措施可行性分析应考虑的因素（　　）。

A．能力匹配性　　　　　　　　　B．工艺可行性

C．经济合理性　　　　　　　　　D．现行环保政策相符性

19．在城市垃圾填埋场的环境影响评价中，应对（　　）进行分析或评价。

A．填埋场废气产量　　　　　　　B．废气的综合利用途径

C．集气、导气系统失灵状况下的环境影响　　D．废气利用方案的环境影响

20．公路建设项目环境影响评价中，减少占用耕地可行的工程措施有（　　）。

A．优化线路方案　　　　　　　　B．高填方路段收缩路基边坡

C．以桥梁代替路基　　　　　　　D．编制基本农田保护方案

21．为减少项目对生态环境的影响，合理的选址和选线主要是指（　　）。

A．避绕敏感的环境保护目标，不对敏感保护目标造成直接危害

B．符合地方环境保护规划和环境功能（含生态功能）区划的要求

C．不存在潜在的环境风险

D．区域可持续发展的能力不受到损害或威胁

22．距离某空压机站 10 m 处声级为 80 dB（A），距离空压机站 150 m、180 m、300 m、500 m 各有一村庄。该空压机站应布置在距离村庄（　　）m 外，可满足 GB 3096—2008 中 2 类区标准要求。

    A．150　　　　　　B．180　　　　　　C．300　　　　　　D．500

23．事故废水环境风险防范措施中，为满足事故状态下收集泄漏物料、污染消防水和污染雨水的需要，应设置（　　）。

    A．报警装置　　　　　　　　　　　　B．排水装置

    C．应急储存设施　　　　　　　　　　D．事故废水收集设施

24．进行河流水环境影响预测，需要确定（　　）等。

    A．受纳水体的水质状况　　　　　　　B．拟建项目的排污状况

    C．设计水文条件　　　　　　　　　　D．边界条件（或初始条件）

25．进行陆生动物哺乳动物多样性调查时，调查方法可采用（　　）。

    A．样线（带）调查法　　　　　　　　B．踪迹判断法

    C．红外相机陷阱法　　　　　　　　　D．生态图法

26．某炼化企业产生的含油污泥，合理处置方式有（　　）。

    A．一般固废填埋场填埋　　　　　　　B．作为民用燃料出售

    C．油固分离后综合利用　　　　　　　D．水泥窑协同处理

27．某河流多年平均流量为 250 m³/s，在流经城区河段拟建一集装箱货码头，在环境影响预测分析中需关注的内容应包括（　　）。

    A．集中供水水源地　　　　　　　　　B．洄游性鱼类

    C．浮游生物　　　　　　　　　　　　D．局地气候

28．污染型建设项目的工程分析应给出（　　）等项内容。

    A．工艺流程及产污环节　　　　　　　B．污染物源强核算

    C．项目周围污染源的分布及源强　　　D．清洁生产水平

    E．环保措施与污染物达标排放

29．下列生态影响方式属于间接生态影响的有（　　）。

    A．水文情势变化导致生境条件、水生生态系统发生变化

    B．不可逆转的生物多样性下降

    C．物种迁徙（或洄游）、扩散、种群交流受到阻隔

    D．资源减少及分布变化导致种群结构或种群动态发生变化

30．拟建高速公路项目穿越一栖息多种两栖类动物的湿地，该高速公路建设可

能对湿地产生的影响有（   ）。

    A．阻隔湿地水力联系   B．造成湿地物种灭绝

    C．隔离两栖动物活动生境   D．切割湿地造成湿地破碎化

31．植被分类系统一般包括植被型组、植被型、群系组、群系、群丛组和群丛等，属于"植被型"的有（   ）。

    A．寒温性落叶针叶林   B．温性竹林

    C．暖性针叶林   D．热性竹林

32．在生态影响型建设项目的环境影响评价中，选择的类比对象应（   ）。

    A．与拟建项目性质相同

    B．与拟建项目工程规模相似

    C．与拟建项目具有相似的生态环境背景

    D．与拟建项目类似且稳定运行一定时间

33．在环境生态影响评价中应用生态机理分析法进行影响预测，需要（   ）等基础资料。

    A．环境背景现状调查

    B．动植物分布、动物栖息地和迁徙路线调查

    C．种群、群落和生态系统的分布特点、结构特征和演化情况描述

    D．珍稀濒危物种及具有重要价值的物种识别

34．在建设项目环境影响评价中，环境现状调查包括（   ）。

    A．自然环境现状调查与评价   B．环境保护目标调查

    C．社会环境现状调查   D．环境质量现状调查

35．下列关于生态影响评价图件编制规范要求的说法，正确的有（   ）。

    A．当图件主题内容无显著变化时，制图数据源的时效性要求可在无显著变化期内适当放宽，无需现场勘验校核

    B．生态影响评价制图应采用标准地形图作为工作底图，精度不低于工程设计的制图精度，比例尺一般在1∶10 000以上

    C．调查样方、样线、点位、断面等布设图、生态监测布点图等应结合实际情况选择适宜的比例尺，一般为1∶10 000～1∶2 000

    D．生态影响评价图件应符合专题地图制图的规范要求，图面内容包括主图以及图名、图例、比例尺、方向标、注记、制图数据源、成图时间等辅助要素

36．对弃渣场进行工程分析时需明确（   ）等。

    A．弃渣场的数量   B．弃渣场的占地类型及其面积

    C．弃渣量   D．弃渣方式

    E．生态恢复方案

37. 对于连续排入中型宽浅河流的持久性污染物，假设河流流量稳定，在开展水质预测时，下列说法正确的有（　　）。

A. 混合过程段应采用二维水质模型

B. 完全混合段可采用一维稳态水质模型

C. 应考虑降解系数

D. 沉降作用明显河段，应考虑沉降系数

38. 生态风险的特点包括（　　）。

A. 目标性　　　　B. 不确定性　　　　C. 复杂性　　　　D. 主观性

39. 制定陆生维管植物调查时，通常应准备的观测区域资料有（　　）。

A. 气候资料　　　　　　　　　　B. 土壤类型图

C. 植被类型图　　　　　　　　　D. 动物区系资料

40. 假设枯水期事故排放导致苯胺瞬时泄漏进入河流，若河流径流量为常数，采用一维动态水质解析模式进行下游敏感断面苯胺浓度预测，需要的基本参数有（　　）。

A. 横向混合系数　　　　　　　　B. 纵向离散系数

C. 河道过水断面积　　　　　　　D. 苯胺的一级降解系数

41. 采用生态机理分析进行生态影响评价时，已开展的工作有（　　）。

A. 预测项目建成后该地区动物、植物生长环境的变化

B. 调查植物和动物分布，动物栖息地和迁徒、洄游路线

C. 根据项目建成后的环境变化，预测建设项目对个体、种群和群落的影响

D. 通过定性分析或定量方法对指标赋值或分级，依据指标进行区域划分并将区划信息绘制成图

42. 属于主要排放口监测指标的有（　　）。

A. 二氧化硫、氮氧化物和挥发性有机物

B. 所在区域环境质量超标的污染物指标

C. 属于优先控制污染物，能在环境或动植物体内积蓄对人类产生长远不良影响的有毒污染物指标

D. 有毒污染物指标

43. 在地下水环境影响评价中，下列确定污水池及管道正常状况泄漏源强的方法，正确的有（　　）。

A. 按湿周面积 5%确定

B. 不产生泄漏、无须确定

C. 按《给水排水管道工程施工及验收规范》（GB 50268）确定

D. 按《给水排水构筑物工程施工及验收规范》（GB 50141）确定

44．某项目开展地下水环境影响预测，其预测模型概化应包括（　）。

A．水文地质条件概化
B．污染源概化
C．水文地质参数初始值的确定
D．预测情形确定

45．建设项目地下水环境影响跟踪监测的目的有（　）。

A．监测地下水水力坡度

B．监测地下水基本水质因子变化趋势

C．监测含水层渗透系数变化

D．监测地下水特征水质因子浓度变化

46．预测可降解污染物浓度分布时，河口一维水质稳态模型与河流一维水质稳态模型相比，其主要差别有（　）。

A．河口模型的自净能力可忽略

B．河口模型的纵向离散作用不可忽略

C．河口模型采用河段潮平均流量

D．河口模型的稀释能力可忽略

47．控制燃煤锅炉 SO_2 排放的有效方法是（　）。

A．炉内喷钙
B．石灰石—石膏湿法
C．循环流化床锅炉
D．氨法
E．燃用洁净煤

48．垃圾填埋场恶臭污染治理中，常见的化学方法有（　）。

A．掩蔽法　　　B．燃烧法　　　C．氧化法　　　D．碱吸收法

49．控制燃煤锅炉 NO_x 排放的有效方法有（　）。

A．非选择性催化还原法
B．选择性催化还原法
C．炉内喷钙法
D．低氮燃烧技术

50．具有日调节性能的水电站，运营期对坝址下游河道水生生态产生影响的要素有（　）。

A．水量波动　　　B．水位涨落　　　C．水温分层　　　D．气候变化

51．在固废填埋场中，控制渗滤液产生量的措施有（　）。

A．防止雨水在场地积聚
B．将地表径流引出场地
C．最终盖层采用防渗材料
D．采取防渗措施防止地下水渗入

52．某项目环境空气现状监测，采样时间为每天 23 h。下列污染物中，不满足日平均浓度有效性规定的有（　）。

A． SO_2 日平均浓度
B． $PM_{2.5}$ 日平均浓度
C．BaP 日平均浓度
D．TSP 日平均浓度

53．利用遥感资料可给出的信息有（　）。

A. 植被类型及其分布　　　　　　　B. 土地利用类型及其面积

C. 土壤类型及其分布　　　　　　　D. 群落结构及物种组成

54. 下列水生生态系统调查内容中，属于浮游生物调查指标的有（　　）。

A. 生物量　　　　B. 细胞总量　　　　C. 种类组成及分布

D. 鱼卵及仔鱼的数量、种类、分布　　E. 生境条件

55. 根据渗滤液收集系统、防渗系统和保护层、过滤层的不同组合，填埋场的衬层系统有不同的结构，如（　　）等。

A. 复合衬层系统　　　　　　　　　B. 人工衬层

C. 单层衬层系统　　　　　　　　　D. 多层衬层系统

56. 以下不属于危险废物的有（　　）。

A. 电镀厂污泥　　　　　　　　　　B. 热电厂粉煤灰

C. 生活垃圾焚烧厂炉渣　　　　　　D. 自来水厂净水沉渣

57. 影响重金属污染物在包气带土层中迁移的主要因素包括（　　）。

A. 水的运移　　　　　　　　　　　B. 重金属的特性

C. 土层岩性　　　　　　　　　　　D. 含水层中水流速度

58. 隧道施工可能对生态环境产生影响的因素有（　　）。

A. 弃渣占地　　　　　　　　　　　B. 施工涌水

C. 施工粉尘　　　　　　　　　　　D. 地下水疏干

59. 某汽油加油站加油量为每日 10 000 L，为控制加油枪加油、地下罐收油过程挥发性有机物排放，适宜的控制措施有（　　）。

A. 采用油气平衡加油枪　　　　　　B. 采用常温汽油吸收法处理

C. 采用 40 m 排气筒高空排放　　　　D. 地下油罐采用油气平衡收油

60. 拟采用生态因子类比法对建设项目进行生态影响分析评价，类比工程的选择需考虑的因素有（　　）。

A. 相似地貌　　　　　　　　　　　B. 相似植物群落

C. 相似气候类型　　　　　　　　　D. 相似经济指标

61. 公路、铁路噪声环境影响评价内容需包括（　　）。

A. 分析敏感目标达标情况　　　　　B. 给出受影响人口数量分布情况

C. 确定合理的噪声控制距离　　　　D. 评价工程选线和布局的合理性

62. 某项目设置室外冷却塔，为项目的主要噪声源，该噪声源调查表的内容应包括（　　）。

A. 电机变频范围　　　　　　　　　B. 运行时段

C. 声源控制措施　　　　　　　　　D. 空间相对位置

63. 将某工业厂房墙面（长为 b，高为 a，且 $b>a$）视为面声源，计算距墙面

声源中心距离为 r 处声级时,需要采用的声波衰减公式有( )。

A. $r < a/\pi$,$A_{div} \approx 0$

B. $a/\pi < r < b/\pi$,$A_{div} \approx 10 \lg (r/r_0)$

C. $r > b/\pi$,$A_{div} \approx 20 \lg (r/r_0)$

D. $r > a/\pi$,$A_{div} \approx 10 \lg (r/r_0)$

64. 下列关于环境质量现状评价,错误的是( )。

A. PM_{10}、CO 和 O_3 长期监测数据的年评价指标包括 PM_{10} 24 h 平均第 98 百分位数、CO_2 4 h 平均第 95 百分位数、O_3 8 h 平均第 90 百分位数和 PM_{10}、CO、O_3 的年平均值

B. 补充监测数据的现状评价内容,分别对各监测点位不同污染物的短期浓度进行环境质量现状评价。对于超标的污染物,计算其超标倍数和超标率

C. Pb 的浓度单位为 $\mu g/m^3$ 时,数据要求保留 2 位小数

D. 采用多个长期监测点位数据进行现状评价,取各污染物相同时刻各监测点位的浓度最大值作为评价范围内环境空气保护目标及网格点环境质量现状浓度

65. 湖库水平衡计算中的出水量包括( )。

A. 地表径流量   B. 城市生活取水量

C. 农业取水量   D. 湖库水面蒸发量

66. 影响垃圾卫生填埋的渗滤液产生量的因素有( )。

A. 垃圾含水量   B. 垃圾填埋总量

C. 区域的降水量与蒸发量   D. 渗滤液的输导系统

67. 下列生态影响型项目的工程分析中,属于该项目工程分析重点的有( )。

A. 公路项目对动物迁徙通道的阻隔影响

B. 水库项目对原生常绿阔叶林的淹没影响

C. 油气田开采项目对邻近自然保护区的影响

D. 风电场项目 35 kV 集电线路的电磁辐射影响

68. 对于大气环境风险预测,一级评价需选取( ),选择适用的数值方法进行分析预测。

A. 最不利气象条件   B. 最不利地形

C. 事故发生地的最常见气象条件   D. 典型事故案例中的气象条件

69. 水泥窑窑尾烟气氮氧化物脱硝可采用的工艺技术有( )。

A. SCR   B. SNCR

C. 碱洗脱酸降温+SCR   D. 水洗+活性炭吸附+SCR

70. 在模拟湖库( )时,可采用解析解模型。

A. 水域形态规则   B. 水域面积较小

　C．水流均匀　　　　　　　　　　　D．排污稳定

71．影响建设项目对敏感点等效声级贡献值的主要原因有（　　）。

　A．声源源强　　　　　　　　　　　B．声源的位置

　C．声波传播条件　　　　　　　　　D．敏感点处背景值

72．绘制工矿企业噪声贡献值等声级图时，等效声级（　　）。

　A．间隔不大于5 dB　　　　　　　　B．最低值和功能区夜间标准相一致

　C．可穿越建筑物　　　　　　　　　D．最高值可为75 dB

73．大气环境影响预测进行模型计算设置时，对于城市/农村选项，（　　）应选择"城市"。

　A．项目周边3 km半径范围内一半以上面积属于城市建成区

　B．项目周边3 km半径范围内一半以上面积属于城市规划区

　C．项目周边5 km半径范围内人口较多

　D．项目周边5 km半径范围内一半以上面积属于城市建成区

74．下列属于ADMS必须需要的地面气象数据的有（　　）。

　A．风速　　　　　B．总云量　　　　　C．低云量　　　　　D．干球温度

75．采用大气估算模式计算点源最大地面浓度时，所需参数包括排气筒出口处的（　　）。

　A．内径　　　　B．烟气温度　　　　C．环境温度　　　　D．烟气速度

76．某集中供热项目大气环境影响评价等级为一级，评价结果表达应包含（　　）。

　A．基本信息底图　　　　　　　　　B．网格浓度分布图

　C．项目基本信息图　　　　　　　　D．大气环境防护区域图

77．评价等级为二级的大气环境影响预测内容至少应包括（　　）。

　A．正常排放时小时平均浓度　　　　B．非正常排放时小时平均浓度

　C．正常排放时日平均浓度　　　　　D．非正常排放时日平均浓度

78．下列属于系数法预测二次污染物$PM_{2.5}$对大气环境影响的模型有（　　）。

　A．AERMOD　　　　　　　　　　　B．AUSTAL2000

　C．CALPUFF　　　　　　　　　　　D．EDMS/AEDT

79．利用一维水质模型预测非持久性污染物排放对下游河段的影响，需确定的参数有（　　）。

　A．综合衰减系数　　　　　　　　　B．纵向扩散系数

　C．横向混合系数　　　　　　　　　D．垂向扩散系数

80．有关河流水域概化要求说法正确的有（　　）。

　A．预测河段及代表性断面的宽深比≥20时，可视为矩形河段

　B．河段弯曲系数>1.3时，可视为弯曲河段，其余可概化为平直河段

C. 对于河流水文特征值和水质急剧变化的河段，应分段概化，并分别进行水环境影响预测

D. 预测河段及代表性断面的宽深比≥15时，可视为矩形河段

81. 地表水面源污染负荷估算模型有（　　）。

A. 源强系数法　　　　　　　　　B. 水文分析法

C. 河流数学模型　　　　　　　　D. 面源模型法

82. 某公路拟在距离厂界 10 m 处安装 4 台小型方体冷却塔，预测时厂外敏感点噪声超标，通常采用的噪声治理方法有（　　）。

A. 设置声屏障　　　　　　　　　B. 选用低噪声冷却塔

C. 调整冷却塔的位置　　　　　　D. 进风口安装百叶窗式消声器

83. 伴有振动的室外锅炉鼓风机，其风口直接和大气相通，出风口通过管和锅炉炉膛相连，为降低鼓风引起的噪声，可采取的降噪声措施有（　　）。

A. 鼓风机进风口加装消声器　　　B. 鼓风机与基座之间装减振垫

C. 鼓风机出风口和风管之间软连接　　D. 鼓风机设置隔声罩

84. 有关污水处理工艺说法正确的有（　　）。

A. 采用厌氧和好氧组合工艺时，厌氧工艺单元应设置在好氧工艺单元前

B. 一级处理主要是去除污水中呈胶体和溶解状态的有机污染物

C. 当污（废）水中含有生物毒性物质，应在污（废）水进入生物处理单元前去除毒性物质

D. 三级处理主要是去除污水中呈悬浮或漂浮状态的污染物

85. 某公路扩建工程，现状公路和周围敏感度表见下图，噪声现状监测点布设合理的是（　　）。

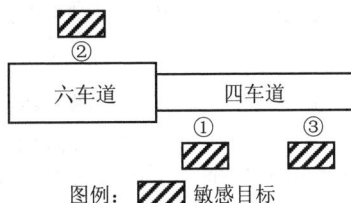

图例：▨ 敏感目标

A. ①③　　　　　B. ①②　　　　　C. ②③　　　　　D. ①

86. 进行河流稳态水质模拟预测需要确定（　　）。

A. 污染物排放位置、排放强度　　B. 水文条件

C. 初始条件　　　　　　　　　　D. 水质模型参数值

87. 洁净煤燃烧技术包括（　　）。

A. 循环流化床燃烧　　　　　　　B. 型煤固硫技术

C. 低 NO_x 燃烧技术 　　　　　　D. 煤炭直接液化

88. 去除废水中的重金属汞离子可选用（　　）。

A. 活性污泥法 　　　　　　　　　B. 化学沉淀法

C. 厌氧法 　　　　　　　　　　　D. 吸附法

89. 在对某输气管道项目沿线陆生植被和植物进行样方调查时，拟对其间的马尾松物种进行重要值计算需要的参数有（　　）。

A. 相对密度 　　　　　　　　　　B. 相对频度

C. 相对稳定度 　　　　　　　　　D. 相对优势度

90. 对于污染型项目，一般从其厂区总平面布置图中可以获取的信息有（　　）。

A. 采用的工艺流程 　　　　　　　B. 建（构）物位置

C. 主要环保设施位置 　　　　　　D. 评价范围内的环境敏感目标位置

91. 利用遥感资料可给出的信息有（　　）。

A. 植被类型及其分布 　　　　　　B. 地形

C. 群落结构及物种组成 　　　　　D. 土地利用类型及其面积

92. 计算某高速公路和敏感点之间的地面效应衰减时，需分析的主要影响因素有（　　）。

A. 地面类型 　　　　　　　　　　B. 敏感点建筑类别

C. 高速公路和敏感点之间的距离 　D. 声传播路径的平均离地高度

93. 拟建高速公路穿越两栖动物栖息地，对动物栖息地可采取的保护措施有（　　）。

A. 增加路基高度 　　　　　　　　B. 降低路基高度

C. 收缩路基边坡 　　　　　　　　D. 增设桥涵

94. 某拟建高速公路经过某种爬行动物主要活动区，公路营运期对该动物的影响有（　　）。

A. 减少种群数量 　　　　　　　　B. 改变区系成分

C. 阻隔活动通道 　　　　　　　　D. 分割栖息生境

95. 某水电项目实施影响生态保护区的国家保护动物猕猴，对生态环境需要采取措施有（　　）。

A. 库区清理时对猕猴进行临时保护 　　B. 采取临时人工食源区

C. 围栏人工驯养 　　　　　　　　D. 对临时占地进行恢复

96. 根据建设项目特点、可能产生的环境影响和当地环境特征，有针对性收集调查评价范围内的相关土壤资料，主要内容包括（　　）。

A. 土地利用现状图、土地利用规划图、土壤类型分布图

B. 气象资料、地形地貌特征资料

C. 土地利用历史情况

D. 与建设项目土壤环境影响评价相关的其他资料

E. 水文及水文地质资料

97. 下列关于土壤环境现状监测点数量的要求，说法正确的有（　　）。

A. 生态影响型建设项目可优化调整占地范围内、外监测点数量，保持总数不变

B. 生态影响型建设项目占地范围超过 2 000 hm² 的，每增加 1 000 hm² 增加 1 个监测点

C. 污染影响型建设项目可优化调整占地范围内、外监测点数量，保持总数不变

D. 污染影响型建设项目占地范围超过 100 hm² 的，每增加 20 hm² 增加 1 个监测点

98. 土壤的氧化还原性质对植物的生长起着至关重要的作用，土壤中的各种生物化学过程都受氧化还原电位的制约，各物种的反应活性、迁移、毒性及其能否被生物吸收利用，都与物种的氧化还原状态有关。氯化还原电位与氧化性关系表述错误的是（　　）。

A. 土壤氧化还原点位越高，氧化性越强

B. 土壤氧化还原点位越高，氧化性越弱

C. 土壤氧化还原点位越低，氧化性越弱

D. 土壤氧化还原点位越低，氧化性越强

99. 进行污染场地修复时，提出的修复目标包括（　　）。

A. 确认目标污染物　　　　　　　　B. 确认场地状况

C. 提出修复目标值　　　　　　　　D. 确认修复范围

100. 生态影响型土壤环境污染过程防控措施包括（　　）。

A. 排水排盐　　　　　　　　　　　B. 调节土壤 pH 值

C. 降低地下水位　　　　　　　　　D. 地面硬化

101. 化工园区内新建液氯管道输送过程中的环境风险防范与减缓措施有（　　）。

A. 提高管道设计等级　　　　　　　B. 规定应急疏散通道

C. 储备救援物资　　　　　　　　　D. 管廊设防雨盖顶

102. 在建设项目环境风险评价中，大气环境敏感程度分级表述正确的是（　　）。

A. 环境风险受体的敏感性依据环境敏感目标敏感性及人口密度划分

B. 环境风险受体的敏感区分为环境高度敏感区环境中度敏感区和环境不敏感区

C. 周边 500 m 范围内人口总数小于 500 人的，大气环境敏感程度为 E3 级

D. 油气、化学品输送管线管段周边 500 m 范围内每千米人口数量是大气环境敏感程度分级依据

103. 某煤制烯烃项目废水全部回用，根据监测技术规范和排放标准等要求，环

境监测计划中除废气监测点外，还需设置的要素监测点有（　　）。

    A. 企业厂界噪声监测点　　　　　　　B. 全厂雨水监控池排放口

    C. 地下水环境跟踪监测井　　　　　　D. 厂界环境空气质量监测点

104. 对可能造成土壤盐化、酸化、碱化影响的建设项目，应选取（　　）等作为预测因子。

    A. 土壤盐分含量　　　　　　　　　　B. pH 值

    C. 特征因子　　　　　　　　　　　　D. 基本因子

105. 陆生动物调查中，设立调查线路或调查点应考虑（　　）。

    A. 代表性　　　　　B. 随机性　　　　　C. 整体性　　　　　D. 可达性

106. 关于大气污染源调查方法正确的说法有（　　）。

    A. 新建项目可通过类比调查或设计资料确定

    B. 改、扩建项目的现有工业污染源可以现有的工业污染源调查资料为基础，再对变化情况进行核实、调整

    C. 评价区内其他污染源及界外区较大污染源可参照建设项目的方法进行调整

    D. 有时候可以参照水环境的调查方法

107. 某油气田开发项目位于西北干旱荒漠区，占地面积 100 km^2，1 km 外有以保护鸟类为主的国家重要湿地保护区，下列方法中，可用于评价该建设项目生态环境现状的有（　　）。

    A. 图形叠置法　　　　　　　　　　　B. 列表清单法

    C. 单因子指数法　　　　　　　　　　D. 景观生态学法

108. 环境空气质量现状补充监测点位图中，需明确标出位置的有（　　）。

    A. 国家监测站点　　　　　　　　　　B. 地方监测站点

    C. 现状补充监测点　　　　　　　　　D. 污染源监测点

109. 某编制报告书的新建项目距离海岸边 4 km，采用 AERSCREEN 确定评价等级需输入参数（　　）。

    A. 90% 负荷运行条件下的排放源强及对应污染源参数

    B. 分辨率不小于 90 m 的地形数据

    C. 岸边熏烟选项

    D. 地表参数

110. 关于某河流水体中的饱和溶解氧，下列说法正确的是（　　）。

    A. 跟大气压有关，随水文升高，饱和溶解氧浓度增大

    B. 跟大气压无关，随水文升高，饱和溶解氧浓度增大

    C. 跟大气压有关，随水文升高，饱和溶解氧浓度降低

    D. 跟大气压无关，随水文升高，饱和溶解氧浓度降低

111. 地下水影响预测中，采用解析模型预测污染物在含水层中的扩散，一般应满足的条件有（ ）。

A. 评价区含水层基本参数不变

B. 评价区含水层为非均质各异性

C. 污染物在含水层具有一维迁移特征

D. 污染物的排放对地下水流场没有明显影响

112. 液体泄漏速率（Q_L）用伯努力方程计算式中液体泄漏系数（C_d）的影响因素包括（ ）。

A. 雷诺数　　　　　　　　　　B. 裂口形状

C. 容器内介质压力　　　　　　D. 液体比重

113. 地下水评价Ⅰ类新建项目，需要调查的环境水文地质问题有（ ）。

A. 地下水污染　　　　　　　　B. 天然劣质地下水

C. 土壤污染　　　　　　　　　D. 地面沉降

114. 生态现状调查评价中，利用"3S"技术中的遥感影像可调查的内容有（ ）。

A. 植被类型及分布　　　　　　B. 土地利用类型及分布

C. 大型动物的种群结构　　　　D. 自然保护区的边界和范围

115. 大气环境防护距离计算模式的主要输入参数包括（ ）。

A. 面源长度　　　　　　　　　B. 小时评价标准

C. 年排放小时数　　　　　　　D. 污染物排放速率

116. 下列使用二维稳态混合模式的是（ ）。

A. 需要评价的河段小于河流中达到横向均匀混合的长度

B. 需要评价的河段大于河流中达到横向均匀混合的长度（计算得出）

C. 大中型河流，横向浓度梯度明显

D. 非持久性污染物完全混合段

117. 湖泊（水库）水环境影响预测的方法有（ ）。

A. 湖泊、水库水质箱模式　　　B. S-P 模式

C. 湖泊（水库）的富营养化预测模型　　D. 湖泊、水库一维稳态水质模式

118. 某项目排放污水中含重金属，排放口下游排放区域内分布有鱼类产卵场等敏感区。现状评价中应调查（ ）。

A. 常规水质因子　　　　　　　B. 项目特征水质因子

C. 水生生物项目特征因子　　　D. 沉积物项目特征因子

119. 以下属于水库渔业资源调查内容的有（ ）。

A. 底栖动物　　　　　　　　　B. 潮间带生物

C. 大型水生植物　　　　　　　D. 浮游植物叶绿素

参考答案

一、单项选择题

1. B 【解析】生产系统危险性识别包括主要生产装置、储运设施、公用工程和辅助生产设施，以及环境保护设施等。生产系统危险性识别的内容包括：①按工艺流程和平面布置功能区划，结合物质危险性识别，以图表的方式给出危险单元划分结果及单元内危险物质的最大存在量。按生产工艺流程分析危险单元内潜在的风险源。②按危险单元分析风险源的危险性、存在条件和转化为事故的触发因素。③采用定性或定量分析方法筛选确定重点风险源。

2. A 【解析】根据管道设计输送能力以及泄漏持续时间计算：

$$12 \text{ t/h} \times 5 \text{ min/60 min} = 1 \text{ t}。$$

3. B 【解析】$[1\,000 \times (1-96\%-3.5\%-0.3\%) \times 10^3]/8\,000 = 0.25$。

4. C 【解析】物料衡算。由于 $850 > 400$，所以按照 400 计算，排放总量=$(2\,670 \text{ t}/850 \text{ mg/m}^3) \times 400 \text{ mg/m}^3 = 1\,256 \text{ t}$。

5. C 【解析】《环境影响评价技术导则 大气环境》附录 B.5，CALPUFF 采用模型可以识别的土地利用数据来获取地表参数，土地利用数据的分辨率一般不小于模拟网格分辨率。

6. D

7. C 【解析】根据污染物排放总量核算技术要求：①排放总量核算项目为国家或地方规定实施污染物总量控制的指标；②依据实际监测情况，确定某一监测点某一时段内污染物排放总量，根据排污单位年工作的实际天数计算污染物年排放总量；③某污染物监测结果小于规定监测方法检出下限时，不参与总量核算。

8. A 【解析】《环境影响评价技术导则 大气环境》8.8.5，采用进一步预测模型模拟评价基准年内，本项目所有污染源（改建、扩建项目应包括全厂现有污染源）对厂界外主要污染物的短期贡献浓度分布。厂界外预测网格分辨率不应超过 50 m。

在底图上标注从厂界起所有超过环境质量短期浓度标准值的网格区域，以自厂界起至超标区域的最远垂直距离作为大气环境防护距离。

9. C 【解析】超标率=$60/(400-10) \times 100\% = 15.4\%$。不符合监测技术规范要求的监测数据不计入监测数据个数。未检出点位数计入总监测数据个数中。

10. C 【解析】A 大于 0，稳定状态，$|L_{\text{mo}}| \to \infty$，混合层高度 800 m，C 在不稳定状况才是这种情况。

11. A　【解析】$PV=nRT$，压力恒定，体积与温度成正比，$4\,000/V_2=(273.15+10)/(273.15+13)$，$V_2=42.38\ \mathrm{m}^3$。

12. B　【解析】《环境影响评价技术导则　地表水环境》附录 D.1.2 中溶解氧标准指数计算公式：

$$DO_j>DO_f \qquad S_{DO,\ j}=|\,DO_f-DO_j\,|/|\,DO_f-DO_S\,|。$$

13. A　【解析】新鲜水补水量$=1\,000\times10\%=100\ \mathrm{m}^3/\mathrm{h}$，循环水系统用水量$=$新鲜水$+$重复利用水量，故重复用水量$=900\ \mathrm{m}^3/\mathrm{h}$，水重复利用率$=900/1\,000\times100\%=90\%$。

14. C　【解析】《环境影响评价技术导则　地表水环境》（HJ 2.3—2018）C.3.1，水质取样断面和取样垂线的设置，一级评价可布设 5～7 个取样断面；二级评价可布设 3～5 个取样断面。

15. B　【解析】《环境影响评价技术导则　地表水环境》（HJ 2.3—2018）6.2.2，对于水污染影响型建设项目，除覆盖评价范围外，受纳水体为河流时，在不受回水影响的河流段，排放口上游调查范围宜不小于 500 m，受回水影响河段的上游调查范围原则上与下游调查的河段长度相等；受纳水体为湖库时，以排放口为圆心，调查半径在评价范围基础上外延 20%～50%。

16. B　【解析】

（1）该两个排气筒排放相同的污染物，其距离（10 m）小于其几何高度之和（24 m），可以合并视为一根等效排气筒。

（2）等效排气筒污染物排放速率计算：

$$Q=Q_1+Q_2=1.0+0.8=1.8\ \mathrm{kg/h}$$

（3）等效排气筒高度计算：

$$h=\sqrt{\frac{1}{2}\left(12^2+12^2\right)}=12\ \mathrm{m}$$

（4）等效排气筒 12 m 高度应执行的排放速率限值（外推法）计算：

$$Q=Q_\mathrm{b}\left(\frac{h}{h_\mathrm{b}}\right)^2=3\times\left(\frac{12}{15}\right)^2\approx1.9\ \mathrm{kg/h}$$

等效排气筒 12 m，达不到 15 m 高度的最低要求，其排放速率应严格按 50%执行，即 1.9×0.5=0.95 kg/h。

（5）等效排气筒 12 m 的排放速率为 1.8 kg/h，大于排放速率限值 0.95 kg/h，该项目排气筒的排放速率不达标。

17. D　【解析】该题关键在于"回收"二字。挥发性有机化学物的基本处理技术主要有两类：①回收类方法，主要有吸附法、吸收法、冷凝法和膜分离法；

②消除类方法，主要有燃烧法、生物法、低温等离子体法和催化氧化法（排除 B）。A 生物过滤，适用于处理气量大、浓度低和浓度波动较大的挥发性有机化合物废气，错误。C 活性炭吸附，适用于低浓度挥发性有机化合物废气的有效分离与去除，错误。D 溶剂吸收，适用于废气流量较大、浓度较高、温度较低和压力较高的挥发性有机化合物废气的处理，正确。

18. C　19. B　20. C

21. B　【解析】氧垂曲线的最低点为临界氧亏点，此时溶解氧浓度最低，在该点左右两侧溶解氧浓度均高于该点，临界氧亏点位于 4～6 km，3 km 和 10 km 分别位于该点左侧和右侧，故该点溶解氧浓度小于 5 mg/L 和 5.5 mg/L，标准值为 5 mg/L，故在该点附近存在部分河段溶解氧不达标。

22. A　【解析】HJ 2.3—2018 E.2，零维数学模型、E.2.3 狄龙模型。

23. A　【解析】HJ 2.3—2018 7.10.1.2，入海河口、近岸海域设计水文条件要求：a）感潮河段、入海河口的上游水文边界条件参照 7.10.1.1 的要求确定，下游水位边界的确定，应选择对应时段潮周期作为基本水文条件进行计算，可取用保证率为 10%、50% 和 90% 潮差，或上游计算流量条件下相应的实测潮位过程；b）近岸海域的潮位边界条件界定，应选择一个潮周期作为基本水文条件，选用历史实测潮位过程或人工构造潮型作为设计水文条件。

24. A　【解析】充分混合段即横、纵、垂三向均混合均匀，持久性污染物采用零维模型（沉降作用明显时采用一维模型），非持久性污染物采用一维模型。此处 COD 为非持久性污染物。

25. D　【解析】$(0.7 \times 2 + 0.05C) / (0.05 + 2) = 1.0 \times (1 - 10\%)$，$C = 8.9$ mg/L。

26. D　【解析】技术方法教材第六章第二节地表水环境影响预测方法。

27. D　28. B

29. D　【解析】零维模型是将整个环境单元看作处于完整均匀的混合状态，模型中不存在空间环境质量上的差异，主要用于湖泊和水库水质模拟；一维模型横向和纵向混合均匀，仅考虑纵向变化，适用于中小河流；二维模型垂向混合均匀，考虑纵向和横向变化，适用于宽而浅型江河湖库水域；三维模型考虑三维空间的变化，适用于排污口附近的水域水质计算。

30. D　【解析】离散的成因：由于水流方向横断面上流速分布的不均匀（由河岸及河底阻力所致）而引起分散。

31. A　【解析】HJ 2.3—2018 附录 E3.2 解析法。

32. D　【解析】横向扩散指由于水流中的紊动作用，在流动的横向方向上，溶解态或颗粒态物质的混合，通常用横向扩散系数表示。可以通过示踪实验确定横向扩散系数，或按照根据包含河流水深、流速以及河道不规则性的公式来估算横向扩散系数。

33．C　【解析】HJ 2.3—2018 9.2.3，不达标区建设项目选择废水处理措施或多方案比选时，应优先考虑治理效果，结合区（流）域水环境质量改善目标、替代源的削减方案实施情况，确保废水污染物达到最低排放强度和排放浓度。

34．D　35．C　36．A

37．B　【解析】一维水质模型公式中需要"过水断面面积"参数，过水断面面积则需要河宽和水深的数据。

38．D　【解析】AB 是根据排旋形式划分的，首先排除。油类泄漏进入含水层，由于其溶解性低，能够长期保持不变，可概化为连续恒定排放。因此选 D。

39．B　40．D　41．C

42．A　【解析】傍河潜水受到地表河流的强补给，可概化成已知水头边界。在水文地质计算中常常将水文地质边界分为：第一类边界（水头边界），即水头变化规律为已知的边界。它又分为定水头边界和变水头边界。第二类边界（流量边界），即流过边界的流量变化规律为已知的边界。隔水边界属第二类边界，因为它的流量为零。D 属于含水层污染运移预测边界概化。

43．A

44．C　【解析】集中式生活饮用水地表水水源地分一级和二级，对应的功能为Ⅱ类、Ⅲ类，从实测值来看，Ⅱ类、Ⅲ类的应该超标。Ⅴ类的 0.017 mg/L，能达到集中式生活饮用水地表水水源地的限值，对Ⅴ类来说，肯定不超标。Ⅳ类的实测值 0.018 mg/L，由于不知道其相应限值，很难确定超标或不超标，都有可能。因此选 C。

45．C　【解析】被调查水域的环境质量要求较高（如自然保护区、饮用水源地、珍贵水生生物保护区、经济鱼类养殖区等），且评价等级为一、二级，应考虑调查水生生物和底质，其调查项目可根据具体工作要求确定。

46．C　47．D　48．B　49．D

50．C　【解析】根据生态导则附录 B，植物群落调查结果统计表：植被型组-植被型-植被亚型-群系，即至少统计到群系。

51．D　52．D

53．D　【解析】毗邻省级自然保护区属于生态敏感区，评价等级为一级。生态保护措施平面布置图成图精度为 1∶10 000～1∶2 000，比例尺 1∶10 000 意思是地图上的距离 1 cm 代表地面上实际距离 10 000 cm，即 100 m；比例尺 1∶2 000 表示图上 1 cm 代表实际距离 20 m，1∶2 000 精度更高，故最低要求为 1∶10 000。

54．C　【解析】生态机理分析法是根据建设项目的特点和受其影响的动植物的生物学特征，依照生态学原理分析、预测工程生态影响的方法。

55. B

56. C 【解析】《生物多样性观测技术导则陆生维管植物》（HJ 710.1—2014）5.3.1，观测样地选择原则，样地应具有代表性，为观测区域内充分满足观测目的和任务的典型群落；样地位置应易于观测工作展开，离后勤补给点不宜太远，避开悬崖、陡坡等危险区域；样地应利于长期观测和样地维护，避开、排除与观测目的无关因素的干扰；样地形状应以正方形为宜；样地大小应能够反映集合群落的组成和结构。

57. A

58. A 【解析】BC 均为施工期的影响；D 煤层结构对煤矿巷道掘进有直接影响，如断裂带、褶皱带等地质构造对煤巷的稳定性造成威胁，影响的是开采的安全性。

59. D 【解析】雨林—热带；常绿阔叶林—亚热带；针阔混交林—暖温带。

60. A 61. C 62. D

63. C 【解析】本题主要考查潜水监测井位的布设。显然，3 个点成一面，即可判断附近地下潜水水位和流向。

64. B

65. D 【解析】含水层一般分为承压含水层、潜水含水层。潜水的水质主要取决于气候、地形及岩性条件。承压含水层由于上部有隔水顶板，只要污染源不分布在补给区，就不会污染地下水。而潜水含水层到处都可以接受补给。

66. B 【解析】水文地质条件的概化原则包括：①根据评价的要求，所概化的水文地质概念模型应反映地下水系统的主要功能和特征；②概念模型应尽量简单明了；③概念模型应能被用于进一步的定量描述，以便于建立描述符合研究区地下水运动规律的微分方程解决定解问题。

67. A 【解析】迁移模型的边界条件有三类：①指定浓度；②指定浓度梯度或弥散通量；③同时指定浓度及浓度梯度，或总通量。泄漏的原油在潜水面大量积聚区的模型单元通常可按指定浓度单元处理，这是因为可以预期，在原油积聚区附近的地下水中，原油的溶解浓度长期围绕特征组分的溶解度波动，基本可视为常数。

68. D

69. C 【解析】抽水试验目的是确定含水层的导水系数、渗透系数、给水度、影响半径等水文地质参数；注水试验目的与抽水试验相同；渗水试验目的是测定包气带渗透性能及防污性能；浸溶试验目的是为了查明固体废弃物受雨水淋滤或在水中浸泡时，其中的有害成分转移到水中，对水体环境直接形成的污染或通过地层渗漏对地下水造成的间接影响。

70. C 71. A

72．A　【解析】国内净化含汞废气的方法有：活性炭充氯吸附法、文丘里复挡分离 0.1%过硫酸铵吸收法、文丘里—填料塔喷淋高锰酸钾法等。

73．A　【解析】目前除臭的主要方法有物理法、化学法和生物法三类。常见的物理方法有掩蔽法、稀释法、冷凝法和吸附法等；常见的化学法有燃烧法、氧化法和化学吸收法等。在相当长的时期内，脱臭方法的主流是物理、化学方法，主要有酸碱吸收、化学吸附、催化燃烧三种。

74．A　【解析】对于新建项目，现状监测值-背景值，已知保护目标现状监测值为 51 dB（A），预测值 54 dB（A），则贡献值 L_1-101g（$100.1×54.0$-$100.1×51.0$）=51 dB（A）。或者根据查表法，51+51=54，即贡献值为 51 dB（A）。

75．B

76．D　【解析】根据无限长线声源的几何发散衰减规律，声传播距离增加 1 倍，衰减值是 3 dB。因此，可推算出答案为 160 m。当然，此题也可以用公式计算，只是掌握了上述规律后，计算的速度会快一些，节省了考试时间。

77．B　【解析】单条、两条、三条跑道可分别布设 3～9 个、9～14 个和 14～18 个噪声测点。题中，两条跑道，至少 9 个。

78．D　【解析】注意：题中"为防治飞机噪声污染"，根据 HJ 2.4—2021 中 C.4.6，机场噪声防治措施，a）通过不同机场位置、跑道方位、飞行程序方案的声环境影响预测结果，分析敏感目标受影响的程度，提出优化的机场位置、跑道方位、飞行程序方案建议。

79．A

80．A　【解析】声环境质量调查中现状监测结合模型计算法的应用。误差越小，用模型计算结果代替现状监测噪声值就越准确。

81．A　【解析】根据《环境影响评价技术导则　声环境》，当声源为固定声源时，现状测点应重点布设在可能既受到现有声源影响，又受到建设项目声源影响的敏感目标处，以及有代表性的敏感目标处。

82．C

83．C　【解析】声屏障隔声的能力用传声损失和计权隔声量评价；吸声性能用降噪系数评价。声屏障插入损失主要取决于屏障的绕射衰减量，因声波波长较长的噪声很容易从屏障上方绕射过去，所以声屏障对中低频噪声的降噪效果相对较差。

声屏障对噪声的实际插入损失除了受声屏障高度、材质、型式等自身因素的影响，还受道路车流量、车速、行车方向、道路坡度、路面材质和绿化等其他多种因素的影响。即使是完全相同的材质和型式，在不同的地点和噪声环境下，实际插入损失也会有不同。

84．B　【解析】计算室内声源靠近围护结构处产生的倍频带声压级或 A 声级：

$L_{P1}=L_{W}+10\lg\left(\dfrac{Q}{4\pi r^{2}}+\dfrac{4}{R}\right)$，车间内中心部位，$Q=1$，计算 $L=113$ dB。

85. B 【解析】室内近似为扩散声场，利用此式计算：$L_{P2}=L_{P1}-(TL+6)$；然后将室外声源的声压级和透声面积换算成等效的室外声源（$L_{W2}=L_{P2}+10\lg S$），计算出中心位置位于透声面积（S）处的等效声源的倍频带声功率级 $L_{P2}=L_{P1}-(TL+6)$。

86. A 【解析】环境噪声现状测量要求，环境噪声测量量为等效连续 A 声级；频发、偶发噪声，非稳态噪声测量量还应有最大 A 声级及噪声持续时间，而脉冲噪声应同时测量 A 声级和脉冲周期；机场飞机噪声的测量量为等效感觉噪声级（L_{EPN}），然后根据飞行架次计算出计权等效连续感觉噪声级（L_{WECPNL}）。

87. C 【解析】《声环境质量标准》，2 类声环境功能区昼间环境噪声限值为 60 dB（A），现状声级为 57 dB（A），根据噪声叠加公式，则新增声源在敏感目标处的贡献值必须 ≤57 dB（A），根据点声源衰减公式 $L=-20\lg(r_{2}/r_{1})$，$\Delta L\geqslant 77-57=20$ dB（A），则 $r_{2}=10$ m。

88. A

89. A 【解析】噪声级相加与相减计算方法。适用以敏感目标所受的噪声贡献值与背景噪声叠加后的预测值作为评价量。60 与 50 先叠加为 53，再与 53 叠加，为 56。

90. C 91. B 92. D 93. C 94. A

95. D 【解析】废水监测时监测点位应布设在污水处理设施各处理单元的进出口，第一类污染物的车间或车间处理设施的排放口，生产性污水、生活污水、清净下水外排口，雨水排口。

96. B 97. B

98. A 【解析】《环境影响评价技术导则　土壤环境（试行）》7.3.1，根据建设项目特点、可能产生的环境影响和当地环境特征，有针对性收集调查评价范围内的相关资料，主要包括以下内容：（a）土地利用现状图、土地利用规划图、土壤类型分布图；（b）气象资料、地形地貌特征资料、水文及水文地质资料等；（c）土地利用历史情况；（d）与建设项目土壤环境影响评价相关的其他资料。

99. C 【解析】《环境影响评价技术导则　土壤环境（试行）》7.3.2.1，在充分收集资料的基础上，根据土壤环境影响类型、建设项目特征与评价需要，有针对性地选择土壤理化特性调查内容，主要包括土体构型、土壤结构、土壤质地、阳离子交换量、氧化还原电位、饱和导水率、土壤容重、孔隙度等。

100. B 【解析】《环境影响评价技术导则　土壤环境（试行）》7.3.3.2，改、扩建的污染影响型建设项目，其评价工作等级为一级、二级的，应对现有工程的土壤环境保护措施情况进行调查，并重点调查主要装置或设施附近的土壤污染现状。

101. A

102. C 【解析】《环境影响评价技术导则　土壤环境（试行）》4.2.4，涉及两个或两个以上场地或地区的建设项目应按4.2.3分别开展评价工作。

103. D 【解析】《污染场地土壤修复技术导则》5.2.3，确认修复范围，确认前期场地环境调查与风险评估提出的土壤修复范围是否清楚，包括四周边界和污染土层深度分布，特别要关注污染土层异常分布情况，比如非连续性自上而下分布。

104. A 【解析】《建设项目环境风险评价技术导则》（HJ 169—2018）附录C表C.2，环境风险危险物质及工艺系统危险性（P）等级判定由危险物质数量与临界量比值（Q）和行业及生产工艺（M）确定。

105. A 【解析】直选法，由于设备损坏或操作失误引起有毒有害、易燃易爆物质泄漏，将会导致火灾、爆炸、中毒，继而污染环境，伤害厂外区域人群和生态，因此泄漏分析是源项分析的主要对象。泄漏是原因，火灾、爆炸、中毒是结果。

106. D 【解析】应注意建设项目水环境敏感性与项目是否直接排放废水存在一定的差异，有些建设项目尽管无废水直接外排排放口，但是在事故状态下存在废水排入重要水体的通道或途径，在评价过程中应调查需保护的相应环境敏感目标。

107. C 【解析】预测河段及代表性断面的宽深比≥20时，可视为矩形河段。

108. D 【解析】土柱淋滤试验目的是模拟污水的渗入过程，研究污染物在包气带中的吸附、转化、自净机制，确定包气带的防护能力。

109. B 【解析】岩石的透水性是指岩石允许水透过的能力，一般采用渗透系数来表征，单位为 m/d 或 cm/s。

110. B 【解析】根据公式法计算：$L_{总} = 10\lg\left(\sum\limits_{i=1}^{n} 10^{\frac{L_V}{10}}\right)$。

111. B 【解析】噪声从声源传播到受声点，因传播发散、空气吸收、阻挡物的反射与屏障等因素的影响，会使其产生衰减。为了保证噪声影响预测和评价的准确性，对于由上述各因素所引起的衰减值需认真考虑，不能任意忽略。噪声随传播距离衰减，即几何发散衰减，噪声在传播过程中由于距离增加而引起的发散衰减与噪声固有的频率无关。

112. D 【解析】A为植被恢复措施，应采用本地物种；选项B虽可以减小占地，但由于弃渣量较大，相比较D挖填平衡回用对环境影响更小。根据《中华人民共和国河道管理条例》第二十四条，C弃渣场不可设置在河漫滩地。另外，根据"回用"字样可以直接锁定选项D。

113. A 【解析】生物量是衡量环境质量变化的主要标志，生物量的测定一般采用样地调查收割法。

114. C　【解析】AD 同类，肯定不选，汽油罐大小呼吸无组织排放呈面源排放，B 不选。交通运输工具（机动车、火车等）移动污染物呈线状排放为线源，选 C。

115. C　【解析】对于邻近污染源的高层住宅楼，应适当考虑不同代表高度上的预测受体。

116. B　【解析】对于持久性污染物（连续排放），完全混合河段，采用河流完全混合模式；不考虑混合距离的重金属污染物、部分有毒物质及其他保守物质的下游浓度预测，采用零维模式；对于溶解氧，采用 S-P 模式；对于持久性污染物（连续排放），沉降作用明显的河段适用的水质模式是河流一维稳态模式。

117. A

118. D　【解析】渗透系数是表征含水介质透水性能的重要参数，其大小一方面取决于介质的性质，如粒度成分、颗粒排列等，粒径越大，渗透系数也就越大；另一方面还与流体的物理性质（如黏滞性）有关。

119. D　【解析】根据 HJ 169—2018 附录 D，大气环境敏感程度分级判定：周边 5 km 范围内居住区、医疗卫生、文化教育、科研、行政办公等机构人口总数小于 1 万人；或周边 500 m 范围内人口总数小于 500 人，大气环境敏感程度为 E3。

120. B　【解析】施工期是航运码头工程造成生态破坏和环境污染的主要环节，应重点考虑填充造陆工程、航道疏浚工程、护岸工程和码头施工对水域环境与生态系统的影响，说明施工工艺和施工布置方案的合理性，从施工全过程识别和估算影响源。施工期主要评价因子为悬浮物。

121. A　【解析】全查法：物种稀少，分布面积小，种群数量相对较少的区域。

122. A　【解析】环境保护的需求使得工程建设方案不仅应考虑满足工程既定功能和经济目标的要求，而且应满足环境保护需求，例如，水坝阻隔了鱼类的洄游，需要设计专门的过鱼通道；文物的搬迁和易地重植、水生生物繁殖和放流等，都是新的问题，都需要发展专门的设计方案，而且都需要在实践中检验其是否真有效果。为减缓大型水电站的建设对鱼的影响，应调查鱼类的生存现状，从施工期和运营期对鱼类的影响进行分析，并从工程和管理方面提出具有针对性的鱼类保护措施，如设置过鱼措施、鱼类人工增殖放流和减少捕捞量等。

123. D　【解析】高速公路环境保护验收在噪声监测时，选择车流量有代表性的路段，在距高速公路路肩 60 m、高度大于 1.2 m 范围内布设 24 h 连续测量点位。

124. C　【解析】《土壤环境监测技术规范》（HJ/T 166—2004）6.1.5，采样次序自下而上，先采剖面的底层样品，再采中层样品，最后采上层样品。

二、不定项选择题

1. ABC　【解析】《大气污染物综合排放标准》3.4，无组织排放低矮排气筒的排放属于有组织排放，但在一定条件下也可造成与无组织排放相同的后果。

2. AC 【解析】环境影响评价工艺流程图有别于工程设计工艺流程图，环境影响评价关心的是工艺过程中产生污染物的具体部位（A），污染物的种类（C）和数量。

3. ABCD

4. ABD 【解析】混合稀释作用只能降低水中污染物的浓度，不能减少其总量。水体的混合稀释作用主要由下面三部分作用所致：①紊动扩散，由水流的紊动特性引起水中污染物自高浓度向低浓度区转移的紊动扩散；②移流，由于水流的推动使污染物的迁移随水流输移；③离散，由于水流方向横断面上流速分布的不均匀（由河岸及河底阻力所致）而引起分散。

5. ABCD 6. ABCD

7. BCD 【解析】要求型。环境影响评价关心的是工艺过程中产生污染物的具体部位，污染物的种类和数量。所以绘制污染工艺流程应包括涉及产生污染物的装置和工艺过程。至于 A 选项，无组织排放分布涉及到空间的概念，不能在平面图中标出。

8. ABCD

9. ABD 【解析】甲醇制烯烃过程主要为纯甲醇脱水裂解成烯烃，无硫化物。

10. AB 【解析】 根据国家及地方环保要求，加强水泥窑 NO_x 排放控制，在低氮燃烧技术（低氮燃烧器、分解炉分级燃烧、燃料替代等）的基础上，选择采用 SNCR（选择性非催化还原）技术、SCR（选择性催化还原）技术或 SNCR-SCR 复合技术。新建水泥窑鼓励采用 SCR 技术、SNCR-SCR 复合技术。

11. ABC

12. ABD 【解析】废物填埋场渗滤液的来源有：①降水（包括降雨和降雪）直接落入填埋场；②地表水进入填埋场；③地下水进入填埋场；④在填埋场中处置的废物中含有部分水。

13. ABCD 14. ABC

15. BCD 【解析】BOD_5、NH_3-N、COD 均会消耗溶解氧，故削减以上三种污染物可使溶解氧达标。注意：不要弄反了，溶解氧超标意味着溶解氧不足，不能再去削减 DO 了。

16. AC 【解析】《环境影响评价技术导则 地表水环境》7.10.1.1，a）河流不利枯水条件宜采用 20%保证率最枯月流量或近 10 年最枯月平均流量。

17. BCD 【解析】示踪试验法是向水体中投放示踪物质，追踪测定其浓度变化，据此计算所需要的各环境水力参数的方法。示踪物质有无机盐类（NaCl、LiCl）、荧光染料（如工业碱性玫瑰红）和放射性同位素等，示踪物质的选择应满足的要求有：①具有在水体中不沉降、不降解，不产生化学反应的特性；②测定简单准确；③经济；④对环境无害。

18. ABCD　19. ABCD　20. ABC

21. ABCD　【解析】为减少项目对生态环境的影响，合理的选址和选线主要是指：①选址选线避绕敏感的环境保护目标，不对敏感保护目标造成直接危害；②选址选线符合地方环境保护规划和环境功能（含生态功能）区划的要求，或者说能够与规划相协调，即不使规划区的主要功能受到影响；③选址选线地区的环境特征和环境问题清楚，不存在"说不清"的科学问题和环境问题，即选址选线不存在潜在的环境风险；④建设项目的选址选线不影响区域具有重要科学价值、美学价值、社会文化价值和潜在价值的地区或目标，即保障区域可持续发展的能力不受到损害或威胁。

22. D　【解析】GB 3096—2008中2类区标准是昼间60 dB，夜间50 dB。为了满足2类区标准要求，声级至少应衰减至50 dB，则距离村庄至少在320 m外。

23. CD　【解析】事故废水环境风险防范措施中，要明确"单元—厂区—园区/区域"的环境风险防控体系要求，设置事故废水收集（尽可能以非动力自流方式）和应急储存设施，以满足事故状态下收集泄漏物料、污染消防水和污染雨水的需要，明确并图示防止事故废水进入外环境的控制、封堵系统。

24. ABCD　25. ABC　26. CD　27. ABC　28. ABDE

29. AD　【解析】间接生态影响包括：水文情势变化导致生境条件、水生生态系统发生变化；地下水水位、土壤理化特性变化导致动植物群落发生变化；生境面积和质量下降导致个体死亡、种群数量下降或种群生存能力降低；资源减少及分布变化导致种群结构或种群动态发生变化；因阻隔影响造成种群间基因交流减少，导致小种群灭绝风险增加；滞后效应。

30. ABCD　【解析】生态机理分析法是根据建设项目的特点和受其影响的动、植物的生物学特征，依照生态学原理分析、预测工程生态影响的方法。其应用过程中应该注意5个问题：①层次性；②结构—过程—功能整体性；③区域性；④生物多样性保护优先；⑤特殊性。高速公路建设对湿地的影响包括：①高速公路不仅阻隔道路两侧湿地的水力联系，还切断了许多动物的迁移路线，减少了它们的活动范围；②公路建成通车以后，长期的噪声污染破坏了生物的栖息环境，造成当地物种数量的减少甚至部分物种的灭绝；③公路的开发建设使湿地面积大量减少，使得植物群落结构发生变化，生物量减少，破坏了湿地环境；④由于公路的切割作用，使湿地景观破碎化。

31. AC　【解析】我国植被分类的主要单位有三级，即植被型（高级单位）、群系（中级单位）和群丛（基本单位），每一级分类单位之上，各设一个辅助单位，即植被型组、群系组和群丛组，共同构成了题中给出的分类系统。《中国植被》将我国植被分为11个植被型组，29个植被型，560多个群系，几千个群丛。11个植被型组：针叶林、阔叶林、灌草和灌草丛、草原和稀树干草原、荒漠（包括肉质刺灌丛）、冻原、高山稀树植被、草甸、沼泽、水生植被。29个植被型：寒温性针叶林、温性针叶林、温性针阔叶混交林、暖温性针叶林、落叶阔叶林、常绿落叶阔叶混交林、常绿阔叶林、硬叶常绿阔叶林、季雨林、雨林、珊瑚岛常绿林、红树林、竹林、常绿针叶灌丛、常绿草叶灌丛、落叶阔叶灌丛、灌草丛、草原、稀树干草原、荒漠、肉质刺灌丛、高山冻原、高山垫状植被、高山流石滩稀疏植被、草甸、沼泽、水生植被。注意：竹林属于植被型，但温性和热性竹林属于群系。

32. ABCD

33. ABCD 【解析】生态机理分析法是根据建设项目的特点和受其影响的动植物的生物学特征，依照生态学原理分析、预测工程生态影响的方法。具体生态机理分析法的工作步骤如下：①调查环境背景现状及搜集工程组成和建设等有关资料。②调查植物和动物分布，动物栖息地和迁徙路线。③根据调查结果分别对植物或动物种群、群落和生态系统进行分析，描述其分布特点、结构特征和演化等级。④识别有无珍稀濒危物种及重要经济、历史、景观和科研价值的物种。⑤预测项目建成后该地区动物、植物生长环境的变化；⑥根据项目建成后的环境（水、气、土和生命组分）变化，对照无开发项目条件下动物、植物或生态系统演替趋势，预测项目对动物和植物个体、种群和群落的影响，并预测生态系统演替方向。

34. ABD

35. CD 【解析】D.1数据来源与要求，生态影响评价图件的基础数据来源包括已有图件资料、采样、实验、地面勘测和遥感信息等。图件基础数据应满足生态影响评价的时效性要求，选择与评价基准时段相匹配的数据源。当图件主题内容无显著变化时，制图数据源的时效性要求可在无显著变化期内适当放宽，但必须经过现场勘验校核；D.2 制图与成图精度要求，生态影响评价制图应采用标准地形图作为工作底图，精度不低于工程设计的制图精度，比例尺一般在1:50 000以上。调查样方、样线、点位、断面等布设图、生态监测布点图、生态保护措施平面布置图、生态保护措施设计图等应结合实际情况选择适宜的比例尺，一般为 1:10 000～1:2 000。当工作底图的精度不满足评价要求时，应开展针对性的测绘工作；D.3 图件编制规范要求，生态影响评价图件应符合专题地图制图的规范要求，图面内容包括主图以及图名、图例、比例尺、方向标、注记、制图数据源（调查数据、实验数据、遥感信息数据、预测数据或其他）、成图时间等辅助要素。图式应符合GB/T 20257。图面配置应在科学性、美观性、清晰性等方面相互协调。良好的图面配置总体效果包括：符号及图形清晰与易读；整体图面的视觉对比度强；图形突出于背景；图形的视觉平衡效果好；图面设计的层次结构合理。

36. ABCDE

37. ABD　【解析】本项目河流属于中型宽浅河流，因此不考虑垂向（Z 方向）的影响，连续排入、河流流量稳定，说明项目预测应选择稳态模型。在混合过程段，无论是持久性污染物、非持久性污染物均应考虑二维（X、Y）水质模型，在沉降作用明显的河段应考虑沉降系数，所以选项 A 和 D 正确；持久性污染物不考虑降解系数，所以选项 C 错误；本项目持久性污染物在断面上完全混合，完全混合段可采用零维稳态水质模型，若在沉降作用明显的河段考虑沉降系数的时候，可以采用一维，所以选项 B 正确。

38. ABC　【解析】生态风险是根据受体对象进行的风险划分，即生态风险是生态系统及其组成所承受的风险。生态风险的特点有：①目标性；②不确定性；③动态性；④复杂性；⑤内在价值性；⑥危害性；⑦客观性。

39. ACD　40. AC　41. ABC　42. ABC

43. CD　【解析】污水池渗水量按《给水排水构筑物工程施工及验收规范》（GB 50141—2008）确定；管道允许渗水量按《给水排水管道工程施工及验收规范》（GB 50268—2008）确定。

44. ABC　【解析】地下水环境影响预测模型概化的内容包括：①水文地质条件概化；②污染源概化；③水文地质参数初始值的确定。

45. BD　【解析】根据《环境影响评价技术导则　地下水环境》（HJ 610—2016）第 8.3.3.5 条规定，地下水水质现状监测因子原则上应包括两类：基本水质因子，主要包括基本的地下水水质指标；②特征因子，主要根据建设项目污废水成分、液体物料成分、固体浸出物成分确定。

46. BC　【解析】一维的潮汐河流水质方程，在垂向和横向方向上的混合输移是可以忽略的，即水质组分在纵向上的混合输移是最重要的（B）。一维潮的平均水质方程，所采用的是潮平均净流量（C）。

47. ABCDE　48. BCD　49. ABD　50. AB

51. ABCD　【解析】废物填埋场渗滤液的来源包括：①降水（包括降雨和降雪）直接落入填埋场；②地表水进入填埋场；③地下水进入填埋场；④在填埋场中处置的废物中含有部分水。控制渗滤液产生量的措施即针对渗滤液的来源提出相应的办法。ABC 三项主要是为了防止地面水进入填埋场，D 项针对于地下水进入填埋场。所以四项都能控制渗滤液产生量。

52. CD　53. ABC　54. ABCD

55. ACD　【解析】填埋场衬层系统是防止废物填埋处置污染环境的关键工程屏障。根据渗滤液收集系统、防渗系统和保护层、过滤层的不同组合，填埋场的衬层系统有不同的结构，如单层衬层系统、复合衬层系统、双层衬层系统和多层衬层系统等。要求的安全填埋处置时间越长，所选用的衬层就应该越好。须重点评价填埋场所选用的衬层（类型、材料、结构）防渗性能及其在废物填埋需要的安全处置期内的可靠性是否满足。

56. BCD　【解析】电镀厂污泥为危险废物。热电厂粉煤灰和自来水厂净水沉渣均属于一般工业固废。生活垃圾焚烧厂的焚烧炉渣为一般固废，可直接入生活垃圾填埋场处置，而生活垃圾焚烧厂的焚烧飞灰属于危险废物，必须经相关处理后达到一定的标准才可以生活垃圾填埋场处置。

57. ABCD　58. ABD　59. AD　60. ABC

61. ABCD　【解析】公路、铁路噪声环境影响评价内容需着重分析、说明的问题有：①针对项目建设期和不同运行阶段，评价沿线评价范围内各敏感目标（包括城镇、学校、医院、集中生活区等），按标准要求预测声级的达标及超标状况，并分析受影响人口的分布情况；②对工程沿线两侧的城镇规划中受到噪声影响的范围绘制等声级曲线，明确合理的噪声控制距离和规划建设控制要求；③结合工程选线和建设方案布局，评述其合理性和可行性，必要时提出环境替代方案；④对提出的各种噪声防治措施需进行经济技术论证，在多方案比选后规定应采取的措施并说明措施降噪效果。

62. BCD　63. ABC　64. AD　65. ABC　66. ABC　67. ABC

68. AC　【解析】HJ 169—2018　4.4.4.1原文，大气环境风险预测，一级评价需选取最不利气象条件和事故发生地的最常见气象条件，选择适用的数值方法进行分析预测。

69. AB

70. ACD　【解析】HJ 2.3—2018　7.6.3.2，水动力模型及水质模型，b）湖库数学模型。湖库数学模型选择要求见表 5。在模拟湖库水域形态规则、水流均匀且排污稳定时可以采用解析解模型。

71. ABC　72. ABD　73. AB　74. ABD　75. ABCD

76. ABCD　【解析】《环境影响评价技术导则　大气环境》评价结果表达。

77. ABC　【解析】非正常排放时只预测环境空气保护目标小时平均浓度。

78. ABD

79. AB　【解析】根据河流纵向一维水质模型方程的简化、分类判别条件［即O'Connor 数（α）和贝克莱数（Pe）的临界值］，选择相应的解析解公式。分类判别需要纵向扩散系数 E_x、污染物综合衰减系数 k、流速 u 进行判定采用具体哪个降解模型。

80. ABC　81. ABD　82. ABCD

83. ABCD　【解析】对由空气柱振动引发的空气动力性噪声的治理，一般采用安装消声器的措施，通过增加阻尼，改变声波振动幅度、振动频率，减弱能量来达到降噪。对以振动、摩擦、撞击等引发的机械噪声，一般采取减振（减振垫，软连接）、隔声（隔声罩）等措施。

84. AC　【解析】《水污染治理工程技术导则》（HJ 2015—2012），工艺组合，采用厌氧和好氧组合工艺处理污（废）水时，厌氧工艺单元应设置在好氧工艺单元前；当污（废）水中含有生物毒性物质，且污（废）水处理工艺组合中有生物处理单元时，应污（废）水进入生物处理单元前去除毒性物质；一级处理主要是去除污水中呈悬浮或漂浮状态的污染物；三级处理是对经过二级处理后没有得到较好去除的污染物质进行深化处理。

85. BC　86. ABD　87. ABCD

88. BD　【解析】A选项活性污泥法适用于去除污水中碳源有机物；B选项化学沉淀法可用于去除废水中的重金属离子（如汞、镉、铅、锌、镍、铬、铁、铜）、碱土金属（如钙、镁）和某些非重金属（如砷、氟、硫、硼）；C选项厌氧法将废水中的各种复杂有机物分解转化为甲烷和二氧化碳等物质的过程。D选项吸附法用于去除生化处理和物化处理难以去除的微量污染物，这里可以利用底泥吸附汞。

89. ABD　90. BC　91. ABD　92. ACD　93. BD　94. ACD　95. ABCD

96. ABCDE　【解析】《环境影响评价技术导则　土壤环境（试行）》7.3.1，根据建设项目特点、可能产生的环境影响和当地环境特征，有针对性收集调查评价范围内的相关资料，主要包括以下内容：a）土地利用现状图、土地利用规划图、土壤类型分布图；b）气象资料、地形地貌特征资料、水文及水文地质资料等；c）土地利用历史情况；d）与建设项目土壤环境影响评价相关的其他资料。

97. AD　【解析】《环境影响评价技术导则　土壤环境（试行）》7.4.3原文，生态影响型建设项目可优化调整占地范围内、外监测点数量，保持总数不变；占地范围超过5 000 hm^{2}的，每增加1 000 hm^{2}增加1个监测点。污染影响型建设项目占地范围超过100 hm^{2}的，每增加20 hm^{2}增加1个监测点。

98. BD　【解析】氧化还原电位的测定应用在土壤环境监测中用来反映土壤溶液中所有物质表现出来的宏观氧化-还原性。E值可以作为评价水质优劣程度的一个标准。土壤的氧化还原性质对植物的生长起着至关重要的作用，土壤中的各种生物化学过程都受E值的制约，各物种的反应活性、迁移、毒性及其能否被生物吸收利用，都与物种的氧化还原状态有关。土壤氧化还原电位越高，氧化性越强；电位越低，氧化性越弱。

99. ACD　【解析】《污染场地土壤修复技术导则》5.2，修复目标原文，通过对前期获得的场地环境调查和风险评估资料进行分析，结合必要的补充调查，确认污染场地土壤修复的目标污染物、修复目标值和修复范围。

100. ABC 【解析】《环境影响评价技术导则　土壤环境（试行）》9.2.3.2，生态影响型：a）涉及酸化、碱化影响的可采取相应措施调节土壤 pH 值，以减轻土壤酸化、碱化的程度；b）涉及盐化影响的，可采取排水排盐或降低地下水位等措施，以减轻土壤盐化的程度。

101. AD　102. AC

103. ABCD　【解析】排污单位为掌握本单位的污染物排放状况及其对周边环境质量的影响等情况，按照相关法律法规和技术规范，组织开展自行监测。废水全部回用，不需要开展废水污染物排放监测。工业项目活动有噪声污染，需要监测厂界噪声排放情况，A 选。

煤制烯烃污染最严重，能耗很高，污染物很难处理，平时地面的污染物也会随雨水排放，故需监控初期雨水排放口，B 选。

地下水环境跟踪监测井兼具污染控制功能，可以反映污染物的动态变化规律，C 选。

对周边环境影响还需监测环境空气质量，根据大气导则 9.1.1，一级评价项目才需要监测空气质量，对于煤制烯烃高耗能高污染项目大概率为一级评价，D 选。

104. AB

105. ABCD　【解析】调查线路和调查点的布设要有代表性，不漏空，但也要考虑地形、地貌条件，人力是否能够到达，即调查的可行性，可达性这里指的是根据地形条件来确定是否以到达，和教材里的可行性概念是一致的，只是表达方法不同。

106. AB　【解析】污染源调查与分析方法根据不同的项目可采用不同的方式，一般对于新建项目可通过类比调查、物料核算或设计资料确定；对于评价范围内的在建和未建项目的污染源调查，可使用已批准的环境影响报告书中的资料；对于现有项目和改、扩建项目的现状污染源调查，可利用已有有效数据或进行实测；对于分期实施的工程项目，可利用前期工程最近 5 年内的验收监测资料、年度例行监测资料或进行实测。

107. ABCD　108. C

109. BD　【解析】《环境影响评价技术导则　大气环境》（HJ 2.2—2018）附录 B。

110. C　【解析】一般来说，外界压力越大，溶解度越大；温度越高，溶解度越小。

111. AD　【解析】采用解析模型预测污染物在含水层中的扩散时，一般应满足下列条件：污染物的排放对地下水流场没有明显的影响；评价区内含水层的基本参数不变或者变化很小。

112. AB

113. ABD 【解析】环境水文地质问题调查的主要内容包括：①原生环境水文地质问题调查，包括天然劣质水分布状况，以及由此引发的地方性疾病等环境问题；②地下水开采过程中水质、水量、水位的变化情况，以及引起的环境水文地质问题；③与地下水有关的其他人类活动情况调查，如保护区划分情况。

114. ABCD 【解析】"3S"技术是指：遥感（RS）、地理信息系统（GIS）、全球定位系统技术（GPS）；遥感为景观生态学研究和应用提供的信息包括：地形、地貌、地表水体、植被类型及其分布、土地利用类型及其面积、生物量分布、土壤类型及其水体特征、群落蒸腾量、叶面积指数及叶绿素含量等；无人机技术是遥感的一种，近年来在调查大型动物及植物的种群结构已经是一种成熟的技术；我国进行第三次大熊猫普查时，首次使用了全球卫星定位系统和 RS 卫星红外遥感技术，详细调查了珍稀动物大熊猫的种群、数量、栖息地周边情况等；利用"3S"技术辅助人工勘察可以确定自然保护区的边界和范围。

115. ABD 【解析】大气环境防护距离计算模式的主要输入参数包括：①面源有效高度；②面源宽度；③面源长度；④污染物排放速率；⑤小时评价标准。

116. AC

117. AC 【解析】湖泊（水库）水环境影响预测方法有：①湖泊、水库水质箱模式，以年为时间尺度来研究湖泊、水库的富营养化过程中，往往可以把湖泊看作一个完全混合反应器；②湖泊（水库）的富营养化预测模型，湖泊（水库）中早期经典的营养盐负荷预测模型有 Vollen weider 模型和 Dillon 模型等。

118. ABCD 【解析】需要调查的水质因子有 3 类：①常规水质因子，以《地表水环境质量标准》（GB 3838—2002）中所列的 pH、溶解氧、高锰酸盐指数或化学耗氧量、五日生化需氧量、总氮或氨氮、酚、氰化物、砷、汞、铬（六价）、总磷及水温为基础，根据水域类别、评价等级及污染源状况适当增减；②特殊水质因子，根据建设项目特点、水域类别和评价等级以及建设项目所属行业的特征水质参数表进行选择，可以适当删减；③其他方面的因子，被调查水域的环境质量要求较高（如自然保护区、饮用水水源地、珍贵水生生物保护区、经济鱼类养殖区等），且评价等级为一级、二级，应考虑调查水生生物和底质，其调查项目可根据具体工作要求确定，或从下列项目中选择部分内容，水生生物方面主要调查浮游动植物、藻类、底栖无脊椎动物的种类和数量，水生生物群落结构等，底质方面主要调查与建设项目排污水质有关的易积累的污染物。

119. ABCD 【解析】水库渔业资源调查包括：（1）水库形态与自然环境调查；（2）水的理化性质调查；（3）浮游植物和浮游动物调查；（4）浮游植物叶绿素的测定；（5）浮游植物初级生产力的测定；（6）细菌调查；（7）底栖动物调查；（8）着生生物调查；（9）大型水生植物调查；（10）鱼类调查；（11）经济鱼类产卵场调查。

第十章 综合练习（二）

一、单项选择题（每题的备选选项中，只有一个最符合题意）

1. 环境影响评价在工程分析时需要考虑退役期的建设项目有（　　）。

    A. 高速公路　　　　　　　　　　B. 勘查井封堵

    C. 石油输送管道　　　　　　　　D. 矿山开采

2. 化工项目生产污水处理场工艺方案应包括运行可靠性论证和（　　）。

    A. 处理工艺的技术可行性分析　　B. 投资费用的来源分析

    C. 拟建项目的产品方案论证　　　D. 生活污水的排放量计算

3. 下列统计量中不计入工业重复用水统计量的是（　　）。

    A. 间接冷却水系统补充水量　　　B. 锅炉蒸汽冷凝水回用量

    C. 间接冷却水循环量　　　　　　D. 工艺水回用量

4. 采用定向钻法进行穿越河流的天然气管线施工，需关注的主要环境问题是（　　）。

    A. 施工对河流底栖生物的影响　　B. 泥浆产生的环境影响

    C. 施工爆破产生的振动影响　　　D. 施工产生的噪声影响

5. 某建设项目 SO_2、NO_x 及 VOCs 排放量为分别为 170 t/a、430 t/a、1 600 t/a，该项目大气环境影响预测因子为（　　）。

    A. SO_2、NO_x、VOCs、$PM_{2.5}$　　　　B. SO_2、NO_x、VOCs、O_3

    C. SO_2、NO_x、PM_{10}、$PM_{2.5}$　　　　D. SO_2、NO_x、$PM_{2.5}$、O_3

6. 大气环境敏感程度 E1 级的分级原则中，周边 5 km 范围内居住区、医疗卫生、文化教育、科研、行政办公等机构人口总数应（　　）。

    A. 大于 5 万人　　　　　　　　　B. 小于 5 万人

    C. 小于 1 万人　　　　　　　　　D. 大于 1 万人，小于 5 万人

7. 以下属于干法排烟脱硫技术的是（　　）。

    A. 石灰—石膏法　　B. 回收硫铵法　　C. 碱式硫酸铝法　　D. 接触氧化法

8. 某乙烯裂解炉年运行时间 8 000 h，每年计划清焦作业 5 次，每次 36 h，烟气排放 42 000 m^3/h，氮氧化物浓度 240 mg/m^3。单台裂解炉在非正常工况时年排放氮氧化物的总量是（　　）t。

    A. 0.01　　　　　　B. 0.36　　　　　　C. 1.81　　　　　　D. 14.51

9. 预测某发声源在 15 m 处的预测点的等效声级贡献值为 60 dB，而该预测点的背景值为 70 dB，则该处的预测等效声级为（　　）dB（A）。

　　A. 70　　　　　　B. 72　　　　　　C. 75　　　　　　D. 76

10. 对公路扩建项目，在监测现有道路对声环境敏感目标的噪声影响时，车辆运行密度应（　　）。

　　A. 不低于现有道路平均车流量　　　B. 不低于扩建项目设计平均车流量

　　C. 达到现有道路高峰车流量　　　　D. 达到扩建项目设计平均车流量

11. 某列车长度为 600 m，列车在直线段运行时距轨道中心线 10 m 测得的最大 A 声级 82 dB（A）。只考虑几何发散衰减情况下，按线声源简化公式计算，距轨道中心线 100 m 处的最大 A 声级为（　　）dB（A）。

　　A. 72　　　　　　B. 67　　　　　　C. 64　　　　　　D. 62

12. 某声源的最大几何尺寸为 2 m，则在不同方向上，均符合点生源几何发散衰减公式计算要求的最小距离是（　　）m。

　　A. 2　　　　　　B. 3　　　　　　C. 5　　　　　　D. 7

13. 某公路大、中、小型车对甲敏感目标的噪声贡献值分别为 60 dB（A）、63 dB（A）、60 dB（A），则该公路对甲敏感目标的交通噪声贡献值为（　　）dB（A）。

　　A. 63　　　　　　B. 64.8　　　　　C. 66.0　　　　　D. 68.0

14. 某敏感点处昼间前 8 个小时测得的等效声级为 55 dB（A），后 8 个小时测得的等效声级为 65.0 dB（A），该敏感点处的昼间等效声级是（　　）dB（A）。

　　A. 60　　　　　　B. 62.4　　　　　C. 65　　　　　　D. 65.4

15. 某公路建设项目和现有道路交叉，周围敏感点如下图所示，应优先设置为现状监测点的是（　　）。

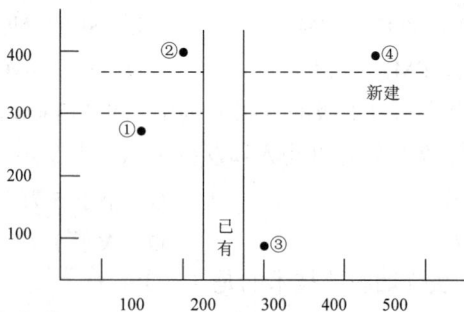

　　A. ①　　　　　　B. ②　　　　　　C. ③　　　　　　D. ④

16. 集中式生活饮用水地表水源地硝基苯的标准限值为 0.017 mg/L。现有一河段连续 4 个功能区（从上游到下游顺序为 Ⅱ、Ⅲ、Ⅳ、Ⅴ类）的实测浓度分别为 0.020 mg/L、0.019 mg/L、0.018 mg/L 和 0.017 mg/L。根据标准指数法判断最多可能有（　　）个功能区超标。

    A．1   B．2   C．3   D．4

17．在（　　）情况下的河流流动可视为恒定均匀流。

    A．河道均匀，流量基本不随时间变化   B．河道中沿城的水流要素变化剧烈

    C．上游来流有一座日调节水库控制   D．河道断面形态、底坡基本不变

18．某石油化工类项目开展地下水环境一级评价，设置监测井井深 19.0 m，监测井内地下水水位距井口 3.0 m，正确的地下水取样点位置是（　　）。

    A．井口下 4.0 m 处   B．井口下 9.5 m 处

    C．井口下 5.0 m 处   D．井口下 11.0 m 处

19．下列关于含水层渗透系数 K 与含水层介质粒径 d 和不同水质之间关系的说法中，正确的是（　　）。

    A．d 越小，K 越大   B．d 越大，K 越大

    C．K 与 d 无关，与水黏滞性相关   D．K 与 d 相关，与水黏滞性无关

20．某拟建项目污水排放量为 2 m/s，排放污水中氨氮浓度为 10 mg/L，上游来水量为 24 m/s，氨氮浓度为 5 mg/L，暗淡在该河流水文条件下的 O'Connor 数为 6，则采取纵向一维水质模型方程计算得到的排放断面氨氮起始混合浓度为（　　）mg/L。

    A．8.6   B．5.4   C．1.08   D．0.21

21．某厂锅炉，最大耗煤量为 50 kg/h，煤中硫转成 SO_2 的转化率取 80%，则烟气 SO_2 的排放量为（　　）。

    A．222.2 mg/s   B．800 mg/h   C．3.99 mg/L   D．111.1 mg/s

22．某铜冶炼企业，大气环境影响评价等级为一级，非正常工况应预测（　　）。

    A．1 h 平均质量浓度   B．日平均浓度

    C．植物生长季平均浓度   D．年平均浓度

23．某建设项目大气环境影响评价需预测的关心点与项目厂界距离为 55 km，适用于该关心点浓度预测的模式是（　　）。

    A．CALPUFF 模式   B．ADMS 模式

    C．AERMOD 模式   D．估算模式

24．对含第一类污染物的废水进行监测时，监测点位应设置在（　　）。

    A．生产设备废水排放口   B．工厂废水总排放口

    C．车间或车间处理设施废水排放口   D．厂区处理设施废水排放口

25．某地生物多样性有所下降，生态系统结构和功能受到一定程度破坏，生态系统稳定性受到一定程度干扰，生态影响程度属于（　　）。

    A．强   B．中   C．弱   D．无

26．对于新建的城市生活垃圾填埋场，为确定渗滤液中污染物通过填埋场底部

垂直向下迁移到达含水层的时间，需要确定渗滤液（　　）。

A．在底部衬层中的实际渗流速度

B．在各土层中的实际渗流速度

C．在底部衬层和其下部各土层中的实际渗流速度

D．在各土层中的实际渗流速度和含水层地下水的水平运移速度

27．降雨产流过程中的地下水入渗方式是（　　）。

A．水动力弥散　　　B．淋溶　　　C．稳定渗流　　　D．非饱和渗流

28．用于查明固体废物受雨水淋滤时，其中的有害成分转移到水中，对水体环境直接形成的污染或通过地层渗漏对地下水造成的间接影响，常用的环境水文地质试验方式是（　　）。

A．土柱淋滤试验　　　B．浸溶试验　　　C．弥散试验　　　D．流速试验

29．在潜水地下水位埋深小于毛细水最大上升高度范围内，关于潜水变动带的与地下水位埋深关系，正确的是（　　）。

A．地下水位埋深越浅，给水度越小　　　B．地下水位埋深越深，给水度越小

C．地下水位埋深越浅，给水度越大　　　D．给水度与地下水位埋深无关

30．为防某山谷型生活垃圾填埋场对下游 1.5 km 处村庄水井的污染，可以采用的地下水污染水力控制措施为（　　）。

A．加强填埋场滤液导排、收集和处理　　　B．填埋场坝下进行垂直帷幕

C．填埋场下游增设污染监控井　　　D．停止使用该填埋场

31．某位于工业园区的水污染影响型项目，污水含有汞、BOD_5、COD 等污染物，其污水经过预处理后依托园区污染处理厂处理后达标排放，预处理后废水排放量为 50 000 m^3/d，水污染最大当量数为 50 000，则该项目地表水环境影响评价等级为（　　）。

A．一级　　　　B．二级　　　　C．三级 A　　　　D．三级 B

32．某输气管线位于山岭重丘区，推荐路线占地为 15 km^2，工程沿线不涉及生态敏感区，则该项目在生态现状评价中重点提供的图件是（　　）。

A．生态系统类型分布图　　　B．土地利用现状图

C．重要生境分布图　　　D．土壤侵蚀分布图

33．某个植被样方调查面积为 10 m，调查结果如下表。样方中物种乙的密度，相对密度分别为（　　）。

物种	数量/个	覆盖面积/m²
甲	2	2
乙	2	3
丙	1	1

A．0.2 个/m², 40%   B．0.2 个/m², 50%

C．0.3 个/m², 40%   D．0.3 个/m², 50%

34．生态影响评价中，关于综合指数法应用的说法错误的是（   ）。

A．综合指数法适用于生态系统功能评价

B．综合指数法适用于生态系统结构评价

C．综合指数法适用于生态系统多因子综合质量评价

D．综合指数法适用于分析生态因子的性质及变化规律

35．长期的生态监测方案，应具备的主要内容不包括（   ）。

A．明确监测的目的，或确定要认识或解决的主要问题

B．确定监测项目或监测对象

C．确定监测点位、频次或时间等，明确方案的具体内容

D．发现评价中未曾料到的重要问题

36．用边长为 50 cm 的带钢铁镊采集某湖泊植物样品样方，样方中高等植物平均鲜重生物量为 100 g（无滴水时的鲜重），则湖泊中高等植物群落平均鲜重生物量为（   ）g/m²。

A．250   B．500   C．200   D．400

37．鱼类资源实地调查可采用的方法有（   ）。

A．钩钓   B．网捕   C．样方调查   D．计数粪便

38．某企业单位产品 COD 排放定额为 100 g/t 产品，年产品总量为 6 t，该企业排污系数为 0.7，污染物排放总量为（   ）。

A．0.6 kg   B．4.2 kg   C．0.6 kg/a   D．4.2 kg/a

39．对某顺直、均匀河流的二维稳态水质模型进项验证，水质计算值与监测值见下表：由表可知，模拟计算采用的（   ）。

距左岸距离/m	0	20	50	100	200
BOD 计算值/（mg/L）	18.5	17.0	15.5	14.0	10.0
BOD 监测值/（mg/L）	20	19	18	14	7

A．横向混合系数偏大   B．横向混合系数偏小

C．耗氧系数偏大   D．耗氧系数偏小

40．某河流单位时间内通过的某一断面平均流量为 2 000 m³，该河流断面以上区域面积为 1 000 km²，则该河路断面的径流模数为（   ）。

A．2 000 L/（s·km²）   B．0.002 L/（s·km²）

C．2 000 mm   D．0.002 mm

41．下列选项中，说法错误的是（   ）。

A. 环境背景值：环境中的水、土壤、大气、生物等要素，在其自身的形成与发展过程中，还没受到外来污染影响下形成的化学元素组分的正常含量，又称环境本底值

B. 背景噪声：在还未受到外来噪声污染下的噪声值

C. 环境区划分为环境要素区划、环境状态与功能区划、综合环境区划等

D. 环境灾害：由于人类活动引起环境恶化所导致的灾害，是除自然变异因素外的另一重要原因

42. 按照《环境影响评价技术导则 大气环境》（HJ 2.2—2018）所推荐的进一步预测模式，输入的地面气象观测资料需要逐日每天 24 次的连续观测资料，对于每日实测观测次数不足 24 次的，应进行差值处理，若实际观测次数为一日 8 次以上，应采用（ ）。

A. 均值差值法 　　　　　　　　　　B. 两端插值法

C. 跳跃插值法 　　　　　　　　　　D. 连续均匀插值法

43. 西南山区某拟建风电场，其选址位于候鸟迁徙通道上，为避免风电场建设对候鸟迁徙造成影响，应优先采取的措施是（ ）。

A. 减少风机高度 　　　　　　　　　B. 减少占地面积

C. 减少风机数量 　　　　　　　　　D. 风电场另行选址

44. 输气管道建成后，适合在其上方覆土绿化的植物物种是（ ）。

A. 松树 　　　　B. 柠条 　　　　C. 杨树 　　　　D. 苜蓿

45. 下列选项中，不属于减少生态环境影响的工程措施是（ ）。

A. 工程方案分析与优化 　　　　　　B. 合理选址选线

C. 加强工程的环境保护管理 　　　　D. 明确编制全过程监控与计划

46. 某隧道工程穿越石灰岩地区，在环境影响评价中应特别重视（ ）。

A. 水文地质条件 　　　　　　　　　B. 隧道长度

C. 出渣量 　　　　　　　　　　　　D. 爆破方式

47. 降雨初期的地下水入渗方式主要是（ ）。

A. 水动力弥散 　　B. 淋溶 　　　C. 稳定渗流 　　　D. 非饱和渗流

48. Ⅱ类一般工业固废填埋场的底部与潜水面之间的岩土层一般为（ ）。

A. 饱水带 　　　　　　　　　　　　B. 非饱和带

C. 天然隔水层 　　　　　　　　　　D. 人工合成材料防渗层

49. 下列固体废物中，适宜直接焚烧处理的是（ ）。

A. 城市生活垃圾 　　　　　　　　　　B. 建筑垃圾

C. 废电路板垃圾 　　　　　　　　　　D. 含水 98%的生化污泥

50. 汽车 4S 店在维修汽车时收集的废机油，正确的处置方式是（ ）。

A．送有资质的企业处置　　　　　B．作为燃料外售

C．直接倾倒入废弃矿井　　　　　D．作为生活垃圾处置

51．土壤环境影响评价等级为（　）的建设项目应填写土壤剖面调查表。

A．一级　　　　B．一级、二级　　　C．二级　　　　D．三级

52．假定气体特性为理想气体，其泄漏率为 Q_G 按公式计算，

$$Q_G = YG_d AP \sqrt{\frac{M\gamma}{RT_G}\left(\frac{2}{\gamma+1}\right)^{\frac{\gamma+1}{\gamma-1}}} ,$$

当裂口形状为圆形时，气体泄漏系数 C_d 取值正确的是（　）。

A．1.0　　　　　B．0.65　　　　　C．0.5　　　　　D．0.45

53．土壤环境影响分析可（　）说明建设项目对土壤环境产生的影响及趋势。

A．定量　　　　B．定性或半定量　　C．定性　　　　D．半定量

54．根据《环境影响评价技术导则　土壤环境（试行）》，可通过工程分析计算土壤中某种物质的（　）。

A．淋溶排出　　　B．增量　　　　　C．输入量　　　　D．输出量

55．某建设项目对土壤环境产生影响的因子有汞，评价范围内现有企业中，涉及汞因子土壤影响源的是（　）。

A．木材加工厂　　　　　　　　　　B．汽车加油站

C．生活垃圾焚烧发电厂　　　　　　D．钢制设备机械加工厂

二、不定项选择题（每题的备选项中，至少有 1 个符合题意）

1．某水污染型项目废水排入附近河流，地表水现状调查时，该河流水文情势调查内容包括（　）。

A．特征水文参数　　　　　　　　　B．不利水文条件

C．水文年及水期划分　　　　　　　D．水动力学参数

2．化工区内新建液氯管道输送过程中的环境风险防范与减缓措施有（　）。

A．提高管道设计等级　　　　　　　B．规定应急疏散通道

C．储备救援物资　　　　　　　　　D．管廊设防雨顶盖

3．下列关于生态影响评价图件编制规范要求的说法，正确的有（　）。

A．当图件主题内容无显著变化时，制图数据源的时效性要求可在无显著变化期内适当放宽，无需现场勘验校核

B．生态影响评价制图应采用标准地形图作为工作底图，精度不低于工程设计的制图精度，比例尺一般在 1：10 000 以上

C. 调查样方、样线、点位、断面等布设图、生态监测布点图等应结合实际情况选择适宜的比例尺，一般为 1：10 000～1：2 000

D. 生态影响评价图件应符合专题地图制图的规范要求，图面内容包括主图以及图名、图例、比例尺、方向标、注记、制图数据源、成图时间等辅助要素

4. 对于大气环境影响评价项目，需附上（　　）基本附件。

A. 估算模型相关文件　　　　　　　　B. 环境质量现状监测报告

C. 气象、地形原始数据文件　　　　　D. 进一步预测模型相关文件

5. 水文地质条件调查的主要内容（　　）。

A. 气象

B. 包气带岩性、结构、厚度、分布等

C. 含水层岩性、分布、结构、厚度等

D. 地下水水位、水质、水温、化学类型

6. 为分析拟建项目对地下潜水层的污染，应关注（　　）。

A. 污染途径　　　B. 选址合理性　　　C. 包气带特性　　　D. 防渗措施

7. 南方某硫铁矿矿山露天开采后，因氧化和雨水侵蚀形成的弱酸性地表径流，造成矿区迹地土壤贫瘠、土层很薄，下列生态恢复措施正确的有（　　）。

A. 表层覆土

B. 种植大型乔木

C. 种植草本植物或灌木

D. 利用河泥、湖泥或农业废弃秸秆等增加土壤有机质

8. 适用于生态环境影响评价和预测的方法有（　　）。

A. 类比分析法　　　　　　　　　　　B. 图形叠置法

C. 生态机理分析法　　　　　　　　　D. 列表清单法

9. 下列情形，可使用二维稳态混合模式的有（　　）。

A. 需要评价的河段小于河流中达到横向均匀混合的长度

B. 需要评价的河段大于河流中达到横向均匀混合的长度（计算得出）

C. 大中型河流，横向浓度梯度明显

D. 非持久性污染物完全混合段

10. 某石灰石矿山原矿区已开采完毕，将外延扩建新矿区，工程分析时应说明（　　）。

A. 新矿区征用的土地量　　　　　　　B. 原矿山的渣场

C. 新矿区办公楼的建筑面积　　　　　D. 原矿山采矿机械设备

11. 下列生态影响方式属于间接生态影响的有（　　）。

A. 水文情势变化导致生境条件、水生生态系统发生变化

B．不可逆转的生物多样性下降

C．物种迁徙（或洄游）、扩散、种群交流受到阻隔

D．资源减少及分布变化导致种群结构发生变化

12．水污染源调查中，属于点源排放的有（　　）。

A．农田退水　　　　　　　　　　B．农村生活污水

C．大型造纸厂排放污水　　　　　D．城市污水处理厂排水

13．某企业生产项目生产废水 COD≥15 000 mg/L，经厂内污水处理站处理后排入市政污水处理厂的收集管网。可选用的污水处理方案有（　　）。

A．调节→过滤→厌氧→沉淀→排放

B．调节→过滤→厌氧（UASB）→氧化沟→沉淀→排放

C．调节→过滤→氧化沟→沉淀→排放

D．调节→过滤→A^2/O→沉淀→排放

14．企业突发环境事件应急预案的编制内容包括（　　）等。

A．预案适用范围　　　B．环境事件分类与分级　　　C．组织机构与职责

D．监控和预警　　　　E．应急保障

15．固体废物填埋场的组成应包括（　　）。

A．渗滤液收集系统　　　　　　　B．环境监测系统

C．填埋气体收集系统　　　　　　D．防渗系统

16．关于生活垃圾填埋场渗滤液处理的说法，正确的有（　　）。

A．在填埋区和渗滤液处理设施间必须设置调节池

B．渗滤液的水质与填埋场使用年限关系不大

C．垃圾渗滤液处理宜采用"预处理+生物处理+深度处理"组合工艺

D．渗滤液处理中产生的污泥填埋处理时含水率不宜大于80%

17．对已建工程环境风险识别收集的资料包括（　　）。

A．建设项目工程资料和周边环境资料

B．国内外同行业、同类型事故统计分析及典型事故案例资料

C．环境管理制度、应急培训、演练记录

D．历史突发环境事件及生产安全事故调查资料，设备失效统计数据

18．地下水环境监测点布设应遵循的原则有（　　）。

A．以项目地区为重点，兼顾外围

B．以污染源下游监测为重点，兼顾上游和侧面

C．以污染源上游监测为重点，兼顾下游和侧面

D．以潜水和饮用水源含水层为重点，兼顾其他含水层

19. 反应包气带防护性能的参数包括包气带（　　）。

A. 岩性　　　　　　　B. 厚度　　　　　　　C. 渗透性　　　　　　D. 贮水系数

20. 根据埋藏条件和含水层介质，地下水类型可划分为（　　）。

A. 毛细水、重力水　　　　　　　　　　B. 饱和带水、承压水

C. 孔隙水、裂隙水、岩溶水　　　　　　D. 包气带水、潜水、承压水

21. 当建设项目不进行与地下水直接有关的环境影响评价时，只需根据现有资料，全部或部分地简述（　　）。

A. 当地地下水的开采利用情况　　　　　B. 地下水埋深

C. 地下水与地面的联系　　　　　　　　D. 水质状况与污染途径

22. 岩土对污染物的机械过滤作用主要取决于（　　）。

A. 岩土层厚度　　　　　　　　　　　　B. 岩土的孔隙直径

C. 岩土颗粒的粒径和排列　　　　　　　D. 污染物颗粒的粒径

23. 属于地下水污染水力控制技术方法的有（　　）。

A. 排水法　　　　　　　　　　　　　　B. 注水法

C. 防渗墙法　　　　　　　　　　　　　D. 包气带土层就地恢复法

24. 某河流宽度为 400 m，在河流横断面上离岸边不同距离处设置排污口，关于混合过程段说法正确的是（　　）。

A. 排污口均设置在两侧岸边，混合过程段长度一样

B. 距离左岸 50 m 处和距离右岸 50 m 处设置排污口，混合过程段长度一样

C. 距离左岸 120 m 处和距离左岸 280 m 处设置排污口，混合过程段长度一样

D. 距离左岸 150 m 处和距离右岸 100 m 处设置排污口，混合过程段长度一样

25. 当对排入水库的水污染影响型项目预测时，该水库的不利枯水期水文条件为（　　）。

A. 近 10 年最低月平均水位

B. 90%保证率最枯月平均水位相应的蓄水量

C. 死库容相应的蓄水量

D. 近 10 年最枯月平均流量

26. 某项目产生温排水，可采用（　　）减缓水温影响。

A. 优化冷却方式减少排放量　　　　　　B. 余热利用措施降低热污染强度

C. 合理选择温排水口的布置和形式　　　D. 控制高温区范围

27. 某项目排放污水中含重金属，排放口下游排放区域内分布有鱼类产卵场等敏感区。现状评价中应调查（　　）。

A. 常规水质因子　　　　　　　　　　　B. 项目特征水质因子

C. 水生生物项目特征因子　　　　　　　D. 沉积物项目特征因子

28．在河流中，影响污染物输移的最主要物理过程有（　　）。

A．对流　　　　　B．横向　　　　　C．纵向　　　　　D．垂向

29．区域大气环境容量计算中，应考虑该区域的（　　）。

A．环境空气功能区划　　　　　　　B．大气扩散、稀释能力

C．有关项目的工艺水平　　　　　　D．产业结构

30．大气非正常排放调查内容包括（　　）。

A．污染源与污染因子　　　　　　　B．排放原因

C．排放浓度与排放速率　　　　　　D．单子持续时间、年发生频次

31．某新建生活垃圾焚烧项目选址位于不达标区域，区域内无在建、拟建排放同类污染物的建设项目，有区域削减污染源，大气环境影响评价等级为一级，预测内容包括（　　）。

A．正常工况下项目长期浓度

B．非正常工况下项目 24 h 平均浓度

C．正常工况下项目叠加区域削减源的短期和长期浓度

D．非正常工况下项目 1 h 平均浓度

32．下列措施中，属于生活垃圾焚烧炉控制二噁英的措施有（　　）。

A．对入炉垃圾进行分类

B．烟气在高温区的停留时间 2 s 以上

C．排气筒出口处烟气速度增加到 20 m/s

D．焚烧炉炉膛内焚烧温度保持在 850℃以上

33．下列属于系数法预测二次污染物 $PM_{2.5}$ 对大气环境影响的模型有（　　）。

A．AERMOD　　　　　　　　　　B．AUSTAL2000

C．EDMS/AEDT　　　　　　　　　D．CALPUFF

E．污染物浓度等值线分布图

34．下列关于烟（粉）尘控制技术的说法，错误的有（　　）。

A．袋式除尘器的除尘效率一般只能达到 90%

B．完全燃烧产生的烟尘和煤尘等颗粒物比不完全燃烧产生的多

C．电除尘器的主要原理涉及悬浮粒子荷电、带电粒子在电场内迁徙和捕集以及见捕集物从集尘表面上清除 3 个基本过程

D．一般的除尘技术均能达到《火电厂大气污染物排放标准》和《水泥厂大气污染物排放标准》的排放要求

35．某煤制天然气项目拟选址于西部干旱地区山前冲积扇上，厂址可行性分析需要关注的问题有（　　）。

A．厂址区域地层防渗性能　　　　　B．区域水资源利用平衡

C. 污水处理工艺比选　　　　　　　D. 生产工艺比选

36. 声环境质量现状评价应分析评价范围内的（　　）。
    A. 声环境保护目标分布情况　　　　B. 噪声标准使用区域划分情况
    C. 敏感目标处噪声超标情况　　　　D. 人口密度

37. 某水泵生产企业声环境影响评价应重点分析的内容有（　　）。
    A. 产品水泵的声功率级　　　　　　B. 企业总图布置的合理性
    C. 对环境敏感的产生影响的噪声源　D. 噪声影响的范围和程度

38. 某医院建设项目，在噪声现状调查时应给出医院用地边界处的评价量包括（　　）。
    A. 昼间等效连续 A 声级　　　　　　B. 夜间等效连续 A 声级
    C. 等效连续 A 声级　　　　　　　　D. L_{90}

39. 将位于某一空旷区域的室外声源组等效为一个点声源应满足的条件是（　　）。
    A. 区域内声源有大致相同的高度
    B. 区域内声源有大致相同的强度
    C. 点生源到预测点的距离应大于声源组最大几何尺寸的 2 倍
    D. 区域内声源应按一定规律排列

40. 在点声源声场中，和声屏障衰减有关的因素有（　　）。
    A. 声程差　　B. 声波频率　　C. 声屏障高度　　D. 地面特征

41. 公路建设项目声环境现状调查的内容应包括评价范围内的（　　）。
    A. 现有噪声源　　　　　　　　　　B. 风噪声
    C. 环境敏感目标　　　　　　　　　D. 环境噪声背景值

42. 建设项目环境噪声现状测量无特殊要求时，选择的时段应满足（　　）。
    A. 声源正常运行时段　　　　　　　B. 昼间、夜间分别设定要求
    C. 有代表性的时段　　　　　　　　D. 声源停止运行时段

43. 在通用水土流失方程（USLE）中，确定土壤可蚀性（K）值的因素有（　　）。
    A. 土壤的机械组成　　　　　　　　B. 植被覆盖度
    C. 土壤有机质含量　　　　　　　　D. 土壤结构及渗透性

44. 下列说法中正确的是（　　）。
    A. 森林的景观阈值高于灌木　　　　B. 灌丛的景观阈值高于草本
    C. 周围环境全为裸岩背景，阈值最低　D. 景观阈值与植被关系密切

45. 项目评价区有机物污染土壤防控措施有（　　）。
    A. 挖掘填埋法　　B. 化学清洗法　　C. 生物培养法　　D. 堆肥法

46. 某混合式电站在河道上筑拦河大坝，发电引水渠长 10 km，大坝至电站厂房间原河道两岸分布有须从河道取水灌溉的农田，其间另有一工业取水口，电站厂

房上游 1 km 处有一支流汇入河道。为保障电站运行期间河道基本需水，从大坝下泄的水量应考虑（　　）。

A．工业取水量
B．农业灌溉水量
C．河流最小生态流量
D．厂房上游支流汇入水量

47．为保证堤坝式电站在建设和运行期间不造成下游河道断流，必须考虑下泄生态流量的时期有（　　）。

A．电站初期蓄水期间
B．电站正常发电过程中
C．电站机组部分停机时
D．电站机组全部停机时

48．某拟建高速公路局部路段穿越农田集中分布区，为减少公路建设对农田的占用，可采取的措施有（　　）。

A．提高路基高度
B．降低路基高度
C．收缩路基边坡
D．以桥梁代替路基

49．可行的陆生植被现状调查方法有（　　）。

A．遥感调查
B．样地调查
C．机理分析
D．收集资料

50．某拟建高速公路建设期在下列地点设置弃渣场，选址合理的有（　　）。

A．水田
B．河道滩地
C．废弃取土场
D．荒土凹地

51．生态影响型建设项目土壤环境现状监测点布设应根据建设项目（　　）确定。

A．土壤环境影响类型
B．评价工作等级
C．土地利用类型
D．建设项目所在地的地形特征
E．地面径流方向

52．土壤环污染防治措施包括（　　）。

A．源头控制
B．分区防控
C．过程阻断
D．污染物削减

53．土壤的氧化还原性质对植物的生长起着至关重要的作用，土壤中的各种生物化学过程都受氧化还原电位的制约，各物种的反应活性、迁移、毒性及其能否被生物吸收利用，都与物种的氧化还原状态有关。氯化还原电位与氧化性关系表述错误的是（　　）。

A．土壤氧化还原电位越高，氧化性越强
B．土壤氧化还原电位越高，氧化性越弱
C．土壤氧化还原电位越低，氧化性越弱
D．土壤氧化还原电位越低，氧化性越强

54. 某涉及入渗途径影响的污染影响型建设项目，产污装置区设置柱状样监测点，一般情况下取样位置正确的有（   ）。

A. 0～0.5 m   B. 0.5～1.5 m   C. 1.5～3 m   D. 3～3.5 m

55. 关于公式 $\Delta S = n\,(I_S - L_S - R_S)/(\rho_b \times A \times D)$，以下说法正确的是（   ）。

A. 涉及大气沉降的，可不考虑 L_S、R_S

B. ΔS 的单位为 g/kg 或 mmol/kg

C. I_S 表示预测评价范围内单位年份表层土壤中某种物质的输入量

D. D 一般取 0.2 m

参考答案

一、单项选择题

1. D 【解析】矿山开采项目、生活垃圾或危险废物填埋项目、油气田开发工程（不含油气输送管道工程）等进行环境影响评价工程分析时都需要考虑退役期。这些项目既有生态破坏，又有环境污染，还有环境风险危害等，退役期生态环境影响还会持续，可能发生水土流失及滑坡、泥石流等地质灾害，环境污染如渗滤液、落地油等持续影响。

2. A

3. A 【解析】项目内部使用过的水再次用就是重复用水，根据"回用""循环"字眼，可以排除法选 A，间接冷却水系统补充水量属于外部补充水，为新鲜用水量。

重复用水量指生产厂（建设项目）内部循环使用和循序使用的总水量，即重复利用水量（生产过程中，在不同的设备之间与不同的工序之间经两次或两次以上重复利用的水量；或经处理后，再生回用的水量）。重复利用水量包括循环水量、工艺水回用量、污水回用量。

重复利用水量=间接冷却水循环量+工艺水回用量+锅炉水回用量+生活用水重复利用水量+锅炉蒸汽冷凝水回用量。

4. B 【解析】定向钻施工是在河底施工，在河流底部进行穿越，存在的主要问题是施工期泥浆处理处置问题。

5. A 【解析】建设项目 $SO_2 + NO_x$ 年排放量=170+430=600 t/a>500 t/a，评价因子应增加二次 $PM_{2.5}$，规划项目才要增加二次 O_3，排除 B、D 选项。题干中没有任何信息能表明或推测出污染因子有 PM_{10}，因此 C 不选。

6. A 【解析】大气环境敏感程度 E1 级时，周边 5 km 范围内居住区、医疗卫生、文化教育、科研、行政办公等机构人口总数大于 5 万人，或其他需要特殊保护区域；或周边 500 m 范围内人口总数大于 1 000 人。

7. D

8. C 【解析】非正常工况排放时间为 36×5=180 h，氮氧化物的排放量为 42 000=×240×180×10^{-9}=1.81 t.

9. C 【解析】L_{eq}=10lg（$10^{0.1×60}$+$10^{0.1×70}$）≈70.4 dB。题中 15 m 为干扰条件。

10. C 【解析】要求型。该项目是公路扩建项目（还没有实施），同时由于是噪声敏感点，所以现状监测需要考虑最坏的情况。

11. A 【解析】根据无限长线声源几何发散衰减的基本公式 L_p（r）=L_p（r_0）－101g（r/r_0）=82-10lg（100/10）=72 dB。

12. C 【解析】考查点声源的概念。声源中心到预测点之间的距离超过声源最大几何尺寸 2 倍时，可将该声源近似为点声源。

13. C

14. B 【解析】此题不能简单平均。要用能量平均的方法进行计算，导则和教材都有此公式，等效声级 = $10\log\left[\dfrac{1}{16}×\left(8×10^{0.1×55}+8×10^{0.1×65}\right)\right]$=62.4。但从考试技巧的角度来讲，就不用计算了，能量平均后的计算结果应该在 55.0～65.0，答案只有一个。

15. B

16. B 【解析】硝基苯属于一般性水质因子，其标准指数=$C_{测/标}$＞1 时超标。可得Ⅱ类、Ⅲ类和Ⅳ类标准指数均大于 1，即超标；Ⅴ类标准指数=1，未超标，答案选 D，错误。仔细看，硝基苯是集中式生活饮用水地表水源地特定项目，它在Ⅳ类和Ⅴ类功能区并无标准，故只考虑在Ⅱ类、Ⅲ类中达标情况。

17. D 【解析】河流流动视为恒定均匀流的关键是河流流速恒定，只有断面形态不变，河流流速才可能恒定。

18. A 【解析】《环境影响评价技术导则 地下水环境》，一般情况下，地下水水质取样只取一个水质样品，取样深度宜在地下水水位以下 1.0 m 左右。

19. B 【解析】渗透系数表征含水介质透水性能，数值上等于水力坡度为 1 的地下水渗流速度。粒径越大，水流速度越大，也就是渗透系数越大，A 错 B 对；渗流速度与黏滞性有关，黏滞性越大，渗流速度越小，也就是流速越小，渗透系数与粒径、水黏滞性都有关系，C、D 错误。

20. C 【解析】《环境影响评价技术导则 地表水环境》附录 E.3.2.1，连续稳定排放，根据河流纵向一维水质模型方程的简化、分类判别条件（即 O'Connor 数α和贝克来数 Pe 的临界值），选择相应的解析解公式。当 0.027＜α≤380 时，适

用对流扩散降解模型，采用式（E.20）计算即可，

$$C_0 = (C_P Q_P + C_h Q_h)/[(Q_P + Q_h)\sqrt{1+4a}] = \frac{2\times10 + 24\times5}{(2+24)\times\sqrt{1+4\times6}} = 1.08。$$

21．A　【解析】烟气 SO$_2$ 排放量为 2×50×80×1%=0.8（kg/h）=222.2（mg/s）。（注意：按照硫元素的物料平衡计算，硫和 SO$_2$ 的分子量相差 32 倍）。

22．A　【解析】项目非正常条件下，预测评价环境空气保护目标和网格点主要污染物的 1 h 最大浓度贡献值。

23．A　【解析】CALPUFF 模式适用于评价范围大于等于 50 km 的一级评价项目，以及复杂风场下的一级、二级评价项目。AERMOD 适用于评价范围小于等于 50 km 的一级、二级评价项目；ADMS-EIA 适用于评价范围小于等于 50 km 的一级、二级评价项目，题中该建设项目需预测的关心点与项目厂界距离为 55 km，适用 CALPUFF 模式。

24．C　【解析】《污水综合排放标准》4.2.1.1，第一类污染物：不分行业和污水排放方式，也不分受纳水体的功能类别，一律在车间或车间处理设施排放口采样（C），其最高允许排放浓度必须达到本标准要求（采矿行业的尾矿坝出水口不得视为车间排放口）。本知识点非常重要，导则、技术方法、案例考试中都会涉及。

25．B

26．C　【解析】本题主要考查确定渗滤液中污染物通过填埋场底部垂直向下迁移到达含水层的时间。答案显然，渗滤液中污染物必须通过底部衬层和其下部各土层才能到达含水层。渗滤液中污染物穿透衬层的所需时间，通常是用于评价填埋场衬层工程屏障性能的重要指标，一般要求应大于 30 年。

27．D　【解析】本题主要考查降雨产流过程中的地下水入渗方式。显而易见，其必须通过包气带入渗，一定是非饱和渗流。

28．B

29．A　【解析】地下水位埋深越浅，地下水占用毛细水上升高度就越大，所以当埋深浅的地下水位下降时，释放出了一部分毛细水上升高度，这部分高度将会填充毛细水，导致给水度小（即水总量一定，被毛细水占用了，给的水就少了）。

30．B　【解析】除 B 选项外，其他选项不属于水力控制措施。

31．D　【解析】《环境影响评价技术导则　地表水环境》（HJ 2.3—2018）表 1，其评价等级为三级 B。表 1 注 4，建设项目直接排放第一类污染物的，其评价等级为一级的，是针对直接排放，故不选 A。

32．B　【解析】《环境影响评价技术导则　生态影响》（HJ 19—2022），当工程占地规模大于 20 km^2 时（包括永久和临时占用陆域和水域），评价等级不低于二级；本项目占地小于 20 km^2，且不涉及生态敏感区属于三级评价，三级评价要求图

件土地利用现状图，植被类型图，生态保护目标分布图。

33. A 【解析】物种乙的密度=个体数目/样地面积=2/10=0.2（个/m²）。所有种的密度=个体数目/样地面积=5/10=0.5（个/m²）。物种乙的相对密度=一个种的密度/所有种的密度×100=0.2/0.5×100=40%。

34. B

35. D 【解析】生态监测方案长期的生态监测方案，应具备的主要内容包括：①明确监测目的，或确定要认识或解决的主要问题；②确定监测项目或监测对象；③确定监测点位、频次或时间等，明确方案的具体内容；④规定监测方法和数据统计规范，使监测的数据可进行积累与比较；⑤确立保障措施。

36. D 【解析】湖泊中高等植物群落平均鲜重生物量为 100 g/（0.5 m×0.5 m）=400 g/m²。

37. B 【解析】鱼类调查是水生生态调查的重点，一般调查方法为网捕，也附加市场调查法等。

38. C 【解析】根据经验排污系数法公式：某污染物的排放总量为单位产品某污染物的排放定额乘以产品总产量，因此，100 g/t×6 t=600 g=0.6 kg，污染物排放总量的单位是 kg/a；该题没有用水量指标，排污系数是一个干扰条件。

39. A 【解析】距左岸距离差值分别为 20 m、30 m、50 m、100 m；BOD 监测值在横向上差值分别为 1、1、4、3，而 BOD 计算值在横向上差值分别为 1.5、1.5、1.5、4，BOD 监测值与 BOD 计算值的差值分别为 1.5、2、2.5、3，均表现出偏大的趋势。由于横向浓度差异主要是横向混合系数起主导作用，耗氧系数起一定作用，因而横向混合系数偏大。

40. A 【解析】径流模数公式为 $M=1\,000Q/F$（式中：Q 为单位时间通过河流某一断面的水量，m³/s；F 为流域面积，km²），表示流域出口断面流量与流域面积的比值，单位是 L/（s·km²），将题中数据带入，解得 $M=2\,000$ L/（s·km²）。

41. B 【解析】B 项中背景噪声值是指除研究对象以外所有噪声的总称。

42. A

43. D 【解析】另行选址是最优措施，选址变了，影响也没了。

44. D 【解析】输气管道中心线两侧各 5 m 范围内不得种植乔木、灌木、藤类、芦苇、竹子或者其他深根系植物，可能会损坏管道防腐层和影响管道安全，松树属于乔木、杨树和柠条属于深根系，故 ABC 都不选；D 选项中苜蓿属于浅根系草本植物。

45. D 【解析】减少生态影响的工程措施包括：①合理选址选线；②工程方案分析与优化；③施工方案分析与合理化建议；④加强工程的环境保护管理。明确编制全过程监控与计划并不属于减少生态环境影响的工程措施。

46. A　【解析】注意关键词"特别重视"，水文地质条件影响施工方案的比选，而不同的施工方案产生的生态影响及采取的措施大不相同的。本题所指石灰岩比较松，容易造成塌方，水土流失等一系列问题，故应特别重视。

47. D

48. B　【解析】包气带是指位于地球表面以下、潜水面以上的地质介质。有时人们也把包气带称为非饱和区，但是这两个概念的含义不完全相同。

49. A　【解析】焚烧适用于处理可燃、有机成分较多、热值较高的固体废物，如城市生活垃圾、农林固体废物等。

50. A

51. A　【解析】《环境影响评价技术导则　土壤环境（试行）》7.3.2.2，评价工作等级为一级的建设项目应参照表 C.2 填写土壤剖面调查表。

52. A　【解析】根据《建设项目环境风险评价技术导则》附录 F，当裂口形状为圆形取 1.0，三角形取 0.95，长方形取 0.90。

53. D　【解析】《环境影响评价技术导则　土壤环境（试行）》8.1.4，土壤环境影响分析可定性或半定量地说明建设项目对土壤环境产生的影响及趋势。

54. C　【解析】《环境影响评价技术导则　土壤环境（试行）》附录 E.1.2，可通过工程分析计算土壤中某种物质的输入量；涉及大气沉降影响的，可参照 HJ 2.2 相关技术方法给出。

55. C　【解析】垃圾焚烧烟气中的金属化合物一般由垃圾中所含的金属氧化物和盐类组成。这些金属来源于垃圾中的油漆、电池、灯管、化学溶剂、废油、油墨等，其中含有汞、镉、铅等微量有害元素。垃圾带入的汞通过焚烧迁移至飞灰和烟气中，然后通过大气沉降作用掉落到周边土壤。木材加工厂加工木板会用胶水，会释放大量甲醛，同时加工过程会产生粉尘。汽车加油站大气污染物主要是非甲烷总烃。钢制机械加工厂主要大气污染物是切割粉尘、焊接烟尘等。

二、不定项选择题

1. ABCD　【解析】　水污染影响型的水文情势调查内容包括水文年及水期划分、不利水文条件及特征水文参数、水动力学参数等。

2. ABCD

3. CD　【解析】A 选项必须现场校核，B 比例尺一般在 1∶15 000 以上。

4. ABCD　【解析】根据《环境影响评价技术导则　大气环境》（HJ 2.2—2018），对于大气环境影响评价项目，需附上：估算模型相关文件（电子版）；环境质量现状监测报告（扫描件）气象；地形原始数据文件（电子版）；进一步预测模型相关文件（电子版）等基本附件。

5. ABCD

6. ABCD　【解析】建设项目对地下水的影响应从建设项目的工程特征和地下水环境条件两方面进行分析。从建设项目来看，主要关注选址合理性、污染物源强、排放方式（连续或间歇）、采取的措施及其有效性（主要为防渗措施）；从环境条件来看，主要关注区域地质、水文条件，包气带的防污性能。其中污染物的排放方式与地下水的地质水文条件决定了地下水污染途径。

7. ACD

8. ABCD　【解析】此题比较简单，复习时对每一种方法的主要原理要理解。

9. AC　【解析】B项采用的是一维模型，D项采用的是一维稳态模式。

10. ABC　【解析】扩建项目工程分析时除了应说明扩建项目的工程情况外，原矿山存在的环境问题也应交代，原矿山的渣场就是其中的环境问题之一。

11. AD　【解析】影响方式可分为直接、简介、累积生态影响，答案中B选项属于累积影响，C选项属于直接影响。

12. CD　【解析】点源：污染物产生的源点和进入环境的方式为点。选项中，AB为面源，CD为点源。

13. BD　【解析】废水COD含量较高，是高浓度有机废水，负荷大，不能直接使用好氧处理，需要经过厌氧处理，将其中的大分子转变为小分子，降低COD浓度，从而提升其BOD/COD值，提高生化性，为好氧处理打下基础。厌氧处理一般不单独使用，而是和好氧工艺组合使用，厌氧工艺在好氧工艺之前。

14. ABCDE　【解析】HJ 169—2018，10.3.1，按照国家、地方和相关部门要求，提出企业突发环境事件应急预案编制或完善的原则要求，包括预案适用范围、环境事件分类与分级、组织机构与职责、监控和预警、应急响应、应急保障、善后处置、预案管理与演练等内容。

15. ABD　【解析】固体废物贮存场和填埋场一般应包括：①防渗系统、渗滤液收集和导排系统；②雨污分流系统；③分析化验与环境监测系统；④公用工程和配套设施；⑤地下水导排系统和废水处理系统（根据具体情况选择设置）。

16. ACD　【解析】要求型。A选项，《生活垃圾填埋场渗滤液处理工程技术规范（试行）》（HJ 564—2010）4.1.3，在填埋场渗滤液处理设施间必须设置渗滤液调节池；B选项，应为渗滤液的水质随填埋场使用年限的延长将发生变化；C选项，HJ 564—2010 6.3.1，应根据渗滤液的进水水质、水量及排放要求，综合选取适宜的工艺组合方式，推荐选用预处理+生物处理+深度处理工艺；D选项，HJ 564—2010 6.5.5.1，渗滤液处理中产生的污泥宜与城市污水处理厂污泥一并处理，当进入垃圾填埋场填埋处理或单独处理时，含水率不宜大于80%。

17. ABCD　【解析】《建设项目环境风险评价技术导则》（HJ 169—2018），

7.2.1 资料收集和准备，根据危险物质泄漏、火灾、爆炸等突发性事故可能造成的环境风险类型，收集和准备建设项目工程资料，周边环境资料，国内外同行业、同类型事故统计分析及典型事故案例资料。对已建工程应收集环境管理制度，操作和维护手册，突发环境事件应急预案，应急培训、演练记录，历史突发环境事件及生产安全事故调查资料，设备失效统计数据等。

18. ABD 【解析】教材原文，以建设厂区为重点，兼顾外围：厂区内可能的污染设施如有毒原料储罐、污水储存池、固废堆放场地附近均需设置监测点；以下游监测为重点，兼顾上游和侧面；对地下水进行分层监测，重点放在易受污染的浅层潜水和作为饮用水源的含水层，兼顾其他含水层。

19. ABC 【解析】技术方法教材第三章第四节，地下水环境现状调查与评价，三、地下水的基本知识，承压含水层的贮水系数（S）是指其测压水位下降（或上升）一个单位深度，单位水平面积含水层释出（或储存）的水的体积。在地下水环境影响评价过程中，按照包气带的岩性、厚度和渗透系数，结合建设项目的污染物排放的连续性，确定包气带的防护性能级别。D选项为承压含水层的参数，故答案为ABC。

20. CD 【解析】地下水按埋藏条件分为包气带水、潜水、承压水；按含水介质类型分为孔隙水、裂隙水、岩溶水。

21. ABCD 【解析】当建设项目不进行与地下水直接有关的环境影响评价时，只需根据现有资料，全部或部分地简述的内容有：①当地地下水的开采利用情况；②地下水埋深；③地下水与地面的联系；④水质状况与污染来源。若需进行地下水环境影响评价，除要比较详细地叙述上述内容外，还应根据需要，选择进一步调查水质的物理、化学特性，污染源情况，水的储量与运动状态，水质的演变与趋势，水源地及其保护区的划分，水文地质方面的蓄水层特性，承压水状况等。

22. ABCD 【解析】技术方法教材第七章第二节，污染物在地下水中的迁移和转化，机械过滤作用指污染物经过包气带和含水层介质过程中，一些颗粒较大的物质团因不能通过介质孔隙，而被阻挡在介质中的现象。如一些悬浮的污染物经过砂层时，会被砂层过滤。机械过滤作用只能使污染物部分停留在介质中，而不能从根本上消除污染物。因此与介质的性质（颗粒大小、排列方式、孔隙大小、厚度）以及污染物颗粒的粒径有关。

23. AB

24. ABC 【解析】HJ 2.3—2018 E.1 混合过程段长度估算公式：

$$L_m = 0.11 + 0.7\left[0.5 - \frac{a}{B} - 1.1\left(0.5 - \frac{a}{B}\right)^2\right]^{1/2}\frac{uB^2}{E_y}，位于河流中心线同侧的排污口，$$

距离岸边距离越近，混合段长度越短。$a = 0$ m，$L_0 = 0.11 + 0.33\dfrac{uB^2}{E_y}$；$L_1 = 0.11 + 0.7\dfrac{uB^2}{E_y}$，

因此，距离两侧岸边距离相同时 L 值相同。

25. ABC　【解析】HJ 2.3—2018，7.10.1.1 河流、湖库设计水文条件要求，a）河流不利枯水条件宜采用 90%保证率最枯月流量或近 10 年最枯月平均流量；流向不定的河网地区和潮汐河段，宜采用 90%保证率流速为零时的低水位相应水量作为不利枯水水量；湖库不利枯水条件应采用近 10 年最低月平均水位或 90%保证率最枯月平均水位相应的蓄水量，水库也可采用死库容相应的蓄水量。其他水期的设计水量则应根据水环境影响预测需求确定。

26. ABCD　【解析】HJ 2.3—2018，9.2.5 对于建设项目引起的水温变化可能对农业、渔业生产或鱼类繁殖与生长等产生不利影响，应提出水温影响减缓措施。对产生低温水影响的建设项目，对其取水与泄水建筑物的工程方案提出环保优化建议，可采取分层取水设施、合理利用水库洪水调度运行方式等。对产生温排水影响的建设项目，可采取优化冷却方式减少排放量，可通过余热利用措施降低热污染强度，合理选择温排水口的布置和形式，控制高温区范围等。

27. ABCD

28. ABC　【解析】在河流中，影响污染物输移的最主要的物理过程是对流、横向、纵向扩散混合。

29. ABD

30. ABD　【解析】大气非正常排放调查的主要内容。不选 C，非正常情况要求较松，不要求且难于统计排放浓度，仅要求统计排放速率。《环境影响评价技术导则　大气环境》（HJ 2.2—2018）C.4.10 非正常排放调查内容。表 C.22。

31. ACD　【解析】不达标区的评价项目，项目费正常排放条件下，预测评价环境空气保护目标和网格点主要污染物的 1 h 最大浓度贡献值及占表率，B 选项错误。

32. ABD　【解析】二噁英主要来源于氯，对入炉垃圾进行分类，控制入炉物料含氯量，能减少二噁英产生量，故 A 对。

优化焚烧炉结构遵循的原则通常称之为"3T"原则：燃烧温度保持在 850℃以上；二次布风时燃烧区形成充分湍流；在高温区停留时间大于 2s。一般而言，结构上满足三条原则，燃烧就会完全，相应地会从焚烧区减少不完全燃烧生成的二噁英前驱物和二噁英。故选 BD。

烟气从焚烧炉排出后，经过降温段，二噁英会显著合成。200～500℃是反应最活跃的温度区间，300℃左右出现最大的合成速率。缩短烟气在此范围内的停留时间，

能显著减少二噁英的生成，比如采取急冷措施。C选项提高烟气出口速度速度，只会影响落地浓度，不能从根本降低二噁英的合成。

33. ABC　【解析】CALPUFF预测$PM_{2.5}$采用的是模型模拟法。

34. ABD　【解析】A项错误，袋式除尘器的除尘效率可达99%以上；B项错误，完全燃烧产生的烟尘和粉尘等颗粒比不完全燃烧产生的少；D项错误，一般的除尘技术不能达到《火电厂大气污染物排放标准》和《水泥厂大气污染物排放标准》的排放要求，故通常采用高效电除尘或布袋除尘器。

35. ABCD　36. ABC

37. BCD　【解析】A是产品的参数，生产出来的产品的性质，不是正在运行的设备，属于干扰项。

38. AB　39. ABC

40. ACD　【解析】声波频率是反映声音自身的特点。

41. ACD　【解析】公路、铁路为线性工程，其噪声现状水平调查应重点关注沿线的环境噪声敏感目标，测量调查环境噪声背景值，若存在现有噪声源（包括固定源和流动源），应调查其分布状况和对周围敏感目标影响力的范围和程度。

环境噪声现状水平调查一般测量等效连续A声级，必要时，除给出昼间和夜间背景噪声值外，还需给出既有噪声源影响的距离、超标范围和程度，以及全天24 h等效声级值，作为现状预测评价依据。一般不考虑风噪声。

42. ABC　【解析】环境噪声现状测量时段：①应在声源正常运行工况的条件下选择适当测量时段；②每一测点，应分别进行昼间、夜间时段的测量，以便与相应标准对照；③对于噪声起伏较大的情况（如道路交通噪声、铁路噪声、飞机机场噪声），应增加昼间、夜间的测量次数。其测量时段应具有代表性。

43. ACD　44. ABD　45. ABCD

46. ABCD　【解析】引水式电站是利用人工水渠，将水流引到较远的与下游河道有较大落差的地方，在那里修建电站，利用水流落差发电。生态需水量应该是特定区域内生态系统需水量的总称，包括生物体自身的需水量和生物体赖以生存的环境需水量，生态需水量实质上就是维持生态系统生物群落和栖息环境动态稳定所需的用水量。

47. AD　48. BCD

49. ABD　【解析】《环境影响评价技术导则　生态影响》（HJ 19—2022）附录B，生态现状调查方法，资料收集法、现场调查法、专家和公众咨询法、生态监测法、遥感法、陆生、水生动植物调查方法、海洋生态调查方法、淡水渔业资源调查方法、淡水浮游生物调查方法。

50. CD　【解析】《中华人民共和国河道管理条例》第二十四条，在河道管理范围内，禁止修建围堤、阻水渠道、阻水道路；种植高秆农作物、芦苇、杞柳、荻柴和树木（堤防防护林除外）；设置拦河渔具；弃置矿渣、石渣、煤灰、泥土、垃圾等。

51. ABCDE　【解析】《环境影响评价技术导则　土壤环境（试行）》（HJ 964—2018），7.4.2.1 和 7.4.2.3，土壤环境现状监测点布设应根据建设项目土壤环境影响类型、评价工作等级、土地利用类型确定。生态影响型建设项目应根据建设项目所在地的地形特征、地面径流方向设置表层样监测点。

52. ABCD　【解析】《环境影响评价技术导则　土壤环境（试行）》（HJ 964—2018），9.2.2 源头控制措施；9.2.3 过程防控措施，9.2.3.1 建设项目根据行业特点与占地范围内的土壤特性，按照相关技术要求采取过程阻断、污染物削减和分区防控措施。

53. BD

54. ABC　【解析】《环境影响评价技术导则　土壤环境（试行）》（HJ 964—2018），柱状样通常在 0～0.5 m、0.5～1.5 m、1.5～3 m 分别取样，虽然根据 7.4.2.4 和表 6 备注中可以根据基础埋深、土体构型适当调整，但题目问的一般情况，3.0～3.5 m 不是必须要取样。

55. ABCD　【解析】《环境影响评价技术导则　土壤环境（试行）》（HJ 964—2018），E.1.2 单位质量土壤中某种物质的增量可用下式计算：

$$\Delta S = n(I_S - L_S - R_S)/(\rho_b \times A \times D)$$

式中：ΔS —— 单位质量表层土壤中某种物质的增量，g/kg；

表层土壤中游离酸或游离碱浓度增量，mmol/kg；

I_S —— 预测评价范围内单位年份表层土壤中某种物质的输入量，g；

预测评价范围内单位年份表层土壤中游离酸、游离碱输入量，mmol；

L_S —— 预测评价范围内单位年份表层土壤中某种物质经淋溶排出的量，g；

预测评价范围内单位年份表层土壤中经淋溶排出的游离酸、游离碱的量，mmol；

R_S —— 预测评价范围内单位年份表层土壤中某种物质经径流排出的量，g；

预测评价范围内单位年份表层土壤中经径流排出的游离酸、游离碱的量，mmol；

ρ_b —— 表层土壤容重，kg/m³；

A —— 预测评价范围，m²；

D —— 表层土壤深度，m。一般取 0.2 m，可根据实际情况适当调整；

n —— 持续年份，a。

参考文献

[1] 生态环境部. 环境影响评价工程师职业资格考试大纲（2025 年版）[M]. 北京：中国环境出版集团，2025.

[2] 生态环境部环境工程评估中心. 环境影响评价技术方法（2024 年版）[M]. 北京：中国环境出版集团，2024.

[3] 环境保护部. 建设项目环境影响评价技术导则　总纲：HJ 2.1—2016[S]. 北京：中国环境出版社，2017.

[4] 生态环境部. 环境影响评价技术导则　大气环境：HJ 2.2—2018[S]. 北京：中国环境出版集团，2018.

[5] 生态环境部. 环境影响评价技术导则　地表水环境：HJ 2.3—2018[S]. 北京：中国环境出版集团，2019.

[6] 环境保护部. 环境影响评价技术导则　地下水环境：HJ 610—2016[S]. 北京：中国环境出版社，2016.

[7] 生态环境部. 环境影响评价技术导则　声环境：HJ 2.4—2021[S].

[8] 生态环境部. 环境影响评价技术导则　生态影响：HJ 19—2022[S].

[9] 生态环境部. 环境影响评价技术导则　土壤环境（试行）：HJ 964—2018[S]. 北京：中国环境出版集团，2019.

[10] 生态环境部. 规划环境影响评价技术导则　总纲：HJ 130—2019[S].

[11] 生态环境部. 建设项目环境风险评价技术导则：HJ 169—2018[S]. 北京：中国环境出版集团，2019.